山东耕地质量评价与应用丛书

临清耕地

刘和吉　魏立君　主编

山东大学出版社

《临清耕地》编辑委员会

主　任	罗荣福
副主任	胡大征
主　编	刘和吉　魏立君
副主编	徐红霞　王振梅　辛海英　于爱军
编　者	于茂森　靳少华　王秀琳　王灿华　王家栋
	王　利　齐洪祥　乔凤霞　任树雨　孙宪银
	朱永海　朱立霞　谷志宏　宋晨生　张　立
	张海燕　唐秀丽　桑晓璞　崔玉红　陶凤梅

前言

耕地地力评价是测土配方施肥项目的一个重要内容，也是测土配方施肥技术研究工作的一个阶段性成果，还是进一步推进测土配方施肥技术普及的标准化工作。耕地地力评价是通过县域耕地资源管理信息系统，建立县域耕地隶属函数模型和层次分析模型，是促进现代农业发展的一项重要基础性工作。耕地地力评价对于农业生产具有很强的指导意义，不仅可以查清耕地基础生产能力、土壤肥力状况、土壤障碍因素、土壤质量状况等情况，而且结合耕地合理评价，也可以为粮食安全发展规划、农业结构调整规划、耕地质量保护与建设、无公害农产品生产以及科学施肥、节水农业、生态建设等提供科学依据，从而有力地促进农业可持续发展。

根据农业部关于加快推进耕地地力评价工作具体要求，临清市积极开展了此项工作，为做到领导、技术、人员、后勤保障四到位，成立了耕地地力评价工作领导小组，负责耕地地力评价日常工作；还成立了采样调查组、资料收集组、化验分析组等专业小组。同时，以山东农业大学资源与环境学院和山东天地亚太国土遥感有限公司为依托，成立了耕地地力评价工作技术专家组。并积极组织协调农机局、畜牧局、统计局、国土局、气象局、水务局、财政局等职能部门积极配合，确定了工作重点及相关部门工作职责，收集了社会经济数据资料、图件资料、野外调查资料、室内化验分析资料等资料。采用定量和定性方法相结合，进行了参评因素的选取，最后确定灌溉保证率、矿化度、地貌类型等11项因素作为耕地地力评价的参评指标。在ARCVIEW和MAPGIS软件的支持下，分别以栅格形式和点、线、区文件的形式进行存储和管理。引入了模糊数学方法，采用模糊评价方法来进行耕地地力等级的确定。在FOXPRO数据库的支持下，对图件属性库进行操作，汇总了各类耕地地力等级的面积，根据临清市图幅理论面积进行平差，得到准确的面积数值。

临清市用于耕地地力评价土样2027个。化验有机质、pH和大量元素42672项次，微量元素6601项次。通过开展耕地地力评价工作，基本摸清了临清市的耕地基础地力状况、耕地土壤肥力状况、土壤养分状况和耕地障碍因素等。临清市在1981年第二次土壤普查后，再没有进行系统性土壤调查。这次耕地地力评价工作不仅在质量、数量和应用现代新技术上都远远超过以往各次调查，也是对第二次土壤普查资料的抢救性整理工作，填补了临清市二十多年的空白。通过对土壤样品的化验，临清市土壤有机质含量平均值为13.7g/kg，较1981年土壤普查时提高了6.04g/kg；土壤全氮含量平均值为0.0864g/kg，较1981年土壤普查时提高了0.0349g/kg；土壤有效磷含量平均值为23.6mg/kg，较1981年土壤普查时提高了15.85mg/kg；土壤速效钾含量平均值为119.4mg/kg，较1981年土壤普查时提高了2.4mg/kg。这次耕地地力评价，将临清市耕地共划分为六个等级。以一级地、二级地、三级地和四级地为主，四者各占耕地总面积的比例接近或超过20%，四者面积之和占到了总耕地面积的78.43%；其次为五级地，占耕地总面积的13.01%；六级地面积较少，占总面积的8.56%。耕地资源信息系统数据库建设取得了包括农业部规定格式的数据库和MAPGIS格式的成果图件17幅。编制了临清贡梨适宜性评价专题报告、临清市种植业布局专题报告、临清市粮食生产潜力分析专题报告。通过调查分析可知，临清市耕地障碍因素有土体结构一般，耕层变浅，保水、保肥能力下降，有机肥施用不足；存在着重化肥、轻有机肥；重氮磷肥、轻钾肥；重大量元素、轻微量元素；菜田氮肥、磷肥用量普遍偏高，钾肥不足，土壤出现盐渍化和结构变劣等情况。

本书是在耕地地力评价的基础上，对有关资料经过进一步审核、修正、补充、归并和综合整理而成的。此书在编写过程中得到了山东省土壤肥料工作总站和聊城市农委张燕、李虎申等领导的大力支持和指导，在此表示感谢。

由于编写人员水平所限，难免会有缺点和不足，敬请读者批评指正。

编　者

2011年1月

目 录

第一章 自然与农业生产概况

京九铁路进入山东省的第一站即是临清市，临清市地处东经 115°27′～116°02′，北纬 36°39′～36°55′，西隔漳卫河与河北省临西县相望，东隔马颊河与高唐、茌平二县为邻，北部与德州市夏津县相连，南部与东昌府区和冠县接壤，全境东西长 55.44km，南北宽 29.88km，总面积为 957km^2，是山东省聊城市所辖的一个县级市。

临清之名始于后赵，取临近清河之意。西汉初始建清渊县，先隶巨鹿郡，后属魏郡，三国魏晋时属冀州阳平郡。新中国成立后，县市分治，属河北省邯郸市专署。1952 年 11 月，划归山东省德州市专署，12 月改属聊城市专署。1956 年清平县撤销，1958 年县市合并，设置临清市，属聊城市专署。1963 年撤市复县。1965 年 3 月将临清县卫运河西的尖冢、童村、下堡寺、吕寨、老官寨 5 个区划归河北省邢台专区，建临西县；同时将馆陶县的潘庄、八岔路两个区划归临清县。1983 年撤销临清县，设立临清市。现临清市辖 4 个街道办事处、12 个镇，即青年路街道办事处、新华路街道办事处、先锋路街道办事处、大辛庄街道办事处、松林镇、老赵庄镇、康庄镇、魏湾镇、刘垓子镇、八岔路镇、潘庄镇、烟店镇、唐园镇、金郝庄镇、戴湾镇、尚店镇。

第一节 自然条件

临清市属半湿润大陆性气候，具有明显的季节变化和季风气候特征。四季气候的基本特征为春旱多风，夏热多雨，晚秋易旱，冬季干寒。全年盛行风向为南风和偏南风，年平均降水量为 550.9mm 左右。

一、气温

临清市年平均气温为 12.9℃，月平均最高气温为 32.2℃，月平均最低气温为 −8.8℃。日温差为 9℃～12℃，白天气温高，可以促进农作物的同化作用；夜间气温低，能减少作物的营养消耗，增加有机物的积累，有利于作物的生长和成熟。一年中日平均气温大于 5℃的天数为 247 天，日平均气温大于 10℃的天数为 205 天，大于 10℃的积温为 4417℃，日平均气温大于 15℃的天数为 166 天。

二、地温

临清市年平均地面温度为 15.1℃，平均最高地温为 31.4℃，平均最低地面气温为 6℃。从 4 月到 10 月，地面温度高于 15℃。地中温度日平均温度稳定通过 10℃的平均初日为 4 月 6 日，5cm 地温稳定通过 10℃的平均初日在 4 月上旬，稳定通过 15℃的平均初日在 4 月中旬，地温的高低与土壤质地有较大的关系。

三、日照

临清市年平均日照约为 2715.4h，年日照百分率为 61%，各月平均日照时数以 5 月最大(287.2h)、2 月最小(181.1h)。日照分布的特点是：年际分布比较均匀，年内变化较大。春夏光照充足，辐射较强，平均每天日照在 8h 以上，日辐射量在 1797.6J/cm^2 以上。5 月平均每天日照接近 9h，对小麦灌浆成熟十分有利。6 月平均每天日照为 9.2h，达到全年最高峰，此时夏播作物正处在苗期，不能合理利用光能资源。秋季日照缩短，辐射减弱，9 月平均每天日照为 7.6h，对棉花吐絮和晚秋粮食作物的灌浆成熟有一定影响。

四、降水

临清市年平均降水量约为 550.9mm，年最大降水量为 979.1mm，年最小降水量为 273.0mm。年降水量的分布极不均匀，夏季降水量最多，平均为 273.0mm，占全年降水量的 66%，秋季平均为 94.0mm，占全年降水量的 16%，春季平均为 80.3mm，占全年降水量的 15%，冬季平均为 14.9mm，占全年降水量的 3%。夏季降水主要集中在 7 月和 8 月，易造成涝害。

五、风

临清市年平均风速为 3.4m/s。全年主导风向为偏南风，但其频率各季有所不同。冬季最小，春季最大，在 5 月末 6 月初，常出现干热风，危害较大的每 2～3 年一次，严重影响了小麦的产量。

六、气象灾害

临清市气象灾害有旱涝、干热风、低温连阴雨、暴雨、冰雹、大风等，均对农业生产造成不同程度的危害，其中以旱涝对农业生产的影响最大。旱涝发生规律是：春旱，发生春旱的几率约三年两遇，影响春播作物的适时播种和正常生长。夏秋涝，7 月和 8 月雨量充沛，但由于降水集中，强度大，变率大，时常有旱、涝发生。晚秋又旱，入秋降水迅速减少，发生干旱的机会增多，约三年一遇。秋旱影响秋作物的正常成熟和小麦的适时播种。冬季少雪，冬季降水稀少，影响小麦安全越冬，加重了春季旱情，故干旱是全市的主要气象灾害。

春季棉花播种期低温少雨发生的频率约三年一遇。干热风对小麦的后期生长影响几乎年年发生，年平均干热风日数为 5～10 天。夏末秋初影响秋作物后其生长的低温连阴雨发生的频率也为三年两遇。

第二节　农业经济与生产情况

一、农业经济情况

临清市现辖4个街道办事处、12个镇，共597个行政村。全市版图面积为957km²，总人口为71.96万人，其中农业人口为55.47万人，农村社会劳动力资源数为32.23万人，从事第一产业的有14.77万人。2009年实现工业增加值70.13亿元，比上年增长22.8%。规模以上工业企业实现增加值68.57亿元，增长28.62%；实现产品销售收入250.79亿元，增长44.01%；实现利税27亿元，增长41.27%；实现利润16.53亿元，增长43.63%；私营工业实现增加值55.9亿元，增长36.6%。2009年，农村经济总收入为606875万元，农民人均收入为5017元，较上年增长11.5%。其中农业收入为166208万元，占总收入的27.4%，林业收入为9768万元，牧业收入为29811万元，渔业收入为1700万元，工业收入为299552万元，建筑业收入为30444万元，运输业收入为17570万元，商饮业收入为20092万元，服务业收入为15073万元，其他收入为16657万元。农民人均纯收入情况见图1-1，单位为元/年。

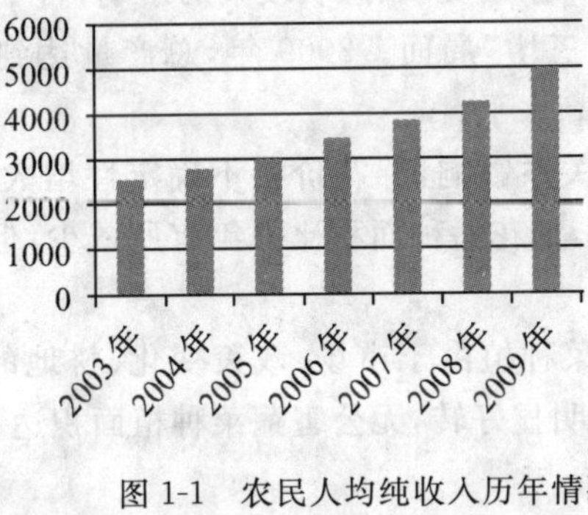

图1-1　农民人均纯收入历年情况

临清市以“农业增效、农民增收”为目标，以“菜篮子”工程和都市农业建设为发展方向，在确保粮食播种面积稳定的同时，积极发展设施农业、畜牧养殖业、休闲观光农业等高附加值的农业项目。

(一)种植业

2009年，全市粮食种植面积为78533hm²，小麦大面积推广种植济麦21号、济麦22号、良星99号等优质品种，玉米大面积推广种植浚单20号、聊玉18号、蠡玉18号等优质品种。小麦平均单产为6030kg/hm²，玉米平均单产达6330kg /hm²。

(二)养殖业

临清市委、市政府高度重视畜牧业发展，以提高畜牧业综合生产能力和加工销售能力为目标，积极转变增长方式，大力推进畜牧产业化经营，畜牧业得到了快速发展，畜牧业生产在整体水平上实现了一个大跨越。2009年底，全市存栏牛为8.4万头、存栏羊为10.8万只、存栏猪为25.3万头、存栏禽为598万只。2009年，全市出栏牛为3.9万头、出栏羊为15万只、出栏猪为37万头、出栏禽为1017万只，肉类总产为4万吨，禽蛋总产为3.8万吨，奶类总产为3700t。

(三)观光休闲农业

已建成的观光休闲农业园包括葡香园、佳霖农业休闲园、宝丰蔬菜观光园等。

二、农业生产情况

近年来，临清市始终认真贯彻中央一号文件精神，积极落实各项支农、惠农政策，强化粮食直补、小麦良种补贴等多项惠农措施，紧紧围绕农民增收这一主题，加大农业投入，推广先进的农业技术，积极服务“三农”，进一步优化调整农业生产结构，提高农业生产的综合能力。

(一)农业生产基本情况

1. 农民种粮积极性高涨，产品档次进一步提高。2009年，农作物总播种面积为98600hm^2，其中：粮食作物播种面积为778533hm^2，棉花播种面积为13340hm^2。农民作为结构调整的主体，受国家政策及市场供求关系的影响，加大了结构调整的自主权。从播种的农作物的面积看，小麦播种面积为42330hm^2，玉米播种面积为30183hm^2，优质无公害蔬菜播种面积为5564hm^2，优质良种的比例不断提高，特色种植业不断发展，品质结构进一步优化。

2. 粮食产量大幅增长。受一系列支农、惠农政策的影响，自2004年粮食生产实现恢复性增长以来，粮食生产呈现“三增”局面。2009年，总产量达到496642t，平均为6324kg/hm^2，总产、单产均创历史最高水平。

3. 棉花。受棉花市场供求关系影响，棉花价格不确定性增大，棉花种植费时、费力，且成本上升，加上政策导向因素，棉花播种面积比去年有所减少，但单产皮棉产量为1260kg/hm^2，同比增加33.6kg。

4. 蔬菜质量明显提高。蔬菜种植由于市场、政策变化、耕地的限制以及生产成本增加等因素影响，蔬菜标准化生产明显好转，无公害蔬菜种植面积达5564hm^2。

(二)临清市农业生产基本特点

1. 粮食增收，粮食安全问题进一步得到保证。受市场供求及一系列支农、惠农政策的影响，农民种粮积极性高涨。粮食种植面积快速回升，产量大幅增长，粮食主产区的地位凸显。粮食安全得到强有力的保障。同时，粮食的大幅增加，很大程度上促进了农民收入的增长，给农民带来了实惠。

2. 农民科技种田意识增强。临清市大力实施农业科技特派员制度，深入开展科技下乡活动，农民科技种田的意识不断增强，大多能自觉地应用先进的科学技术指导生产，农作物单产同比有不同程度的上升。大力推广济麦22号、鲁棉研22号等优质品种，良种覆盖率达98.5%以上。

3. 农民对市场、政策导向作用的认识日渐提高。在国家宏观调控下，农民从国家政策中得到的实惠越来越多，农民对政策导向作用认识提高。与此同时，农民把握市场能力逐步增强，棉花市场价格难以预测，蔬菜种植投入大、成本高，再加上受现有耕地的限制，种粮依然是大多数农民的首选。

4. 农业投入逐年加大，农业综合生产能力全面提高。临清市委、市政府一直高度重视农业和农村经济发展，近几年来，不断加大对农业的投入，农业基础设施进一步得以完善，全市农业综合生产能力得到了全面提高。

第三节 农业基础设施情况

一、农田水利建设情况

(一)水资源情况

1. 临清市现有可利用水资源量包括当地水资源量、客水资源量和污水回用量。

(1)当地水资源量。临清市当地水资源量包括当地地表水资源量和地下水资源量，多年平均当地水资源量为 $1.2187\times10^8m^3$，可利用量为 $8.103\times10^7m^3$。多年平均降水量为 550.9mm，折合水资源量为 $5.09\times10^8m^3$；多年平均地表径流量为 30.9mm，折合当地水资源量为 $2.956\times10^7m^3$。当地地表水可利用量为北大洼水库和拦河闸(坝)、坑塘等拦水、蓄水工程拦蓄地表径流所提供的可供水量，多年平均供水量为 $2.57\times10^6m^3$。多年平均地下水资源量为 $9.231\times10^7m^3$。地下水可利用量多年平均供水量为 $7.846\times10^7m^3$。

(2)客水资源量。客水资源量包括引黄河水量及引马颊河、引卫运河水量，多年平均客水资源量为 $2\times10^8m^3$。黄河水是临清市的主要客水资源，据统计，临清市多年平均引黄水量为 $1.59\times10^8m^3$，引黄水量最多的 1998 年为 $2.36\times10^8m^3$。引黄为临清市经济的迅速发展起到至关重要的作用。卫运河来水量逐年减少，水源无保证，且水质污染严重，经近几年引水资料分析，年可供水量为 $2.5\times10^7m^3$。马颊河可引用的只有部分汛期涝水、引黄尾水，年平均可供水量为 $1.6\times10^7m^3$。

(3)污水回用量。临清市污水回用为跨行业调水工程水量，现年污废水回用量为 $6.35\times10^6m^3$。

综上所述，临清市多年平均水资源可利用量为 $2.8738\times10^8m^3$(表 1-1)。

表 1-1　临清市多年平均水资源可利用量表

当地水资源可利用量		客水资源可利用量		污水回收量 ($\times10^4m^3$)	合计 ($\times10^4m^3$)
地表水 ($\times10^4m^3$)	地下水 ($\times10^4m^3$)	引黄 ($\times10^4m^3$)	引马引卫 ($\times10^4m^3$)		
257	7846	15900	4100	635	28738

2. 农业现状用水总量为 $1.8873\times10^8m^3$，占全市总用水量的 71.3%。其中农田灌溉水量为 $9.58\times10^7m^3$，占用水总量的 50.8%；商品菜田用水量为 $7.759\times10^7m^3$，占用水总量的 41.1%；林、牧、副、渔用水量为 $1.534\times10^7m^3$，占用水总量的 8.1%。

3. 用水定额分析。临清市各种作物 $P=50\%$ 保证率农业灌溉净毛用水定额见表 1-2。

表 1-2　临清市各种作物 $P=50\%$ 保证率农业灌溉净毛用水定额表

作物名称	灌溉方式	净灌溉定额(m^3)	灌区类型	毛灌溉定额(m^3)
小　麦	地面灌	135	井灌区和引黄灌区	470
	喷　灌	88		110
玉　米	地面灌	70	井灌区和引黄灌区	244
	喷　灌	60		75
棉　花	地面灌	120	井灌区和引黄灌区	418
露地蔬菜	地面灌	252		878
	喷　灌	220		242
葡　萄	地面灌	145	井灌区和引黄灌区	506
苹　果	地面灌	120	井灌区和引黄灌区	418
	微　灌	90		100
梨	地面灌	115	井灌区和引黄灌区	401
	微　灌	90		100
大棚蔬菜	地面灌	165		320
	微　灌	130		144
其　他	地面灌	110	井灌区和引黄灌区	390

(二)农田水利基本建设情况

临清市农田水利基本建设相当完善,为发展农业生产提高了有利条件。目前,临清市有效灌溉面积为 54562.38hm²,灌溉率达 97.5%。

1. 除涝工程。临清市排水河道有卫运河、马颊河两个水系。流域面积大于 10km² 的干支流共 26 条,其中 100km² 以上的干流 6 条,30～100km² 的干流有 12 条,10km² 以下的田间排水沟有 341 条,总计长约 838.8km,已经形成比较完整的排水工程体系。

2. 灌溉工程。临清市灌溉工程分为井灌、引黄灌溉和扬水站提水灌溉三种类型。

(1)井灌工程。2009 年,临清市机井发展到 12716 眼,已配套 11976 眼,占总眼数的 94.2%,机井密度为 5.9hm²/眼。

(2)引黄灌溉工程。临清市属位山引黄灌区,三干渠南北贯穿中部,市境内长度为 22km,黄灌面积为 34726hm²。

(3)扬水站提水灌溉工程。2009 年临清市固定扬水站有 116 处,已装机 205 台,总共为 15080kW,直接从卫运河、马颊河提水灌溉面积为 666.7hm² 以上的扬水站有 18 处,但因近年灌溉季节卫运河水量减少,甚至干涸断流,故引黄范围日趋扩大,引黄、引卫并用,且以引黄灌溉为主。

二、农业生产机械情况

2009 年末,临清市拥有农业机械总动力为 1098466kW。拥有拖拉机为 6031 台,其中大中型拖拉机为 2169 台，小型拖拉机为 3862 台；排灌机械为 39452 台（套），动力为 342858kW；耕整机械为 56 台；播种机械为 2143 台，其中免耕播种机为 52 台，小麦联合收获机为 1061 台，玉米联合收获机为 141 台；农用运输车为 44590 台；农副产品初加工机械为 5693 台。

目前，临清市机耕面积为 69720hm^2，机播面积为 76980hm^2，机收面积为 54430hm^2，机灌面积为 55600hm^2。

第二章　土壤与耕地资源状况

第一节　土壤类型与分布

临清市土壤分潮土、盐土和风沙土三个土类。潮土又有三个亚类，即褐土化潮土、盐化潮土、潮土。盐土只有一个亚类，即为潮盐土。褐土化潮土(Ca_1)有13个土种，共约38233.3hm^2，占全市土地总面积的49.79%；潮土(Cb_2)有13个土种，共约23948.4hm^2，占全市土地总面积的31.17%；盐化潮土(Cc_5)有18个土种，共约12096.7hm^2，占全市土地总面积的15.76%；潮盐土(Da_1)有1个土种，共约172.6hm^2；风沙土(Ixa)有1个土种，共约2334.8hm^2。全市共计46个土种(表2-1)。

表2-1　临清市土种表

土种代号	土种名称	面积(hm^2)	占总面积(%)
$Ca_1$4/4	岗厚沙腰两合土	999.6	1.3
$Ca_1$3/8	岗厚壤心白土	4706.5	6.13
$Ca_1$3/10	岗厚壤腰白土	85.5	0.11
$Ca_1$3/14	岗厚黏心白土	792.8	1.03
$Ca_1$4/14	岗厚黏心两合土	1709.8	2.23
$Ca_1$5/14	岗厚黏心小红土	158.7	0.21
$Ca_1$3/15	岗薄黏腰白土	194.6	0.25
$Ca_1$4/15	岗薄黏腰两合土	1448.5	1.89
$Ca_1$3/16	岗厚黏腰白土	2907.3	3.79
$Ca_1$4/16	岗厚黏腰两合土	2135.4	2.78
$Ca_1$4/18	岗厚黏底两合土	79.2	0.10
$Ca_1$3/19	岗沙均质白土	14836.8	19.32
$Ca_1$4/19	岗壤均质两合土	8178.6	10.65
$Cb_2$4/4	厚沙腰两合土	502.8	0.65
$Cb_2$5/4	厚沙腰小红土	181.9	0.24
$Cb_2$3/8	厚壤心白土	1412.0	1.84
$Cb_2$3/10	厚壤腰白土	207.4	0.27

续表

土种代号	土种名称	面积(hm^2)	占总面积(%)
$Cb_2$4/13	薄黏心两合土	198.9	0.26
$Cb_2$3/14	厚黏心白土	195.1	0.25
$Cb_2$4/14	厚黏心两合土	1776.4	2.31
$Cb_2$5/14	厚黏心小红土	5512.3	7.18
$Cb_2$4/15	薄黏腰两合土	609.8	0.79
$Cb_2$3/16	厚黏腰白土	967.5	1.26
$Cb_2$4/16	厚黏腰两合土	3142.9	4.09
$Cb_2$3/19	沙均质白土	5982.6	7.79
$Cb_2$4/19	壤均质两合土	3258.9	4.24
$Cc_5$4(1)/4	轻盐化厚沙腰两合土	195.3	0.25
$Cc_5$4(2)/4	中盐化厚沙腰两合土	1440.4	1.88
$Cc_5$3(2)/8	中盐化厚壤心白土	267.8	0.35
$Cc_5$3(1)/10	轻盐化厚壤腰白土	391.3	0.51
$Cc_5$3(1)/14	轻盐化厚黏心白土	88.0	0.11
$Cc_5$4(1)/14	轻盐化厚黏心两合土	974.3	1.27
$Cc_5$4(2)/14	中盐化厚黏心两合土	85.8	0.11
$Cc_5$5(1) /14	轻盐化厚黏心小红土	966.3	1.26
$Cc_5$5(2)/14	中盐化厚黏心小红土	51.5	0.07
$Cc_5$4(1)/15	轻盐化薄黏腰两合土	140.9	0.18
$Cc_5$4(1)/16	轻盐化厚黏腰两合土	315.4	0.41
$Cc_5$4(2)/16	中盐化厚黏腰两合土	1482.7	1.93
$Cc_5$3(1)/18	轻盐化厚黏底白土	119.9	0.16
$Cc_5$4(1)/18	轻盐化厚黏底两合土	1019.1	1.33
$Cc_5$4(2)/18	中盐化厚黏底两合土	1681.6	2.19
$Cc_5$3(1)/19	轻盐化沙均质白土	1418.6	1.85
$Cc_5$3(2)/19	中盐化沙均质白土	602.9	0.79
$Cc_5$4(1)/19	轻盐化壤均质两合土	854.9	1.11
Da14/4	白潮盐厚沙腰两合土	172.6	0.23
Ixa	风沙土	2334.8	3.04
总计		76785.8	100

按照表层质地，临清市沙质土有 25175.6hm^2，占全市土地总面积的 26.5 %；壤质土有 44739.6hm^2，占 47.1 %；黏质土有 6870.6hm^2，占 7.2%。

一、潮土

临清市土壤是在河流沉积物上，受潜水作用和耕作活动影响形成的一类土壤。因受地下水作用，故名为潮土。其特征是河流沉积时流速不同，成土母质颗粒粗细不一，不仅在水平分布上有差异，而且在上下层次排列上各有不同。潮土各发生层次质地和色泽均一，中下部土层有明显的锈纹和锈斑。全剖面有石灰反应，土壤呈中性至微碱性，pH 为 7.0～8.5。

土壤是一种自然体，在周围环境条件影响下不断发展变化。潜水是影响潮土发育的关键性因素，所以，潜水位的高低和作用时间的长短，使潮土向不同的方向发育。当潜水出流加强、水位下降、淋溶作用占主导地位时，便逐渐向褐土化潮土发育。当潜水出流减弱、水位上升、对表土的作用加强并起主导作用时，表土积盐，就逐渐发育成盐化潮土。

(一)褐土化潮土亚类

褐土化潮土主要分布在新华办事处、大辛庄办事处、唐园镇、松林镇、潘庄镇、老赵庄镇和金郝庄镇等街道办事处、镇内，总面积为 38233.3hm^2，占总可利用面积的49.79%，共 13 个土种，为境内最好的农业土壤。这种土壤，多处在地势较高的河滩高地上，海拔高程多在 35m 以上，潜水埋深一般为 3～5m，矿化度多小于 1g/L，表土淋溶作用较强，一般无盐化威胁，土体内 60cm 左右有明显的假菌丝体或黏化层，100cm 以下有锈纹和锈斑。

褐土化潮土表层质地多数偏轻，理化性状较好，水、热、气条件较适宜，土壤肥力强，粮棉产量较高，是临清市主要粮棉产区。但干旱的威胁较大，需注意发展水利灌溉，方可确保丰收。

主要土种：

1. 岗轻白土(壤脱潮土)。属壤质脱潮土土属，土壤面积为 23523.5hm^2，占全市土壤面积的 30.63%。该土种的母质为黄河冲积物，分布的地形部位比潮土亚类高，土壤趋向脱潮化过程，潮化作用微弱，只是在土体底部出现锈纹和锈斑。碳酸钙在土体中有明显的分异特征，土体的中下部一般有较多碳酸钙淀积形成的假菌丝体。1m 土体内质地较均一，表土层质地是壤土(卡制轻壤土)，心、底土层质地或与表土层相同或是黏壤类质地(卡制中壤土)，多是黏壤土、粉质黏壤土。土壤呈中性至微碱性，pH 为 7.5～8.4，土壤表层疏松，通透性好，容重平均为 1.30g/cm^3，通气孔隙为11.97%，心土层略紧实。土壤养分含量除速效钾较高外，其他养分含量中等偏下。

2. 岗两合土(黏壤质脱潮土)。属黏壤质脱潮土土属，该土种主要分布在垄岗高地。土壤面积为 14551.1hm^2，占全市土壤面积的 18.95%。该土种的成土母质是黄河冲积物，分布的地形部位比潮土亚类稍高，土壤趋向脱潮化过程，潮化作用微弱，表土是黏壤土类质地，多是黏壤土，少部分是沙质黏壤土和粉质黏壤土，心土层及底土层质地或表层质地相同(卡制中壤土)或是壤土(卡制轻壤土)。耕层松紧适中，通透性一般，心土层略紧实。土壤速效钾通体丰富，碱解氮、速效磷较缺乏。

3. 岗小红土(黏质脱潮土)。属黏质脱潮土土属，土壤面积为 158.7hm^2，占全市土壤面积的0.21%。该土种的成土母质是黄河冲积物，地势较高，水质是淡水，脱潮化作用较高，潮化特征不明显。

(二)潮土亚类

潮土在临清市分布较广，面积为23948.4hm²，占总可利用面积的31.17%，共计13个土种。

潮土多处在碟形洼地、槽形洼地和微斜平地的中下部，常与轻盐化潮土复区存在，海拔高程多在32m左右，潜水埋深为2～3m，矿化度为1～2g/L。

由于潜水的垂直运动，土体中氧化还原过程交替进行，常在60cm上下出现锈纹和锈斑，地下水直接参与成土过程。当地下水下降，对表土作用减弱，地上水的淋溶作用加强并占优势时，潮土便向褐土化潮土发育。当潜水上升，对表土作用增大并起主导作用时，表土积盐逐渐形成盐化潮土。所以，对潮土来讲，用水必须十分注意，稍有不慎，潜水上升，土壤便有次生盐渍化的危险。因而在水利建设上应小心从事，要有灌、有排，控制灌水量，严防地下水上升。

因潮土多处在缓平坡地上，所以土质偏轻多为壤质，耕作管理方便，适于各种作物生长。

1. 轻白土(壤潮土)。属壤质潮土土属，该土种主要分布在缓平坡地上，地势平坦。土壤面积为8764.6hm²，占全市土壤面积的11.41%。该土种成土母质为黄河冲积物，土体质地较均一，表层质地是壤土，心土层、底土层部分是壤土，部分是黏壤土类的壤土、粉质黏壤土。土体中下部有较多的锈纹和锈斑，通体强石灰反应，土壤呈微碱性，pH为7.4～8.4。耕层速效钾较丰富，其他养分含量中等偏下，耕层较疏松，容重平均为1.29g/cm，通透性较好，通气孔隙平均为12.89%，心土层略紧。

2. 两合土(黏壤质潮土)。属黏壤质潮土土属，该土种主要分布在缓平坡地的平坡地与洼坡地的交界处，地势低平。土壤面积为9489.7hm²，占全市土壤面积的12.34%。该土种成土母质为黄河冲积物，土壤质地通体较均一，表层地是黏壤土类的黏壤土或粉质黏壤土，心土层、底土层质地也以黏壤土或粉质黏壤土为主，部分是壤土。土体中下部有较多的锈纹和锈斑，通体强石灰反应，土壤呈微碱性反应，pH为7.4～8.4。耕层速效钾含量丰富，有机质、碱解氮含量中等偏低，速效磷含量低。耕层容重适中，平均是1.33g/cm³，通透性一般，通气孔隙为11.75%，心土层稍紧实。

3. 小红土(黏质潮土)。属黏质潮土土属，该土种主要分布在浅平洼地、背河洼地上。土壤面积为5694.2hm²，占全市土壤面积的7.42%。该土种的母质为黄河冲积物，1m土体质地黏重，也较均一，为黏土类质地，多是黏土、重黏土，部分是粉质黏土和壤质黏土，黏粒含量较高，该土壤多为块状结构，紧实，通透性差，土壤呈中性至微碱性，pH为7.4～8.3，养分含量中等偏上。

(三)盐化潮土亚类

盐化潮土主要分布在康庄镇、戴湾镇、魏湾镇，面积共12096.7hm²，占全市总面积的15.76%，共计18个土种。

该土壤一般是由潮土亚类演变而来，形成原因有自然因素和人为因素。

1. 自然因素：因该土主要发生在微斜平地和洼坡地上，这种地貌类型使降水重新分布，产生地表径流、低洼积水，潜水水升高（2～3m），潜水水质较差（矿化度超过 3g/L）；蒸发量大于降水量，尤其是春季，蒸发量为降水量的 8～10 倍，潜水以毛细管形态大量上升，水受热汽化蒸发，所含的盐分积存在地表，造成表土积盐；土壤质地偏轻，以沙壤和轻壤为主，土体中无隔水、隔盐的黏土层，土壤和潜水中有可溶性盐类存在；土地不平，小地形的高处蒸发量大。

2. 人为因素：灌水不合理，灌水量大，潜水滞流，水位上升；排灌工程不配套，排水不畅通；有机肥料用量少、质量差，使土壤结构变坏，耕作管理差，因而引起地表积盐，形成盐斑。

因盐化潮土多分布于缓平坡地上，海拔高程为 32～34m，潜水埋深为 2～3m，矿化度为 1～3g/L，耕层含盐量较高。其盐分组成中，以氯化物、硫酸盐为主，并含有一定量重碳酸盐。这类土壤当前农业利用情况一般一年两作，以小麦、玉米为主。改良利用措施，应注意渠系配套，合理灌溉，及时排水，防止地下水位上升，平整土地，增施有机肥，培肥地力。

二、盐土

盐土在本市有 1 个土种，面积为 172.6hm^2，占全市总面积的 0.23%。分布在魏湾镇的跨马营一带，全部为白潮盐土。

潮盐土形成原因基本上与盐化潮土相似，即盐化潮土的某些条件变的更坏，如它的潜水位比盐化潮土更高一些，为 1.5～2.5m，水质比盐化潮土更差些，其矿化度多数在 3.0g/L 以上。

地表有白色盐霜或盐结皮，干燥失水时常形成细碎的表土。盐分组成以硫酸盐为主，并含有相当量的氯化物和少量的重碳酸盐。

三、风沙土

风沙土主要分布在黄河故道，如先锋办事处、松林镇、唐园镇及八岔路镇等，面积为 2334.8hm^2，占总可利用面积的 3.04%。

风沙土剖面属性和生产性能与褐土化潮土有本质的差别。风沙土多处在沙质河槽地，海拔高程为 35～37m，潜水埋深为 7～9m。因全剖面沙质，无黏土层。通气、透水性较强，漏水、漏肥，氮、磷、钾极缺，土壤潜在肥力低。在改良利用上，应以发展林业生产为主，有条件的可改为农田，种植适宜沙质土生长的作物，如薯类、花生等。

第二节　土地利用状况

临清市土地利用面积为 94992.3hm^2，其中农用地面积为 78227.9hm^2，占 82.4%；建设用地面积为 16456.79hm^2，占 17.3%；未利用地面积为 307.7hm^2，占 0.3%（图 2-1）。

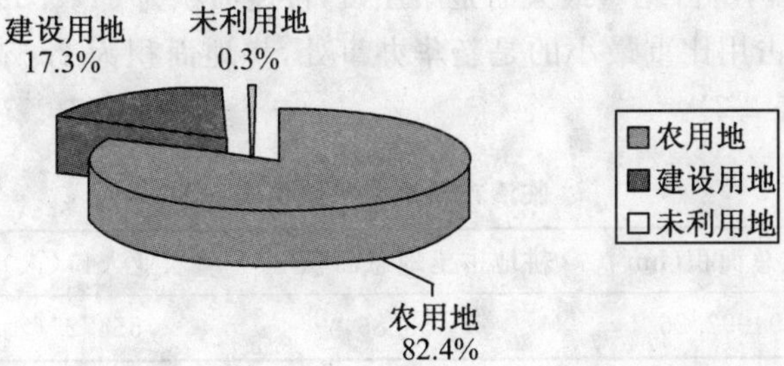

图 2-1　临清市土地利用一级分类构成图

一、农用地

临清市农用地面积为 78227.9hm²。耕地面积为 55915.9hm²，占农用地面积的 71.48%；园地面积为 2080.2hm²，占农用地面积的 2.7%；林地面积为 4529.3hm²，占农用地面积的 5.8%；牧草地面积为 0hm²；其他农用地面积为 15702.45hm²，占农用地面积的 20.1%（图 2-2）。

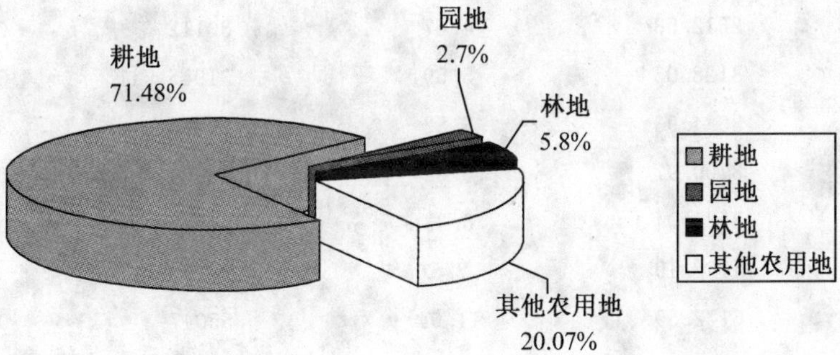

图 2-2　临清市农用地构成图

（一）耕地

临清市耕地面积为 55915.9hm²。耕地地类构成以水浇地为主，面积为 55692.2hm²，占耕地面积的 99.6%（图 2-3）。

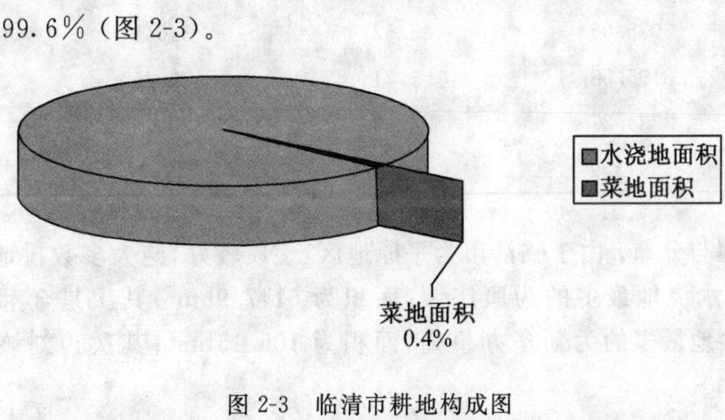

图 2-3　临清市耕地构成图

1. 耕地的分布状况。临清市各办事处、镇的耕地面积不尽相同，从各办事处、镇占全市耕地面积的比重看，所占比重最大的是康庄镇，耕地面积为 6172.59hm^2，约占全市耕地面积的 11.04%；所占用比重最小的是新华办事处，耕地面积为 2266.2hm^2，约占全市耕地面积的 4.05%(表 2-2)。

表 2-2　临清市耕地面积结构表

耕地面积(hm^2)	土地总面积(hm^2)	耕地占土地总面积(%)	农业人口(人)	人均占有耕地(hm^2)
55915.9	94992.26	58.86	554727	0.1008

从表 2-3 可以看出，全市农民人均占有耕地面积为 0.1008hm^2，高于全省人均耕地面积。其中，戴湾镇人均所占比例最大，人均占有耕地面积为 0.145hm^2；而新华办事处人均所占比例最小，人均占有耕地面积为 0.0621hm^2(表 2-3)。

表 2-3　临清市各办事处、镇耕地面积结构表

镇(办事处)	耕地面积(hm^2)	占耕地总面积(%)	农业人口(人)	人均占有耕地(hm^2)
唐　园	3284.93	4.05	34864	0.0621
烟　店	2408.09	4.31	29739	0.081
潘　庄	2612.53	4.67	30112	0.0868
八岔路	3128.05	5.59	31945	0.0979
尚　店	3084.93	5.52	29109	0.106
刘垓子	3700.97	6.62	29800	0.1242
魏　湾	3539.04	6.33	24927	0.142
戴　湾	4192.19	7.5	28903	0.145
康　庄	6172.59	11.04	55047	0.1121
金郝庄	5275.63	9.43	49289	0.107
松　林	3026.3	5.41	33838	0.0894
老赵庄	3609.53	6.46	37297	0.0968
新　华	2266.2	4.05	36495	0.0621
先　锋	3085.08	5.52	34041	0.0906
大辛庄	3195.58	5.71	32425	0.0986
青　年	3334.27	5.96	36896	0.0904
合　计	55915.9	100	554727	0.1008

2. 耕地类型与分布。由于临清市为平原地区，土质较好，绝大多数耕地为水浇地，其次为菜地。全市水浇地最多的为康庄镇，面积为 6147.9hm^2；其次是金郝庄镇，面积为 5275.63hm^2。菜地最多的为新华办事处，面积为 106.15hm^2；其次为刘垓子镇，面积为 44.19hm^2(图 2-4)。

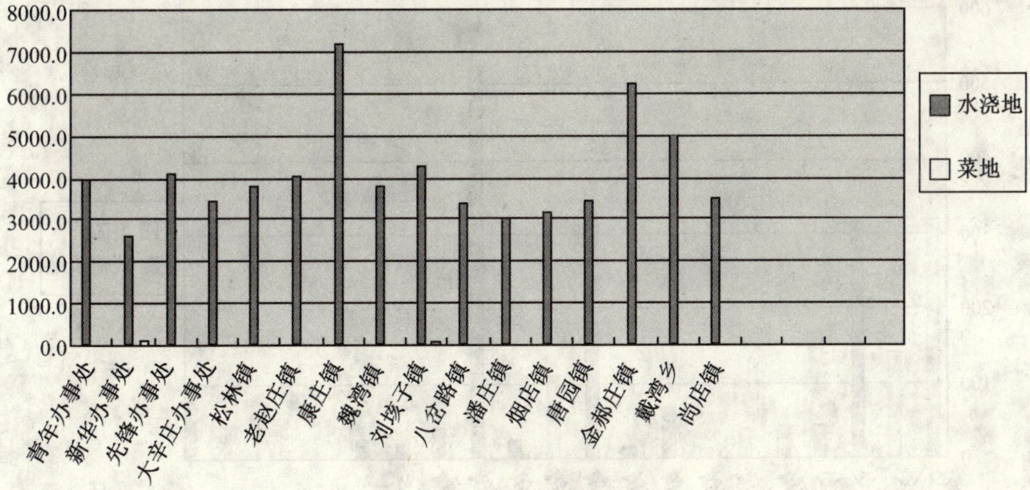

图 2-4 临清市耕地类型分布图

(二)园地

园地三级分类中,全市只有果园和其他园地,园地面积为 2080.18hm²。果园面积为 2073.09hm²(其中可调整果园为 936.76hm²),占园地面积的 99.66%;其他园地面积为 7.09hm²,占园地面积的 0.34%(图 2-5 和表 2-4)。

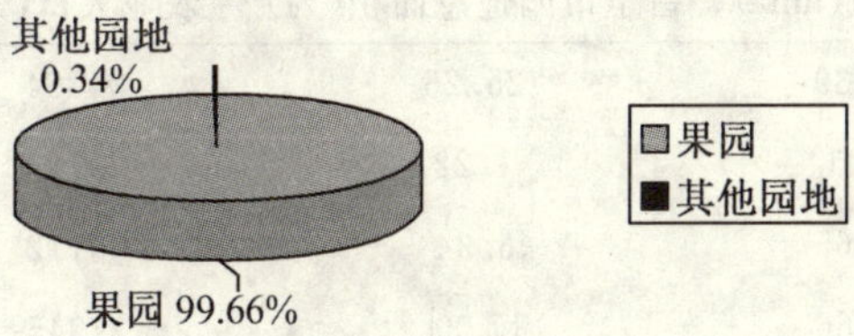

图 2-5 临清市园地构成图

表 2-4　　临清市园地分布状况

园地(hm²)	果园(hm²)	占园地面积(%)	其他园地(hm²)	占园地面积(%)
2080.18	2073.09	99.66	7.09	0.34

临清市园地面积为 2080.18hm²,占全市总面积的 2.19%。从各办事处、镇园地占全市园地总面积与本办事处、镇土地总面积的比重看(图 2-6),唐园镇所占比重最大,园地面积为 525.39hm²,占全市园地面积的 25.26%,占该镇土地总面积的 9.78%;其次是八岔路镇,园地面积为360.66hm²,占全市园地总面积的 17.34%,占该镇土地面积的 7.44%;所占比重最小的是康庄镇,园地面积为 13.67hm²,占全市园地总面积的 0.66%,占该镇土地总面积的 0.14%。

从人均占用园地比例看(表 2-5),全市人均占用园地面积为 0.0037hm²。唐园镇最多,人均园地面积为 0.0151hm²。最少的是康庄镇,人均园地面积为 0.0002hm²。

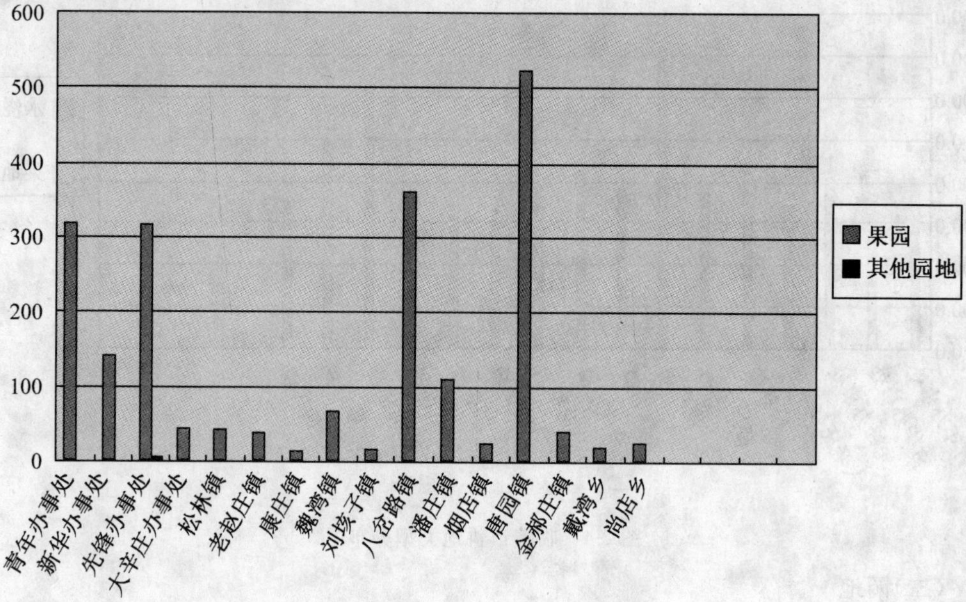

图 2-6 各办事处、镇园地面积结构表

表 2-5 临清市各办事处、镇园地面积结构表

镇(办事处)	园地面积(hm^2)	占全市园地总面积(%)	农业人口(人)	人均占有园地(hm^2)
唐 园	525.39	25.26	34864	0.0151
烟 店	25.41	1.22	29739	0.0009
潘 庄	110.65	5.34	30112	0.0037
八岔路	360.66	17.34	31945	0.0113
尚 店	22.89	1.1	29109	0.0008
刘垓子	16.73	0.8	29800	0.0006
魏 湾	66.11	3.18	24927	0.0026
戴 湾	19.81	0.95	28903	0.0007
康 庄	13.67	0.66	55047	0.0002
金郝庄	39.28	1.89	49289	0.0008
松 林	41.75	2.01	33838	0.0012
老赵庄	36.23	1.74	37297	0.001
新 华	143.03	6.88	36495	0.0039
先 锋	315.81	15.18	34041	0.0093
大辛庄	23.26	1.12	32425	0.0007
青 年	319.41	15.35	36896	0.0087

1. 园地的类型与分布状况。从园地的类型看，果园主要分布在唐园镇、八岔路镇、先锋办事处、青年办事处和新华办事处，面积占全市的 80%。其他园地在先锋办事处和唐园镇，面积分别为 6.49hm^2 和 0.6hm^2。

2. 可调整园地。临清市可调整园地有 936.76hm^2，全部为可调整果园。可调整园地主要分布在唐园镇、先锋办事处、青年办事处和新华办事处，面积分别为 248.17hm^2、180.73hm^2、130.04hm^2 和 108.59hm^2，占全市可调整园地面积的 71.26%。

（三）林地

临清市林地面积为 4529.3hm^2。林地构成中有林地面积为 2125.93hm^2（其中可调整有林地面积为 13.91hm^2），占全市林地面积的 46.94%；灌木林地面积为 6.83hm^2，占全市林地面积的 0.15%；疏林地面积为 11.29hm^2，占全市林地面积的 0.25%；未成林造林地面积为 1979.62hm^2（其中可调整未成林造林地面积为 1634.64hm^2），占全市林地面积的 43.71%；苗圃面积为 405.63hm^2（其中可调整苗圃面积为 0.093hm^2），占全市林地面积的 8.96%（图 2-7 和表 2-6）。

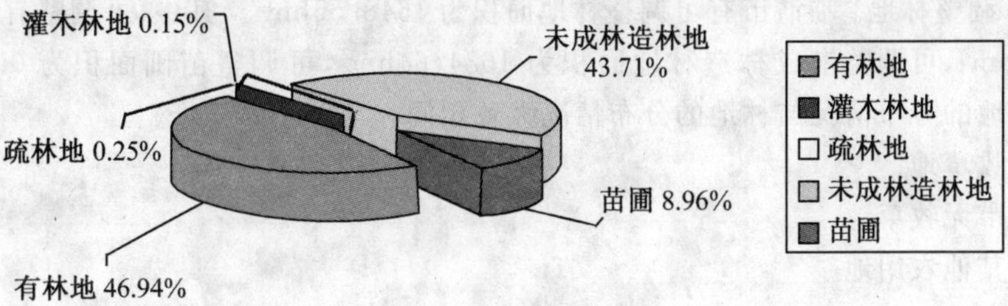

图 2-7　临清市林地构成图

表 2-6　**临清市各办事处、镇林地面积结构表**

镇（办事处）	林地面积（hm^2）	占全市林地总面积（%）	农业人口（人）	人均占有林地（hm^2）
唐　园	205.73	4.54	34864	0.0059
烟　店	620.87	13.71	29739	0.0209
潘　庄	324.49	7.16	30112	0.0108
八岔路	160.95	3.55	31945	0.0050
尚　店	245.73	5.43	29109	0.0084
刘垓子	246.14	5.43	29800	0.0083
魏　湾	373.08	8.24	24927	0.0150
戴　湾	277.42	6.13	28903	0.0096
康　庄	347.13	7.66	55047	0.0063
金郝庄	320.01	4.67	49289	0.0065
松　林	236.89	5.23	33838	0.0070
老赵庄	212.67	4.69	37297	0.0057
新　华	130.16	2.87	36495	0.0036
先　锋	301.68	2.88	34041	0.0089
大辛庄	143.64	3.17	32425	0.0044
青　年	393.11	8.46	36896	0.0104

1. 林地的分布状况。临清市共有林地面积为4529.29hm²，占全市总面积的4.77%。从比重上来看，林地主要分布在烟店镇、青年办事处、魏湾镇和康庄镇，面积分别为620.87hm²、393.11hm²、373.08hm²和347.13hm²，分别占全市林地总面积的13.71%、8.46%、8.24%和7.66%。面积最小的为新华办事处，林地面积为130.16hm²，占全市林地总面积2.87%。

从人均占用林地数量来看，全市人均林地面积为0.0082hm²，烟店镇人均林地面积最多，人均占用林地面积为0.0209hm²；魏湾镇次之，人均占用林地面积为0.0150hm²；人均占用林地最少的是新华办事处，为0.0036hm²。

2. 林地类型及分布。临清市林地的主要类型为有林地和未成林造林地。有林地和未成林造林地分布广泛，有林地较多的有烟店镇、金郝庄镇、魏湾镇和康庄镇，面积分别为213.9hm²、211.44hm²、174.78hm²和174.27hm²。未成林造林地较多的有烟店镇和先锋办事处，面积分别为399.07hm²和169.68hm²。临清市苗圃面积为405.63hm²，主要分布在青年办事处、尚店镇、八岔路镇和魏湾镇。

3. 可调整林地。临清市有可调整林地面积为1648.55hm²。其中，可调整有林地面积为13.91hm²，可调整未成林造林地面积为1634.64hm²，可调整苗圃面积为0.093hm²。可调整林地的分布情况与林地的分布情况大致相同。

(四)牧草地

临清市无牧草地。

(五)其他农用地

其他农用地面积为6550.52hm²。其中畜禽饲养用地面积为93.82hm²，占其他农用地面积的1.43%；农村道路用地面积为2062.9hm²，占其他农用地面积的31.49%；坑塘水面面积为569.1hm²，占其他农用地面积的8.69%；养殖水面面积为17.21hm²，占其他用地面积的0.26%；农田水利用地面积为3512.26hm²，占其他农用地面积的53.62%；田坎用地面积为1.95hm²，占其他农用地面积的0.03%；晒谷场等用地面积为293.26hm²，占其他农用地面积的4.48%。

其他农用地的类型及分布状况：临清市畜禽饲养地类中，魏湾镇所占比例最大；农村道路地类中，康庄镇所占比例最大；坑塘水面地类中，老赵庄镇所占比例最大；养殖水面地类中，尚店镇所占比例最大；农田水利用地地类中，戴湾镇所占比例最大；田坎用地地类中，烟店镇所占例最大；晒谷场等用地地类中，先锋办事处所占比例最大。

(六)可调整地类

临清市共有可调整地类面积为2591.89hm²，可调整园地面积为943.25hm²。其中可调整果园面积为936.76hm²；可调整桑园面积为6.49hm²；可调整林地面积为1648.64hm²，其中可调整有林地面积为13.91hm²，可调整未成林造林地面积为1634.64hm²，可调整苗圃面积为0.093hm²(图2-8)。

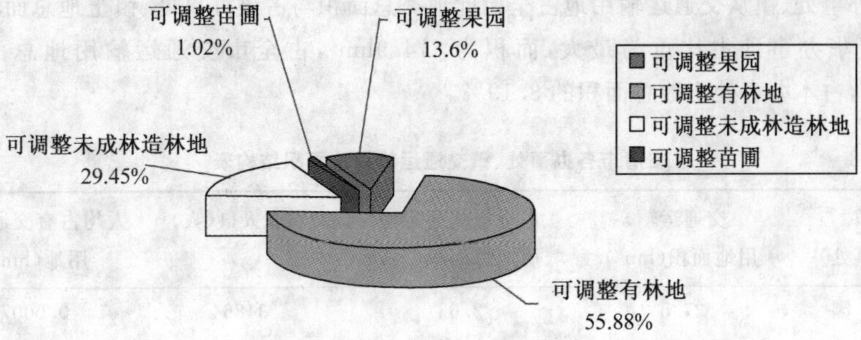

图 2-8　可调整地类结构图

二、建设用地

临清市建设用地面积为 16456.69hm²，占全市土地总面积的 17.3%。建设用地中以居民点及独立工矿用地为主，面积为 15239.31hm²，占建设用地面积的 92.6%；交通运输用地面积为 893.51hm²，占建设用地面积的 5.43%；水利设施用地面积为 323.87hm²，占建设用地面积的 1.97%（图 2-9 和表 2-7）。

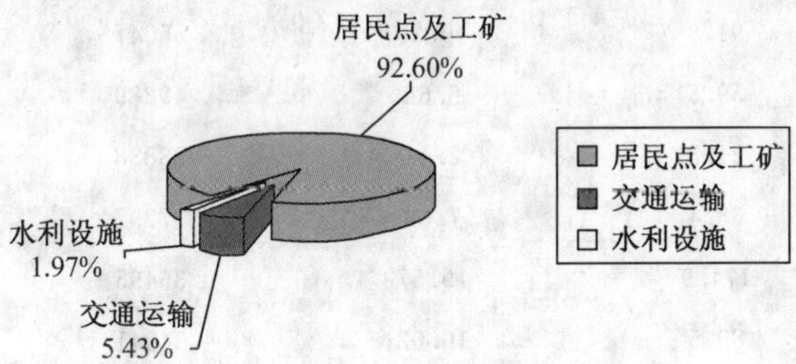

图 2-9　临清市建设用地分类构成图

表 2-7　临清市交通用地面积统计表

交通用地面积（hm²）	占总面积的（%）	农业总人口（人）	人均占有（hm²）
893.51	0.94	554727	0.0016

（一）交通运输用地

临清市交通运输用地面积为 893.51hm²。其中铁路用地面积为 100.22hm²，占交通运输用地面积的 11.22%；公路用地面积为 793.29hm²，占交通运输用地面积的 88.78%（图 2-10）。

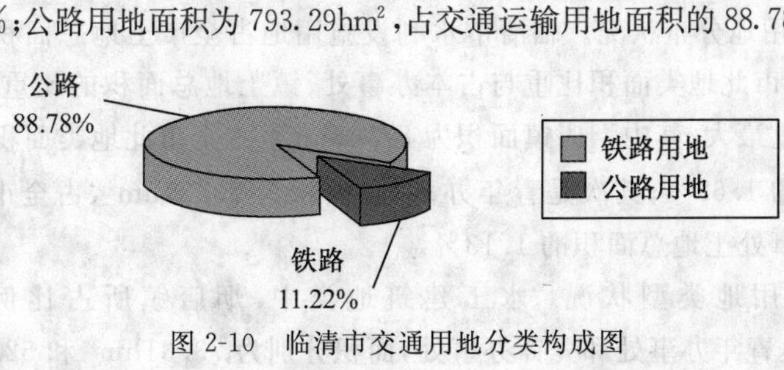

图 2-10　临清市交通用地分类构成图

各办事处、镇从交通运输用地占全市此地类总面积与占该办事处、镇土地总面积的比重看，新华办事处占比重为最大，面积为 174.9hm^2，占全市交通运输用地总面积的 19.57%，占本办事处土地总面积的 3.19%。

表 2-8　　临清市各办事处、镇交通运输用地面积结构表

镇（办事处）	交通运输用地面积（hm^2）	占全市交通运输用地总面积（%）	农业人口（人）	人均占有交通运输用地（hm^2）
唐　园	23.5	2.63	34864	0.0007
烟　店	9.6	1.07	29739	0.0003
潘　庄	9.0	1.01	30112	0.0003
八岔路	12.1	1.35	31945	0.0004
尚　店	24.0	2.69	29109	0.0008
刘垓子	77.8	8.71	29800	0.0026
魏　湾	7.3	0.82	24927	0.0003
戴　湾	44.0	4.92	28903	0.0015
康　庄	91.9	10.29	55047	0.0017
金郝庄	59.5	6.66	49289	0.0012
松　林	21.8	2.44	33838	0.0006
老赵庄	68.4	7.66	37297	0.0018
新　华	174.9	19.57	36495	0.0048
先　锋	89.5	10.02	34041	0.0026
大辛庄	66.6	7.45	32425	0.0021
青　年	113.7	12.73	36896	0.0031

临清市交通运输用地占土地面积总面积的 0.9%，人均占用量为 0.0015hm^2。其中，新华办事处人均占用比例最高，达 0.0048hm^2。

（二）水利设施用地

临清市水利设施用地面积为 323.87hm^2，全部为水工建筑用地。

1. 水利设施用地分布状况。临清市水利设施用地占全市土地总面积的 0.34%。从各办事处、镇占全市此地类面积比重与占本办事处、镇土地总面积的比重看，烟店镇和青年办事处所占比重最大，其中烟店镇面积为 87.56hm^2，占全市此地类面积的 27.04%，占本镇土地总面积的 1.68%；其次是青年办事处，面积为 73.31hm^2，占全市此地类面积的 22.63%，占本办事处土地总面积的 1.13%。

2. 水利设施用地类型状况。水工建筑地类中，烟店镇所占比例最大，面积为 87.56hm^2；其次是青年办事处和先锋办事处，面积分别为 73.31hm^2 和 52.59hm^2。

三、未利用土地

临清市未利用地面积为 307.71hm²,其中未利用土地面积为 48.86hm²,占未利用地的 15.88%;其他土地面积为 258.85hm²,占未利用地面积的 84.12%(图 2-11)。

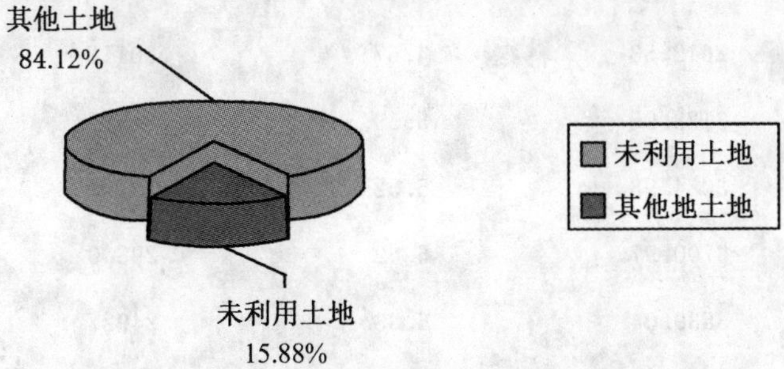

图 2-11　临清市未利用地分类构成图

(一)未利用土地

临清市未利用土地面积为 48.86hm²,全部是荒草地。

(二)其他土地

临清市其他土地面积为 162.81hm²,全部是河流水面。

第三节　耕地利用与管理

一、耕地利用现状

临清市耕地面积为 55915.9hm²。耕地地类构成中以水浇地为主,面积为 55692.2hm²,占耕地面积的 99.6%;菜地次之,面积为 223.7hm²,占耕地面积的 0.4%。临清市各办事处、镇的耕地面积不尽相同,从各办事处、镇占全市耕地面积的比重看,所占比重最大的是康庄镇,耕地面积为 6172.59hm²,约占全市耕地面积的 11.04%;所占用比重最小的是新华办事处,耕地面积为 2266.2hm²,约占全市耕地面积的 4.05%。全市水浇地最多的为康庄镇,面积为 6147.9hm²;其次是金郝庄镇,面积为 5275.63hm²。菜地最多的为新华办事处,面积为 106.15hm²;其次为刘垓子镇,面积为 44.19hm²(表 2-9 和表 2-10)。

表 2-9　临清市耕地面积结构表

耕地面积(hm²)	土地总面积(hm²)	耕地占土地总面积(%)	农业人口(人)	人均占有耕地(hm²)
55915.9	94992.26	58.86	554727	0.1008

表 2-10　　临清市各办事处、镇耕地面积结构表

镇(办事处)	耕地面积(hm^2)	占耕地总面积(%)	农业人口(人)	人均占有耕地(hm^2)
唐　园	3284.93	4.05	34864	0.0621
烟　店	2408.09	4.31	29739	0.081
潘　庄	2612.53	4.67	30112	0.0868
八岔路	3128.05	5.59	31945	0.0979
尚　店	3084.93	5.52	29109	0.106
刘垓子	3700.97	6.62	29800	0.1242
魏　湾	3539.04	6.33	24927	0.142
戴　湾	4192.19	7.5	28903	0.145
康　庄	6172.59	11.04	55047	0.1121
金郝庄	5275.63	9.43	49289	0.107
松　林	3026.3	5.41	33838	0.0894
老赵庄	3609.53	6.46	37297	0.0968
新　华	2266.2	4.05	36495	0.0621
先　锋	3085.08	5.52	34041	0.0906
大辛庄	3195.58	5.71	32425	0.0986
青　年	3334.27	5.96	36896	0.0904
合　计	55915.9	100	554727	0.1008

二、耕地的保养回顾

临清市进行了两次土壤普查，1959 年第一次土壤普查时，对土地进行平整、兴修水利、用养结合，起到了一定的推动作用；1981 年第二次土壤普查查清了各土壤类型、理化性状及其分布，找出了当时制约农业生产的土壤问题并制定了相应的改良利用措施。

首先，通过大搞农田基本建设，完善排灌系统，改善了土壤的水、热、气状况，尤其是土壤水分状况，不仅满足了农作物的需水要求，而且还加强了土壤中矿物质营养的溶解、水解及氧化作用，促进了有机质的提高。其次，人们通过优良的耕作方法，如伏耕晒垡、冬深耕、春浅耕及冬季镇压，发展机耕、深耕松土等措施，疏松了土壤，改善了土壤结构，提高了土壤的蓄水能力和通气性，促进了微生物的活动，加速了土壤中矿质养分的风化释放和有机质的分解、转化，增加了土壤养分，更好地满足了作物生长发育的需要。通过因土安排一年一作、两年三作、一年两作制，合理轮作换茬，利用作物的不同生物学特性，对土壤微生物区系、微生物能源物质、土壤腐殖质的积累分解进行合理的调节，改善土壤水、热、气、

肥状况，促使土壤变肥。再是人们通过施肥，如增施有机肥、化学肥料以及微肥，发展绿肥，大搞秸秆还田等先进的施肥技术，因土施肥，因作物施肥，化肥深施，氮、磷、钾配合施用等，不仅改善了土壤的物理状况，调节了土壤的耕性，促进土壤肥力发展的平衡，而且还提高了肥料的利用率，降低生产成本，创造更多的物质财富。此外，通过对盐碱地进行修筑台田、平整土地、灌水压碱、挖沟排碱、增施有机肥、合理耕作等措施，为排盐脱盐、防止返盐，创造了良好的条件。这样，不仅改变了土体构型，而且还加速了原来自然脱盐过程，甚至使原来的积盐过程朝脱盐过程发展。但同时存在着不合理的灌溉导致土壤次生盐渍化，盲目扩大复种指数，掠夺性的土地经营，引起土壤有机质的降低，理化性质变劣，水、肥、气、热失调，使土壤肥力衰退。此外，随着工农业生产的发展，工业污水对土壤污染越来越严重，使土壤中有毒物质增加，化学肥料、杀虫药剂及除草剂的广泛应用，对土壤性状也将产生某些不利的影响。因此，合理利用和保护土壤资源，防治土壤污染，必须引起足够的重视。

三、耕地障碍因素分析

临清市耕地土体结构一般，主要是临清市地处黄河下游冲积平原，耕层以沙土或沙壤土为主。质地需要改良的耕地面积为 27635.96hm^2，占耕地总面积的 49.42%。土体构型需要改良的面积占总面积的 53.46%。由于沙土或沙壤土易漏肥、漏水，肥水保持力弱，提升慢，致使产量徘徊不前。另外，随着化工业的发展，化学肥料已成为当今农作物的主要肥料，农田普遍有机质偏低，出现了无机肥与有机肥使用不协调的现象，影响了农作物的高产优质。在农业生产上存在着重化肥、轻有机肥；重氮磷肥、轻钾肥；重大量元素、轻微量元素的现象。由于农民施肥结构和方法不合理，一是造成肥料利用率低，资源浪费巨大；二是不合理施肥导致耕地质量下降，质地不良，土壤严重板结，土壤次生盐渍化加重，影响作物对养分的吸收和利用，进而影响农业可持续发展；三是肥料不合理施用造成了作物抗逆能力减弱，农产品品质下降，影响到农产品市场竞争力；四是肥料不合理施用造成对地表水、地下水的污染，影响生态家园的建设；五是由于近年推广了旋耕技术、免耕技术，且应用面积逐渐扩大，致使耕层浅、肥力低、土壤保水和抗旱、防涝能力差，土壤的通透性差。总之，农民施肥方法不当是目前全市耕地质量亟须解决的根本问题。

四、耕地施肥状况分析

(一)施肥现状

随着农业产业结构的调整，临清市农业得到迅猛发展，单位面积产量和产值大幅度提高。实践证明，增施肥料是增产的重要措施，但不科学施肥，不但造成了不必要的经济损失，而且对土壤、地下水造成了污染，影响了农业可持续发展。临清市不同类型农户施肥情况见表 2-11。

表 2-11　　临清市不同类型农户施肥表

农田类型		粮田			蔬菜	
		小麦 (kg/667m²)	玉米 (kg/667m²)	棉花 (kg/667m²)	设施蔬菜 (kg/667m²)	露地蔬菜 (kg/667m²)
有机肥	鸡粪	101		136	2638	1326
	圈肥	165		206	416	443
	土杂肥	287		327	408	291
	堆肥	55		175		
	饼肥	8		14		
	合计	616		683	3462	2235
	秸秆还田	591	517			
化肥	尿素	21.7	15.8	25.7	30.5	26.4
	碳酸氢铵	2.1	2.2		18.7	14.2
	磷酸二铵	17.8	10.5	14.3	76.2	32.7
	复混(合)肥	20.9	24.4	26.9	224.0	156.1
	硫酸钾	0.8	0.6		16.3	18.8
	氯化钾	3.4	3.0	2.0		
	其他	0.15			4.4	4.0
	合计	66.85	56.5	68.9	446.5	252.2
折纯量	N	17.5	16.8	17.8	69.1	45.6
	P_2O_5	8.7	7.2	9.17	68.6	31.5
	K_2O	3.77	4.88	3.72	34.6	18.4

由以上调查统计表中可以得出全市各种不同作物和设施农业施肥情况。

1. 粮田肥料施用量

(1)小麦肥料施用量。小麦施肥量共调查了 725 个农户，其中有 347 户施用了有机肥，占调查总户数的 47.8%。有机肥平均用量为 616kg/667m²，以土杂肥、圈肥和鸡粪为主，分别占有机肥总量的 46.4%、26.7%和 16.7%。化肥平均用量为 66.85kg/667m²，以氮肥为主，尿素占化肥实物用量的 32.5%，磷酸二铵、复合(混)肥分别占化肥实物用量的 26.6%、31.3%。化肥折纯 N∶P_2O_5∶K_2O 为 17.5∶8.7∶3.77。秸秆还田量平均为 591kg/667m²，秸秆还田率为 67.2%，秸秆还田量较大的镇有唐园、烟店、潘庄，秸秆还田量较少的镇有戴湾、尚店和金郝庄。

(2)玉米肥料施用量。玉米施肥量共调查了 318 个农户，发现夏玉米由于都是抢时播种，调查的所有农户都没有施用有机肥。化肥平均用量为 56.5kg/667m²，以复混肥为主，复混肥占化肥实物用量的 43.2%，磷酸二铵、尿素分别占化肥实物用量的 18.6%、

27.9%。化肥折纯 N：P_2O_5：K_2O 为 16.8：7.2：4.88。秸秆还田量平均为 517kg/667m²，秸秆还田量率为30.5%，秸秆还田量较大的镇有烟店、八岔路、潘庄，秸秆还田量较少的办事处、镇有新华、戴湾和大辛庄。

2. 棉田肥料施用量

棉田施肥量共调查了 287 个农户，其中有 155 户施用了有机肥，占调查总户数的 54.0%。有机肥平均用量为 683kg/667m²，以土杂肥、圈肥和鸡粪为主，分别占有机肥总量的 47.9%、30.2%和 19.9%。化肥平均用量为 68.9kg/667m²，以复合(混)肥为主，复合(混)肥占化肥实物用量的 39.0%，其次是尿素、磷酸二铵，分别占化肥实物用量的 37.3%、6.24%。化肥折纯 N：P_2O_5：K_2O 为 17.8：9.17：3.72。

3. 蔬菜田肥料施用量

(1)设施蔬菜田肥料施用量。设施蔬菜田施肥量共调查了 36 个农户。有机肥平均用量为 3462kg/667m²，以鸡粪为主，占有机肥总量的 76.2%；土杂肥、圈肥分别占有机肥总量的 11.8%、12.0%。日光温室有机肥施肥量最大，年平均用量为 4638kg/667m²；其次是塑料大棚；小拱棚最少，年平均用量为 2738kg/667m²。化肥平均用量为 446.5kg/667m²，以复合(混)肥为主，复合(混)肥占化肥实物用量的 50.2%，其次是磷酸二铵、尿素，分别占化肥实物用量的 17.1%、6.83%。化肥折纯 N：P_2O_5：K_2O 为 69.1：68.6：34.6。化肥施用量也是日光温室最大，塑料大棚次之，小拱棚最少。

(2)露地蔬菜田肥料施用量。露地蔬菜田施肥量共调查了 75 个农户。有机肥平均用量为 2235kg/667m²，以鸡粪为主，占有机肥总量的 59.3%；土杂肥、圈肥分别占有机肥总量的 13.0%、19.8%。化肥平均用量为 252.2kg/667m²，以复合(混)肥为主，复合(混)肥占化肥实物用量的 61.9%，其次是磷酸二铵、尿素，分别占化肥实物用量的 13.0%、10.5%。化肥折纯 N：P_2O_5：K_2O 为 45.6：31.5：18.4。

(二)历史施用化肥数量(表 2-12)

表 2-12　　临清市历史施用化肥数量(折纯)

年　份	氮　肥(t)	磷　肥(t)	钾　肥(t)	合　计(t)
2001	18831	7450	2263	28544
2002	20725	8184	2961	31870
2003	21134	7957	2885	31976
2004	22523	8450	3137	34110
2005	21272	7764	3083	32119
2006	23853	9826	4671	38350
2007	27219	12074	5784	45075
2008	25937	10719	5844	42500
2009	26842	11876	6995	45713

五、粮食产量变化趋势(表 2-13)

表 2-13　　临清市历史粮食产量表

年　份	播种面积(hm^2)	粮食总产(t)	粮食单产(kg/hm^2)
2001	64322	337301	5244
2002	60767	321484	5290
2003	56657	295109	5208
2004	51287	267782	5221
2005	48571	290576	5982
2006	67503	382617	5668
2007	73443	449004	6113
2008	78706	488199	6203
2009	78533	496642	6324

六、施肥实践中存在的主要问题与建议

(一)存在的问题

经调查分析,临清市目前在肥料施用中还存在诸多问题和误区。

一是重用地、轻养地,重化肥、轻有机肥和生物肥。有机肥与化肥同等重要不可代替,优势互补,有机肥料、无机肥料和生物肥料配合作用,对作物稳产、高产、培肥地力、增强农业后劲、改善农田生态环境、缓解化肥比例失调、生产无公害绿色食品等具有重要意义。为了更好地保持和提高土壤肥力,发扬重视有机肥的传统,使农业可持续发展和环境保护达到完美的结合,应重视提倡研究开发有机、无机、生物相结合的新型肥料。

二是盲目、随众性为当前肥料施用中的主要问题。施肥上的盲目性、随众性是当前最大误区。不是以产定肥、按需配肥,而是买啥用啥、有啥用啥,主要表现为传统观念的束缚,施肥原理的缺乏,缺乏以肥定产及施肥重要性的认识,单纯片面追求高产出、低投入,以致造成用肥不对路、产量低、效益差的结果。在生产实践中出现的问题是农民无论种什么作物都施同种、同量肥料;无论 N、P、K 有效含量多少,都施同等质量的肥料;对所种的地块土壤营养状况摸不清,盲目施肥。

三是化肥与农药相混淆。化肥不是农药,不能将化肥与农药同等对待。农药是由工厂化合成的"杀生"剂,用以消灭虫害、病菌或杂草的一类物质。除生物农药外,大部分农药对人、畜等生物及环境都有一定的危害及影响。施用化肥的目的是"促生",以满足作物平衡营养和制造有机物的要求;化肥施入土壤后,不能为作物直接吸收利用,而需溶解于土壤溶液或吸附于土壤胶体后方能被作物吸收利用。当今的主要化肥品种,一些来自天然矿物的转化,如由磷矿粉生产磷肥,由天然钾矿提钾肥,氮肥则都是合成氨及其加工品。因此,不应将化肥与农药等同对待,化肥与农药是性质不同的两类农用化学品。

四是肥料利用率低，肥效差。目前化肥的当季利用率氮素为30％～35％，磷素为10％～20％，钾素为35％～50％，平均当季化肥利用率为30％左右，而发达国家达到50％～60％。由于化肥利用率低，不但加剧了化肥数量不足的矛盾，而且造成极大的人力、财力、物力的浪费，还污染了环境。

五是施肥方法不当。目前市场上出现的一些所谓新型肥料，多数科技含量不高，增产效果不稳定，甚至不增产。施肥方法要改进，提倡有机肥与化肥配合施用；基肥、底肥、种肥与苗后追肥相结合，尿素深施，“垄三耕法”肥料层施，提倡秋施肥，尤其是有机肥或有机无机复混肥要在秋季施用。

六是肥料结构不合理，土壤养分失衡。肥料品种结构不合理主要表现在有机肥与化肥生产施用数量及比例不相适应（横向比不适宜）。农业生产实践表明，有机肥投入仍在继续下降。肥料品种结构不合理还表现在化肥氮、磷、钾、锌、硼、锰等营养元素的施用极不合理（纵向比不合理）。单纯施用化肥造成土壤板结，破坏土壤结构，生产力下降。养分间施用不平衡，普遍重视施用氮、磷化肥，轻视钾肥施用，忽视中微量元素施用。

（二）几点建议

一是用地与养地相结合，投入与产出相平衡。要使作物—土壤—肥料形成物质和能量的良性循环，必须坚持用养结合，投入产出相平衡。破坏或消耗了土壤能力，就意味着降低了农业再生产的能力。

二是有机与无机结合。实施配方施肥必须以有机肥为基础，土壤有机质是土壤肥沃程度的重要指标，增施有机肥可以增加土壤有机质含量，改善土壤理化生物性状，提高土壤保水、保肥能力，增强土壤微生物的活性，促进化肥利用率的提高。因此，必须坚持多种形式的有机肥料投入，才能够培肥地力，实现农业可持续发展。

三是大量、中量、微量元素配合。各种营养元素的配合是配方施肥的重要内容，随着产量的不断提高，在耕地高度集约利用的情况下，必须进一步强调氮、磷、钾肥的相互配合，并补充必要的中量、微量元素，才能获得高产稳产。

第三章　样品采集与分析

第一节　土壤样品的布点与采集

土壤样品的采集是耕地地力评价的一个重要环节，采集有代表性的样品是如实反映客观情况的先决条件。因此，应选择有代表性的地段和有代表性的土壤进行采样，并根据不同分析项目采用相关的采样和处理方法。

一、布点与采集前的准备

（一）成立领导小组

临清市成立了由农业局局长任组长，副局长任副组长，有关科站、各办事处、镇农技站负责人为成员的工作领导小组，负责组织协调、工作安排、资金配套和资料准备等工作。

（二）成立工作小组

临清市成立了野外调查取样、分析化验和室内工作专业小组，实行站长负责制。野外调查取样小组由农业局和办事处、镇农技站人员组成，负责农户调查和样品采集。分析化验小组由5名专业化验人员组成，负责分析化验。室内工作小组负责资料的收集、资料审核整理、相关资料图件录入工作。

（三）物资准备

配备了计算机及相关软件、扫描仪、手持式卫星定位仪；采样用的土钻、木铲、标签和测定容重用的环刀等工具。

（四）收集图件及资料

收集了临清市地形图、土地利用现状图、农田水利分布图、第二次土壤普查土壤志和成果图、临清市统计年鉴等资料。

（五）技术培训

举办了野外调查取样培训班、样品处理培训班、分析化验技能提高班、资料整理技术培训班等，提高了所有工作人员的技能素质。

二、室内布置采样点

（一）确定采样单元

采样前详细了解采样地区的土壤类型、肥力等级和地形等因素，将区域划分为若干个采样单元，每个采样单元的土壤做到了尽可能均匀一致。此次耕地地力依 20～33.3hm^2

为一个采样单元。为便于田间示范追踪，采样集中在典型农户，采样单元相对在中心部位，以面积为0.067～0.667hm^2 的典型地块为主。

(二)室内布点

在1∶50000土地利用现状图上布点，统筹考虑土壤类型、作物布局、行政区划、肥力等级和地形等因素，以20～33.3hm^2 为一采样单元进行布点。共布置采样点为7112个，其中用于耕地地力评价样点为2027个。

三、确定采样时间

粮食作物在秋后采集，蔬菜在播种前采集(上茬作物已经基本完成生育进程，下茬作物还没有施肥)。

四、确定采样周期

同一采样单元，无机氮每季或每年采集1次；土壤有效磷、速效钾2～4年采集1次；微量元素3～5年采集1次。

五、确定取土点数量

保证足够的取土点，使之能代表采样单元的土壤特性。取土点的多少取决于采样单元的大小、土壤肥力的一致性等，一般取15～20个点。

六、制定采样路线

为能够较好地克服耕作、施肥等所造成的误差，采样采用S形布点采样。在地形较小、地力较均匀、采样单元面积较小的情况下，采用梅花形布点取样，并避开路边、田埂、沟边、肥堆等特殊部位。

七、采样点定位

采样点采用GPS定位，记录经纬度，精确到0.01″。

八、采样深度

采样深度大田一般为0～20cm，土壤硝态氮或无机氮的测定，采样深度根据不同作物、不同生育期的主要根系分布深度来确定。

九、采样方法

每个采样点的取土深度及采样量做到均匀一致，土样上层与下层的比例相同。取样器垂直于地面入土，深度相同。用取土铲取样先铲出一个耕层断面，再平行于断面下铲取土；取土全部采用不锈钢取土器采样。

十、样品重量

一个混合土样取土1kg左右，如果取样质量太多，用四分法将多余的土壤弃去。方法是将采集的土壤样品放在盘子里或塑料布上，弄碎、混匀，铺成四方形，画对角线将土样分成四份，把对角的两份分别合并成一份，保留一份，弃去一份。如果所得的样品依然很多，可再用四分法处理，直至所需数量为止。

十一、样品标记

采集的样品放入统一的样品袋，用铅笔写好标签，内外各具一张。

第二节 土壤样品制备

从野外采回的土壤样品及时放在样品盘上，摊成薄薄的一层，置于干净、整洁的室内通风处自然风干，严禁暴晒，并注意防止酸、碱等气体及灰尘的污染。风干过程中，经常翻动土样并将大土块捏碎以加速干燥，同时剔除土壤以外的侵入体。风干后的土样按照不同的分析要求研磨过筛，充分混匀后装入样品瓶中备用。瓶内外各放标签一张，写明编号、采样地点、土壤名称、采样深度、样品粒径、采样日期、采样人、制样时间、制样人等项目。制备好的样品要妥为储存，避免日晒、高温、潮湿和酸碱等气体的污染。全部分析工作结束、分析数据核实无误后，为以后查询，试样一般保存 3 个月至 1 年。少数有价值需要。长期保存的样品，保存于广口瓶中，用蜡封好瓶口。

(一)一般化学分析试样

将风干后的样品平铺在制样板上，用木棍或塑料棍碾压，并将植物残体、石块等侵入体和新生体剔除干净，采用静电吸附的方法清除细小已断的植物须根。压碎的土样全部通过 2mm 孔径筛。未过筛的土粒重新碾压过筛，直至全部样品通过 2mm 孔径筛为止。过 2mm 孔径筛的土样可供 pH、盐分、交换性能及有效养分项目的测定。将通过 2mm 孔径筛的土样用四分法取出一部分继续碾磨，使之全部通过 0.25mm 孔径筛，供有机质、全氮、碳酸钙等项目的测定。

(二) 微量元素分析试样

用于微量元素分析的土样，其处理方法同一般化学分析样品，但在采样、风干、研磨、过筛、运输、储存等环节不接触金属器具，以防污染。如采样、制样，使用木、竹或塑料工具。过筛使用尼龙网筛等。通过 2mm 孔径尼龙筛的样品可用于测定土壤有效态微量元素。

(三) 颗粒分析试样

将风干土样反复碾碎，使之全部通过 2mm 孔径筛。留在筛上的碎石称量后保存，同时将过筛的土壤称量，以计算石砾质量百分数，然后将土样混匀后盛于广口瓶内，用于颗粒分析及其他物理性质测定。若在土壤中有铁锰结核、石灰结核、铁子或半风化体，不能用木棍碾碎，应细心拣出，称量保存。

第三节　样品分析与质量控制

一、样品分析项目与方法

根据《全国耕地地力调查与质量评价技术规程》测试分析项目的要求，本次耕地地力调查与质量评价要求分析项目土壤理化性状 17 项，分析化验方法见表 3-1。

表 3-1　　耕地地力调查分析项目测定方法

分析项目	测定方法
土壤容重	环刀法
土壤空隙度	环刀法
pH	玻璃电极法
有机质	重铬酸钾—硫酸溶液—砂浴法
有效磷	碳酸氢钠浸提—钼锑抗比色法
速效钾	乙酸铵浸提—火焰光度法
全　氮	半微量开氏法
碱解氮	碱解扩散法
有效性铜、锌、铁、锰	DTPA 浸提—等离子发射光谱法
有效钼	草酸—草酸铵提取—等离子发射光谱法
水溶性硼	沸水浸提—等离子发射光谱法
有效态硫	碳酸氢钠浸提—等离子发射光谱法
交换性钙、镁	乙酸铵交换—等离子发射光谱法

二、化验室的质量控制

(一) 实验室建设

1. 实验室布局。实验室使用面积为 225.6 m^2，由样品处理室、样品保存室、天平室、电热室、分析室、浸提室、储藏室、危险品储藏室等组成。

(1)样品干燥采用自然或强制通风，室温不超过 40℃。样品研磨采取强制通风、除尘。

(2)样品保存室用于存放样品和参比样，一般样品保存 3～6 个月。

(3)储藏室是化验室备用物品储藏的场所，主要是备用的化学试剂和仪器设备、备件等，做到了独立设置。

(4)浸提室配置了空调，用于样品浸提、稀释、显色等。

(5)分析室也配置了空调，用于放置原子吸收分光光度计(强排风)、火焰光度计(强排风)、紫外—可见分光光度计、酸度计等仪器及分析操作使用,仪器都配置了计算机,用于数据自动采集。

(6)危险品储藏室设于办公楼以外,主要存放少量易燃、易爆和剧毒危险品。

(7)浸提室、分析室等均设上下水管线,配置防溅洒防护装置,如洗眼器、淋浴喷头等。

2. 环境。制定了具体措施以保证检测工作不受外部环境影响;保证检测的废液、废水等有害物质对周围环境不产生不利影响;保证检测人员的身体健康。

3. 仪器。主要包括原子吸收分光光度计、火焰光度计、紫外—可见分光光度计、凯氏定氮仪、酸度计、电导仪、超纯水器、样品粉碎机、振荡机、电热干燥箱、电子天平和计算机等仪器设备。

4. 人员。配备了事业心强、经过严格培训的 5 名同志承担化验工作,并对他们定期培训、定期考核,确保人员素质。

(二)实验室环境条件的控制

环境温度:15℃～35℃

相对湿度:20%～75%

电源电压:(220±11)V,注意接地良好

噪声:仪器室噪声低于 55dB,工作间噪声低于 70dB

含尘量:低于 0.28mg/m^3

照度:(200～350)lx

振动:天平室、仪器室应在 4 级以下,振动速度低于 0.20mm/s

(三)计量器具的控制

实验室计量器具主要有仪器设备、玻璃量器、标准物质等三类。

1. 仪器设备。购买已获产品质量认证的专业厂家生产的产品。对检测准确性和有效性有影响的仪器设备,制订了周期校核、检定计划。属强制性检定的,定期送法定机构检定;属非强制性检定但有检定规程的,一般也定期送检或自检,并考核合格;属非强制性检定又无检定规程的或不属计量器具但对检测准确性和有效性有影响的,定期组织自校或验证。自检和验证常用的方法有使用有证标准物质和组织实验室间比对等。

2. 玻璃量器。购置有《制造计量器具许可证》的产品。玻璃量器按周期进行检定,其中与标准溶液配制、标定有关的,定期送法定机构检定,其余的由本单位具有检定员资格的人员按有关规定自检。

3. 标准物质。购买国务院有关业务主管部门批准,并授权生产,附有标准物质证书且在有效期内的产品。实验室的参比样品、工作标准溶液等应溯源到国家有证标准物质。

4. 参比样制备。

(1)土样采集。选择有代表性的土壤类型,采集耕层土样。样品采集做到了防止污染。

(2)样品制备。①风干。将田间采集的土壤摊平,放在无污染的塑料薄膜上风干。剔除植物残体、砂砾石块等侵入体和新生体。干燥期间注意防尘,避免直接暴晒。②磨碎与过筛。用机械粉碎机制样,通过 0.25mm 孔径筛。③混匀。把通过 0.25mm 孔径筛的土壤样品全部置于无污染的搅拌器内(如混凝土搅拌机或 BB 肥混合器)搅拌,直到搅拌均

匀为止，搅拌时间由土样数量和搅拌器性能而定。将混匀的样品全都分装到塑料瓶中（样重约 1kg），备用。④定值。同一项目用统一的方法进行测试分析，结果经整理统计后，得到平均值和标准差。检测项目包括：有机质、pH、全氮、全磷、全钾、阳离子交换量、水解性氮、有效磷、速效钾、缓效钾、有效中量元素、有效微量元素等。

（四）质量控制

1. 标准溶液的校准。标准溶液分为元素标准溶液和标准滴定溶液两类。严格按照国家有关标准配置、使用和保存。

2. 空白试验。空白值的大小和分散程度，影响着检测结果的精密度。影响空白值的主要因素有纯水质量、试剂纯度、试液配制质量、玻璃器皿的洁净度、精密仪器的灵敏度和精密度、实验室的清洁度、分析人员的操作水平和经验等。空白试验一般平行测定的相对差值不大于 50%，同时，通过大量的试验，逐步总结出各种空白值的合理范围。每个测试批次及重新配置药剂都增加空白。

3. 精密度控制。精密度一般采用平行测定的允许差来控制。通常情况下，土壤样品需作 10%～30%的平行。5 个样品以下的，增加为 100%的平行。

平行测试结果符合规定的允许差，最终结果以其平均值报出，如果平行测试结果超过规定的允许差，再加测一次，取符合规定允许差的测定值报出。如果多组平行测试结果超过规定的允许差，考虑整批重作。

4. 准确度控制。准确度一般采用标准样品作为控制手段。通常情况下，每批样品或每 50 个样品加测标准样品一个，其测试结果与标准样品标准值的差值，控制在标准偏差(S)范围内。

采用参比样品控制与标准样品控制一样，但首先与标准样品校准或组织多个实验室进行定值。在土壤测试中，一般用标准样品控制微量分析，用参比样品控制常量分析。如果标准样品（参比样品）测试结果超差，则对整个测试过程进行检查，找出超差原因再重新工作。此外，加标回收试验也经常用作准确度的控制。

5. 干扰的消除或减弱。干扰对检测质量影响极大，注意干扰的存在并设法排除。主要方法有：采用物理或化学方法分离被测物质或除去干扰物质；利用氧化还原反应，使试液中的干扰物转化为不干扰的形态；加入络合剂掩蔽干扰离子；采用有机溶剂的萃取及反萃取消除干扰；采用标准加入法消除干扰；采用其他分析方法避开干扰。

6. 其他措施。实验室内的质量控制除上述日常工作外，由质量管理人员对检测结果的准确度、重复性和复现性进行控制，对检测结果的合理性进行判断。

(1)准确度控制。用标样作为密码样，每年 1～2 次。

(2)重复性控制。按不同类别随机抽取样品，制成双样同批抽查；随机抽取已检样，编成密码跨批抽查；同（跨）批抽查的样品数量控制在样品总数的 5%左右。

(3)复现性控制。①室内互检。安排同一实验室不同人员进行双人比对。②室间外检。分送同一样品到不同实验室，接同一方法进行检测。③方法比对。对同一检测项目，选用具有可比性的不同方法进行比对。

(4)检测结果的合理性判断。检测结果的合理性判断，是质量控制的辅助手段，其依据主要来源于有关专业知识。以土壤测试为例，其合理性判断的主要依据是土壤元素（养分含量)的空间分布规律主要是不同类型、不同区域的土壤背景值和土壤养分含量范围；土壤元素(养分含量)的垂直分布规律主要是土壤元素(养分含量)在不同海拔高度或不同剖面层次的分布规律；土壤元素(养分含量)与成土母质的关系；土壤元素(养分含量)与地形地貌的关系；土壤元素(养分含量)与利用状况的关系；各检测项目之间的相互关系；检测结果的合理性判断，只能作为复验或外检的依据，而不能作为最终结果的判定依据。

为了保证化验室的分析质量，首先进行了人员的业务培训，然后再发标准样品进行考核，考核合格才能开展分析化验工作。仪器通过检定或比对，保证量值传递的准确性。精密度一般采用平行测定的允许差来控制，通常情况下，土壤样品作 10%～30%的平行，5 个样品以下的，增加为 100%的平行。准确度一般采用标准样品为控制手段，通常情况下，每批样品或每 50 个样品加测标准样品一个，其测试结果与标准样品标准值的差值，控制在 1～2 倍标准差(S)范围内。

第四章　土壤理化性状状况及评价

通过对耕地土壤有机质、大中微量元素以及土壤物理、化学状况进行调查分析，充分了解了各个营养元素的含量状况及不同含量级别的面积分布，不同土壤类型、质地、地貌及土壤属性现状，取得了大量的调查数据，为耕地地力评价创造了条件。

第一节　土壤有机质和 pH

一、土壤有机质

土壤有机质是土壤重要组成成分，与土壤的演变、土壤肥力水平和土壤其他属性有密切的关系。土壤有机质含有作物生长所需的多种营养元素，分解后可直接为作物生长提供营养。有机质能改善土壤理化性状，影响和制约土壤结构形成及通气性、渗透性、缓冲性、交换性能和保水、保肥性能，是评价耕地地力的重要指标。所以，培肥的中心环节就是增施各种有机肥，实行秸秆还田，保持和提高土壤有机质含量。

（一）耕层土壤有机质含量及分级

本次耕地地力调查共化验分析耕层土样 2027 个，土壤有机质含量变化范围为 5.6～22.1g/kg，平均值为 13.7 g/kg，较 1981 年土壤普查时提高 6.04 g/kg。5.2 ％的土壤有机质含量在 10g/kg 以下；94.7％的土壤有机质含量为 10～20 g/kg；0.1 ％的土壤有机质含量大于 20 g/kg。土壤有机质的积累与矿化是土壤与生态环境之间物质和能量循环的一个重要环节。临清市位于暖温带半湿润季风气候区，干湿交替明显，夏季湿热，冬季干冷，其生物、气候条件有利于有机质分解，其土壤有机质含量一般。耕层土壤有机质分为 7 级，如表 4-1 所示。

表 4-1　　耕层土壤有机质各级别面积

级　别	1	2	3	4	5	6	7
分级标准(g/kg)	＞20	15～20	12～15	10～12	8～10	6～8	＜6
耕地面积(hm^2)	55.2	16277.1	50882.5	7973.6	2208.6	687.8	27.9
占总面积比例(％)	0.10	29.11	51.13	14.26	3.95	1.23	0.05

(二)增加土壤有机质含量的途径

土壤有机质的含量取决于其年生产量和矿化量的相对大小,当生产量大于矿化量时,有机质含量逐步减少。土壤有机质矿化量主要受土壤温度、湿度、通气状况、有机质含量等因素影响。一般来说,土壤温度低、通气性差、湿度大时,土壤有机质矿化量较低;相反,土壤温度高、通气性好、湿度适中时,则有利于土壤有机质的矿化。农业生产中,应注意创造条件,减少土壤有机质的矿化量。塑料大棚等保护地栽培条件下,土壤长期处于高温多湿的条件下,有机质易矿化,含量提高较慢,有机质含量普遍偏低。适时通风降温,减少盖膜时间,将有利于土壤有机质的积累。

增加有机肥的施用量,是人为增加土壤有机质含量的主要途径,其方法主要有秸秆还田、增施有机肥、施用绿肥等。

二、土壤 pH

土壤 pH 不仅影响作物的生长,而且还影响土壤微生物的活性、营养元素的形态和转化,是较为重要的土壤属性。

此次调查中,全市共测定耕层土壤 pH 样点 1641 个,临清市的土壤 pH 变化范围为 7.15~8.9,平均值为 8.1,土壤属于弱碱性,标准差为 0.24。耕层土壤 pH 分为 6 级,各级别面积见表 4-2。

表 4-2　土壤 pH 状况及分级

级　别	1	2	3	4	5	6
分级标准(pH)	>8.5	7.5~8.5	6.5~7.5	5.5~6.5	4.5~5.5	<4.5
耕地面积(hm^2)	1906.73	53427.64	581.53	0	0	0
占总面积比例(%)	3.41	95.55	1.04	0	0	0

第二节　土壤大量营养元素状况

一、土壤氮素

(一)耕层土壤全氮含量及分级

此次调查中,全市共测定耕层土壤全氮样点 1979 个,土壤全氮含量变化范围为 0.38~1.54g/kg ,平均值为 0.86g/kg,较 1981 年土壤普查时提高 0.35 g/kg。97.8%的土壤全氮含量为 0.5~1.2 g/kg;0.71 %的土壤全氮含量大于 1.2 g/kg;1.47%的土壤全氮含量为小于 0.5 g/kg。耕层土壤全氮含量分布规律与土壤有机质含量分布规律相似。耕层土壤全氮可分为 7 级,各含量级别面积见表 4-3。

表 4-3 耕层土壤全氮各级别面积

级 别	1	2	3	4	5	6	7
分级标准(g/kg)	>1.5	1.2～1.5	1～1.2	0.75～1	0.5～0.75	0.3～0.5	<0.3
耕地面积(hm^2)	0	397.0	7.62.18	36842.99	10791.77	821.96	0
占总面积比例(%)	0	0.71	12.63	65.89	19.30	1.47	0

(二)耕层土壤碱解氮含量及分级

土壤中易溶于水的有机态氮以及铵态氮和硝态氮统称速效氮,常用碱解法测定其含量,故又称碱解氮。它的含量水平常作为衡量供氮强度的指标,耕地土壤碱解氮含量与全氮含量有一定的相关性,但受人为施肥的影响较大。此次调查中,全市共测定耕层土壤碱解氮样点 1979 个,碱解氮含量变化范围为 27～120mg/kg ,平均值为 69mg/kg。耕层土壤碱解氮含量地域间差异较大,耕层土壤碱解氮可分为 8 级,各级别面积见表 4-4。

表 4-4 耕层土壤碱解氮各级别面积

级 别	1	2	3	4	5	6	7	8
分级标准(mg/kg)	>150	120～150	90～120	75～90	60～75	45～60	30～45	<30
耕地面积(hm^2)	0	61.5	5412.66	13157.01	19374.86	16015.5	1929.1	33.5
占总面积比例(%)	0	0.11	9.68	23.53	34.65	28.64	3.45	0.06

二、土壤磷素

(一)耕层土壤有效磷含量及分级

土壤中的磷一般以无机态磷和有机态磷形式存在,通常有机态磷占全磷量的 35%左右,无机态磷占全磷量的 65%左右。无机态磷中易溶性磷酸盐和土壤胶体中吸附的磷酸根离子以及有机形态磷中易矿化的部分,被视为有效磷,占土壤总含量的 10%左右。有效磷含量是衡量土壤养分含量和供应强度的重要指标。此次调查中,全市共测定耕层土壤有效磷样点 2027 个,土壤有效磷含量变化范围为 5～154.4mg/kg ,平均值为 23.6mg/kg,较 1981 年土壤普查时提高 15.85mg/kg,耕层土壤有效磷可划分为 9 级,各级别面积见表 4-5。

表 4-5 耕层土壤有效磷各级别面积

级 别	1	2	3	4	5	6	7	8	9
分级标准(mg/kg)	>120	80～120	50～80	30～50	20～30	15～20	10～15	5～10	<5
耕地面积(hm^2)	27.96	0	1023.3	11585.8	24826.7	10456.27	4607.47	3394.09	0
占总面积比例(%)	0.05	0	1.83	20.72	44.4	18.70	8.24	6.07	0

(二)土壤磷素有效性的影响因素

土壤中的有效磷含量占全磷量的10%,了解土壤磷素有效性的影响因素,有利于人为调节土壤理化性状,提高土壤有效磷含量。

1. 有机质。有机质含量高,有利于磷素的转化和有效磷的储存。土壤中难溶性磷素需要在磷细菌的作用下,逐渐转化成有效磷,供作物吸收利用。土壤有机质有利于微生物的繁殖和微生物活性的提高,增强磷素转化速度。同时,有效性的磷素与有机物质结合,减弱了土壤磷素的矿化作用,有利于有效磷储存积累。在农业生产中推广秸秆还田、增施有机肥,可提高土壤有效磷含量。

2. pH。在土壤中,难溶性磷酸盐与生物呼吸作用产生的二氧化碳和有机肥料分解时产生的有机酸作用,可逐渐转变成为弱酸溶性或水溶性磷酸盐。因此,土壤中pH的高低与土壤磷素的有效性有密切关系。低pH环境下,有利于土壤有效磷含量的提高,反之,则降低。临清市土壤pH多在7.5以上,这是造成粮田土壤有效磷含量较低的原因之一。

3. 氧化还原状况。土壤的氧化还原状况也影响磷的有效性,土壤处于还原状态时,磷有效性高于氧化状态。当旱田改为水田时,土壤的还原电位降低,磷酸盐转化是向着有效方向进行,而水田改为旱田时则相反,磷酸盐向着有效性降低的方向转化。

4. 耕作深度。亚耕层土壤有效磷含量与耕作层深度有直接关系,加深耕作层可大大提高亚层土壤有效磷含量,有利于提高作物对磷素的吸收利用率。

三、土壤钾素

此次调查中,全市共测定耕层土壤速效钾样点2027个,耕层土壤速效钾含量变化范围为49～317mg/kg,平均值为119mg/kg,较1981年土壤普查时提高2.4mg/kg。耕层土壤速效钾含量分为8级,各级别面积分布见表4-6。

表4-6　耕层土壤速效钾各级别面积

级别	1	2	3	4	5	6	7	8
分级标准(mg/kg)	＞300	200～300	150～200	120～150	100～120	75～100	50～75	＜50
耕地面积(hm^2)	28	55.9	7694.0	15393.6	16774.8	14426.3	1515.3	28
占总面积比例(%)	0.05	0.1	13.76	27.53	30.0	25.8	2.71	0.05

第三节　土壤中微量元素状况

土壤中,锌、硼、铜、铁、锰5种微量元素是作物生长必需的营养元素,对耕地地力和环境质量起着重要的作用,此次调查对其耕层含量及分布规律进行了调查分析。

一、土壤微量元素含量分级及面积

(一)土壤有效锌

此次调查中,全市共测定耕层土壤有效锌样点1383个,耕层土壤有效锌含量变化范围为0.11～2.07mg/kg，平均值为1.12 mg/kg。耕层土壤有效锌含量分为5级，各级别面积见表4-7。

表4-7 耕层土壤有效锌各级别面积

级 别	1	2	3	4	5
分级标准(mg/kg)	>3	1～3.0	0.5～1	0.3～0.5	<0.3
耕地面积(hm^2)	0	31978.30	22964.66	849.92	123.02
占总面积比例(%)	0	57.19	41.07	1.52	0.22
水 平	丰富	较丰富	中等	缺乏	极缺

(二)土壤有效硼

此次调查中，全市共测定耕层土壤有效硼样点1060个，耕层土壤有效硼含量变化范围为0.21～1.84 mg/kg，平均值为0.74 mg/kg。耕层土壤有效硼含量分为5级，各级别面积见表4-8。

表4-8 耕层土壤有效硼各级别面积

级 别	1	2	3	4	5
分级标准(mg/kg)	>2.0	1.0～2.0	0.5～1.0	0.2～0.5	<0.2
耕地面积(hm^2)	0	4959.74	45258.33	5697.83	0
占总面积比例(%)	0	8.87	80.94	10.19	0
水 平	极丰富	丰富	中等	缺乏	极缺

(三)土壤有效锰

此次调查中，全市共测定耕层土壤有效锰样点1385个，耕层土壤有效锰含量变化范围为2.16～30.88mg/kg，平均值为10.94mg/kg。耕层土壤有效锰含量分为5级，各级别面积见表4-9。

表4-9 耕层土壤有效锰各级别面积

级 别	1	2	3	4	5
分级标准(mg/kg)	>30	15～30	5～15	1～5	<1
耕地面积(hm^2)	78.3	11183.2	44084.09	564.75	0
占总面积比例(%)	0.14	20.0	78.84	1.01	0
水 平	丰富	较丰富	中等	缺乏	缺乏

(四)土壤有效铜

此次调查中，全市共测定耕层土壤有效铜样点1388个，耕层土壤有效铜含量变化范围为0.32～3.65mg/kg，平均值为1.22mg/kg。耕层土壤有效铜含量分为5级，各级别面积见表4-10。

表4-10 耕层土壤有效铜各级别面积

级　别	1	2	3	4	5
分级标准(mg/kg)	>1.8	1.0～1.8	0.2～1.0	0.1～0.2	<0.1
耕地面积(hm^2)	4148.96	34645.49	17121.45	0.00	0.00
占总面积比例(%)	7.42	61.96	30.62	0.00	0.00
水　平	较丰富	丰富	中等	缺乏	极缺乏

(五)土壤有效铁

此次调查中,全市共测定耕层土壤有效铁样点1385个,耕层土壤有效铁含量变化范围为4～20.5mg/kg,平均值为9.42mg/kg。耕层土壤有效铁含量分为5级,各级别面积见表4-11。

表4-11 耕层土壤有效铁各级别面积

级　别	1	2	3	4	5
分级标准(mg/kg)	>20	10～20	4.5～10	2.5～4.5	<2.5
耕地面积(hm^2)	123.02	20750.39	34964.21	78.28	0
占总面积比例(%)	0.22	37.11	62.53	0.14	0
水　平	很丰富	丰富	中等	缺乏	极缺乏

二、微肥的使用与推广

在土壤含量较低或对微量元素敏感的作物上,施用微肥具有较明显地提高产量和改善品质的效果。这次调查结果表明,土壤中锌含量较丰富,土壤中元素硼含量中等。锌肥可防治玉米白苗病和苹果、梨、桃树小叶病,并能改善作物生长状况,提高品质。硼肥在苹果、蔬菜等作物上施用面积较大,特别对防治苹果、番茄等作物的"花而不实"、小麦的"不稔",取得了很好的效果,增产幅度一般为8%～15%。铁肥主要施用在果树上,用来防治果树黄叶病,效果较为明显。土壤有效铜、锰基本不缺乏,不需专门使用。钼肥一般在固定风沙土地区的敏感作物,即豆科作物上推广应用。

目前,常用的锌、锰、铜、铁、钼肥主要是硫酸盐和铵盐类化合物,硼肥则以硼砂、硼酸为主,以及由其配制的各种冲施肥、叶面肥。硫酸盐类和铵盐类化合物、硼砂、硼酸可用来基施、追施、浸种、蘸根和叶面喷施,以基肥效果最佳,简便易行,每公顷用量一般硫酸锌、硫酸锰、硫酸铜为15～20kg,硼砂、硼酸为5～10kg,钼酸铵为1～2kg。叶面肥在果树和蔬菜上喷施效果较好,浓度应控制在0.2%左右。含微量元素的复混肥、冲施肥多用于基施或追施,施用量根据其成分组成而定。果树施铁肥数量较大,施用方法主要是叶面喷施。在有效铁含量很低的土壤上,采用挖沟、穴灌2%的硫酸亚铁溶液或将有机肥与铁肥按比例混合施入，可有效地补充土壤铁素不足，且肥效长，效果明显。

第四节 土壤主要物理性状

土壤的物理性状直接影响土壤的水、肥、气、热，是决定耕地地力的重要因素。它主要包括土壤质地、耕层厚度、土体构型、土壤容重、总孔隙度、田间持水量等方面。此次调查分析了土壤容重、土壤孔隙度等项目。

一、立地条件

临清市属鲁西北黄河冲积平原，全境西南高，东北低，受黄河改道和决口的影响，形成岗、坡、洼交错相间的微变地貌，地面坡降为1/7000左右，海拔高程一般为29～38m。全市地貌主要有海滩高地、背河槽状洼地、沙质河槽地、缓平坡地、决口扇形地和河间浅平洼地。地貌主要是海滩高地，占总面积的56.5％。

1. 海滩高地为古黄河漫滩沉积形成的高地，面积为54073.0hm^2。海滩高地成条带状，一般宽3～10km，较其两侧一般高2～5m。由于古黄河泛滥的河水受陈公堤的约束，在不同的部位流速不同，使地势较高的缓岗在局部地片略有波状起伏。海滩高地主要分布在唐园镇、潘庄镇、青年办事处、八岔路镇、尚店镇、新华办事处、大辛庄办事处、老赵庄镇、松林镇到金郝庄镇的中部。海拔为35～38m，区内高差为5m左右，由西向东倾斜。质地偏轻，以沙壤、轻壤为主，土壤多为褐土化潮土，无盐化和涝灾的威胁，但易受干旱。

2. 背河槽状洼地为河流决口后的淌道所形成的不连贯的条带形洼地，面积为7196.4hm^2。分布在烟店镇、唐园镇、新华办事处到先锋办事处沿卫运河岸陈公堤以西，魏湾镇马颊河右岸一部分，地势较低，一般海拔为31～36m。

3. 沙质河槽地为黄河决口后主河道急流沉积物，面积为11194.4hm^2。目前呈不连贯的条状，质地偏沙。从八岔路镇经唐园镇、青年办事处、新华办事处、先锋办事处入松林镇，由金郝庄镇入德州市夏津县。

4. 缓平坡地为黄河泛滥漫流而成，与海滩高地相连，地势相对较低，地面开阔平坦，高低差异微小，一般坡降为1/5000，面积为16541.7hm^2。一般海拔为33～34m。质地多为壤质，有盐渍化威胁。主要分布在康庄镇、魏湾镇、戴湾镇、老赵庄镇的南部、刘垓子镇的东部。

5. 决口扇形地为黄河决口处，由河水扇形扩展沉积而形成的冲积扇，面积为1699.1hm^2。由于水流较急，所以形成的颗粒较粗。主要分布在烟店镇南部、康庄镇南部马颊河决口所形成的小块冲积扇，面积较小。

6. 河间浅平洼地为黄河泛滥尾水缓流或静流沉积而成，地势较洼，面积为4897.6hm^2。海拔一般为30～31m，表层黏重，边缘与洼底高差一般为0.5～1.2m，主要分布在康庄镇、魏湾镇、戴湾镇的交界处，位于黄河古道和马颊河的河间地带，排水不畅，不易盐化，洼地边缘的缓平坡地则有不同程度的盐斑。

二、土壤质地

临清市土壤质地主要有松沙、紧沙、沙壤、轻壤、中壤(表4-12)。

1. 沙质(松沙、紧沙)。多分布在黄河故道,是主流急水沉积物。所处地貌类型多为河滩高地和沙质河槽地,在先锋办事处、松林镇、潘庄镇、唐园镇、八岔路镇等。因沙粒含量高,毛细管水上升弱,易失墒,不宜立苗。且土壤养分贫乏。面积为 2334.8hm²,占总可利用面积的 3.1%。

2. 沙壤(白土)。主要在松林镇、潘庄镇、金郝庄镇较多。该土沙粒较多,土质偏轻,结构性差,漏水、漏肥。面积为 35176.3hm²,占总可利用面积的 45.8%。

3. 轻壤(两合土)。多分布在浅平洼地及缓平坡地上,为缓流沉积物,其质地多为两合土。土壤结构较好,养分含量较高,适耕性好,通透性优良,保肥性能强,通气透水性较强,保水保肥较好,土壤肥力较高,适种各种作物,水肥气热适中,有利于养分的不断释放,肥劲较长,是临清市较好的土壤,全市各地均有分布。此类土壤面积为 32404.9hm²,占总可利用面积的 42.2%。

4. 中壤(小红土)。主要分布在戴湾镇、魏湾镇、烟店镇和康庄镇南部。其质地偏黏,不易耕作,通透性差,适耕性不良,保水、保肥好。其主要优点是土壤中养分含量高;其缺点是湿胀性不好,湿时泥泞,干时坚硬,耕作困难,容重偏大,由于土壤坚硬板结,早春升温慢,难拿苗,但拿苗后易获高产。此类土壤面积为 6869.8hm²,占全市可利用总面积的 8.9%。

表 4-12　　不同质地类型土壤面积

质地类型	沙质	沙壤	轻壤	中壤
面积(hm^2)	2334.8	35176.3	32404.9	6869.8
占全市可利用总面积的(%)	3.1	45.8	42.2	8.9

三、土体构型

土体构型是土壤分类的重要指标,影响土壤通透性和保肥、保水能力。临清市耕地土壤土体构型主要分为六个类型。

1. 厚黏腰、厚黏底。这类土体构型是临清市最好的土体构型,面积为 12090.6hm²,占总可利用面积的 15.7%。

这类土体构型所处的地貌类型多为河滩高地、缓平坡地和浅平洼地,它所形成的土壤类型多为褐土化潮土和潮土。该类土体构型其成土特点是黏土层为黄泛母质在缓流或静水条件下沉积而成的,它的耕层一般为轻壤,而下层为黏土。上层质地轻,疏松多孔,通透性好,养分转化快,能及时供应作物对养分和水分的需要;下层质地黏,蓄水保肥能力强,潜在养分丰富,能保证作物生长后期的需要。

2. 厚黏心。在耕层 60cm 以上,出现大于 30cm 厚度的黏土层,为厚黏心土体构型,主要分布在魏湾镇、戴湾镇、先锋办事处东北部、康庄镇等,其面积为 12310.9hm²,占总可利用面积的 16.0%。

这类土体构型分布的地貌类型、成土特点、保肥能力等与厚黏腰、厚黏底土体构型相似,黏土层的保肥能力较强,只是它的黏土层出现部位高,特别是出现在 40cm 以上时,对作物根系下扎影响很大，易产生泥涝和干旱，黏土层出现部位 40cm 以上的土体构型面积分布很少，多数在 40cm 以下，所以这类土体构型仍为较好的土体构型。该土体构型所分布的地域是重要的农业生产基地。

3. 全剖面壤均质构型。面积为 13974.1hm^2，占总可利用面积的 18.2%，也是较好的土体构型。该构型不偏沙，不偏黏，不松不紧，通气透水，蓄水保肥，表层土壤水、气、热状况比较协调，耕性也好，应精耕细作，提高土壤肥力，建设高产稳产田。

4. 厚沙腰土体构型。这类土体构型多指在 60cm 以下、100cm 以上出现大于 30cm 厚的沙层，面积为 3493.4hm^2，占总可利用面积的 4.5%。该土体构型其沙层为黄泛母质在急流中沉积而成的。该土体构型通透性好，蓄水保肥能力差，潜在养分少，肥力低，但有利于根系下扎，当底土较好时，能减轻沙心的影响。这类土体构型应注意多施有机肥，在施肥上应掌握少施、勤追，减少养分流失，提高利用率。

5. 全剖面沙均质土体构型。这类土体构型是指 100cm 以上没有黏土层，面积为 25175.2hm^2，占总可利用面积的 32.8%。成土特点系黄泛母质在急流中沉积而成的。该类土体构型层次不明显，整个土体都属沙性土壤，非毛细管孔隙多，毛细管孔隙少，漏水、漏肥严重，土温变化大，幼苗生长良好，后期易脱肥，

6. 风沙土。面积仅为 2334.79hm^2，占总可利用面积的 3.0%。这类土壤类型所处地貌类型主要是沙质河槽地、黄河故道的沙床，由于水流急速，沉积而成。风沙土比剖面沙均质漏水、漏肥还要严重，土壤吸附力还要小。该土质松散，颗粒粗而大，土质松散便于根茎入土和地下果实膨胀发育，不过养分含量较低，潜在肥力小，要增施有机肥料，改善土体结构，保证作物正常生长需要养分的供给。

四、土壤容重

土壤容重是土壤松紧程度和耕性好坏的标志之一，一般认为土壤容重为 1.23～1.30g/cm^3时较为适宜。此次调查中，共测定样点 48 个。临清市耕层土壤容重平均为 1.26g/cm^3，变幅为 1.0 ～1.6g/cm^3。

土壤容重随质地的变化而变化，质地愈粗容重愈小，质地愈黏容重愈大。由于人类耕作过程的碾压、浇水灌溉的沉积，在耕层以下形成一层比较结实紧密的层次，在客观上起到托水、保肥的作用，同时影响作物根系的下扎，压缩了根系的活动范围。从总体看来，轻壤土容重为 1.238/cm^3 是比较理想的，中壤略偏高些比较好。

五、土壤孔隙状况

土壤的通透性能主要通过土壤孔隙状况来衡量。土壤的孔隙度只是表明土壤中的孔隙所占总容积的百分数，并不能表明土壤中粗细孔隙各有多少，但影响作物生长主要的是粗细孔径的分布和排列，也就是说通气孔隙和毛细管孔隙的比例。

对作物生长来讲，较适宜的土壤总孔隙度一般为 50%～55%。总孔隙度包括非毛细管孔隙和毛细管孔隙度。这次调查中，共测定样点 46 个。耕层土壤(0～20cm)总孔隙度平均为 53.7%，变幅为 43.8%～57.7%。

毛细管孔隙度平均为 40.8%，变幅为 30.7%～46.6%。

通气孔隙度平均为11.6%，变幅为3.9%～17.7%。

土壤孔隙状况与土壤质地关系密切，从紧沙、沙壤、轻壤到中壤，随着质地变黏总孔隙度和毛细管孔隙度依次变小，紧沙土土壤通气孔隙度最大，通气状况最好，轻壤介于紧沙与中壤之间。

第五章 耕地地力评价

耕地是土地的精华，是农业生产中不可替代的重要生产资料，是保持社会和国民经济可持续发展的重要资源。保护耕地是我国的基本国策之一，因此，及时地掌握耕地资源的数量、质量及其变化，对于合理规划和利用耕地、切实保护耕地有十分重要的意义。在全面的野外调查和室内化验分析，获取大量耕地地力相关信息的基础上，进行了临清市耕地地力的综合评价，评价结果对于摸清全市耕地地力的现状及问题，为耕地资源的高效利用和可持续利用提供了重要的科学依据。

第一节 耕地地力评价方法

一、评价原则依据

(一)评价的原则

耕地地力就是耕地的生产能力，是在一定区域内一定的土壤类型上，耕地的土壤理化性状、所处自然环境条件、农田基础设施及耕作施肥管理水平等因素的总和。根据评价的目的要求，在临清市耕地地力评价中，遵循的基本原则包括：

1. 综合因素研究与主导因素分析相结合原则。土地是一个自然经济综合体，是人们利用的对象，对土地质量的鉴定涉及到自然、社会和经济多个方面，耕地地力也是各类要素的综合体现。所谓综合因素研究，是指对地形地貌、土壤理化性状、相关社会经济因素之总体进行全面的研究、分析与评价，以全面了解耕地地力状况。主导因素是指对耕地地力起决定作用的、相对稳定的因子，在评价中要着重对其进行研究分析。因此，把综合因素与主导因素结合起来进行评价则可以对耕地地力做出科学准确的评定。

2. 共性评价与专题研究相结合原则。临清市耕地利用存在水浇地、旱地等多种类型，土壤理化性状、环境条件、管理水平等不一，因此耕地地力水平有较大的差异。考虑区域内耕地地力的系统性、可比性，针对不同的耕地利用等状况，应选用统一的、共同的评价指标和标准，即耕地地力的评价不针对某一特定的利用类型。另外，为了了解不同利用类型的耕地地力状况及其内部的差异情况，对有代表性的主要类型进行专题的深入研究。这样，共性的评价与专题研究相结合，使整个的评价和研究具有更大的应用价值。

3. 定量和定性相结合的原则。土地系统是一个复杂的灰色系统，定量和定性要素共存，而且相互作用、相互影响。因此，为了保证评价结果的客观合理，宜采用定量和定性评价相结合的方法。在总体上，为了保证评价结果的客观合理，尽量采用定量评价方法，对可定量化的评价因子，如有机质等养分含量、土层厚度等按其数值参与计算，对非数量化的定性因子，如土壤表层质地、土体构型等则进行量化处理，确定其相应的指数，并建立评价数据库，以计算机进行运算和处理，以避免人为随意性因素影响。在评价因素筛选、权重确定、评价标准、等级确定等评价过程中，尽量采用定量化的数学模型，在此基础上充分运用人工智能和专家知识，对评价的中间过程和评价结果进行必要的定性调整。定量与定性相结合，从而保证了评价结果的准确合理。

4. 采用 GIS 支持的自动化评价方法原则。自动化、定量化的土地评价技术方法是当前土地评价的重要方向之一。近年来，随着计算机技术，特别是 GIS 技术在土地评价中的不断应用和发展，基于 GIS 的自动化评价方法已不断成熟，使土地评价的精度和效率大大提高。本次耕地地力评价工作将通过数据库建立、评价模型及其与 GIS 空间叠加等分析模型的结合，实现了全数字化、自动化的评价流程，在一定的程度上代表了当前土地评价的最新技术方法。

（二）评价的依据

耕地地力是耕地本身的生产能力，因此耕地地力的评价则依据与此相关的各类自然和社会经济要素，具体包括三个方面：

1. 耕地地力的自然环境要素，包括耕地所处的地形地貌条件、水文地质条件、成土母质条件以及土地利用状况等。

2. 耕地地力的土壤理化要素，包括土壤剖面与土体构型、耕层厚度、质地、容重等物理性状，有机质、N、P、K 等主要养分、微量元素、pH、交换量等化学性状。

3. 耕地地力的农田基础设施条件，包括耕地的灌排条件、水土保持工程建设、培肥管理条件等。

二、评价流程

整个评价可分为三个方面的主要内容，按先后的次序分别为：

1. 资料工具准备及数据库建立：即根据评价的目的、任务、范围、方法，收集准备与评价有关的各类自然及社会经济资料，进行资料的分析处理。选择适宜的计算机硬件和 GIS 等分析软件，建立耕地地力评价基础数据库。

2. 耕地地力评价：划分评价单元，提取影响地力的关键因素并确定权重，选择相应评价方法，制订评价标准，确定耕地地力等级。

3. 评价结果分析：依据评价结果，量算各等级耕地面积，编制耕地地力分布图。分析耕地地力问题，提出耕地资源可持续利用的措施建议。

评价的工作流程如图 5-1 所示。

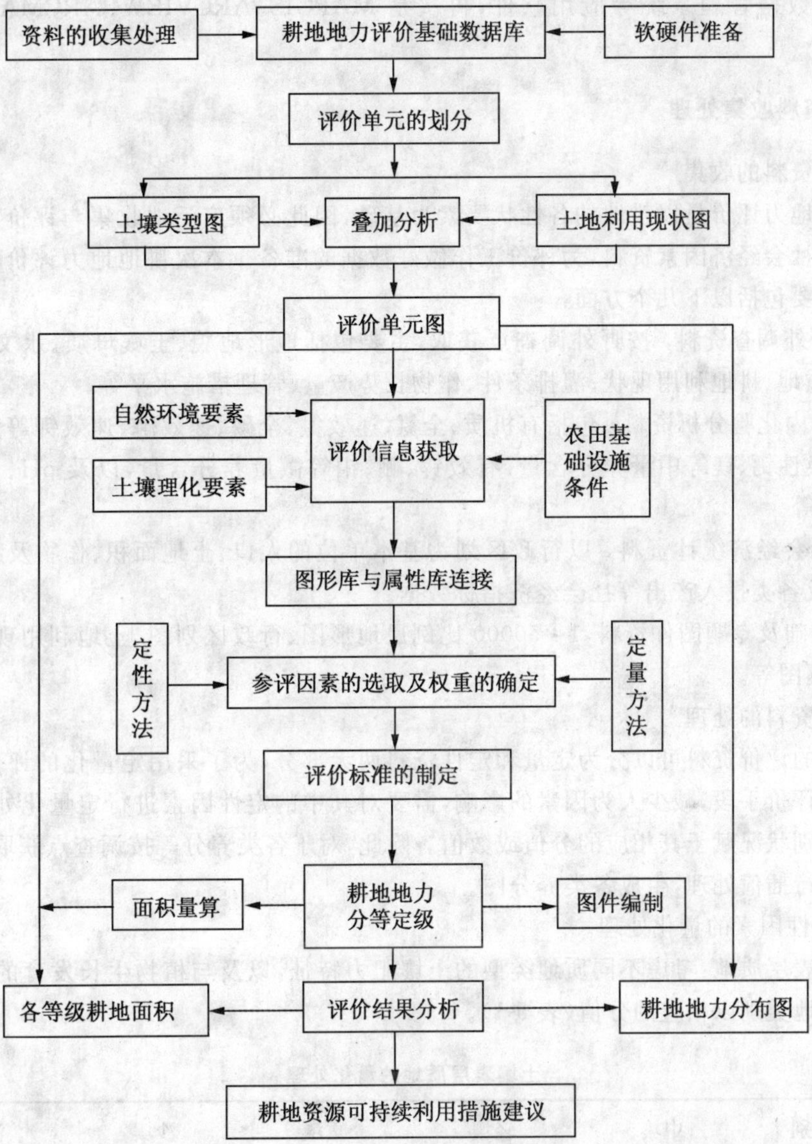

图 5-1　临清市耕地地力评价流程图

三、软硬件准备

(一)硬件准备

主要包括高档微机、A0 幅面数字化仪、A0 幅面扫描仪、喷墨绘图仪等。微机主要用于数据和图件的处理分析,数字化仪、扫描仪用于图件的输入,喷墨绘图仪用于成果图的输出。

(二)软件准备

一是 Windows 操作系统软件,其次是 FOXPRO 数据库管理、SPSS 数据统计分析/

ACCESS 数据管理系统等应用软件，再次是 MAPGIS、ARCVIEW、ARCMAP 等 GIS 软件。

四、资料收集处理

(一)资料的收集

耕地地力评价是以耕地的各性状要素为基础，因此必须广泛地收集与评价有关的各类自然和社会经济因素资料，为评价工作做好数据的准备。本次耕地地力评价收集获取的资料主要包括以下几个方面：

1. 野外调查资料，按野外调查点获取，主要包括地形地貌、土壤母质、水文、土层厚度、表层质地、耕地利用现状、灌排条件、作物长势产量、管理措施水平等。

2. 室内化验分析资料，包括有机质、全氮、速效氮、全磷、速效磷、速效钾等大量养分含量，交换性钙、镁等中量养分含量，有效锌、硼、钼等微量养分含量，以及 pH、土壤污染元素含量等。

3. 社会经济统计资料，以行政区划为基本单位的人口、土地面积、作物及蔬菜瓜果面积，以及各类投入产出等社会经济指标数据。

4. 基础及专题图件资料，1：50000 比例尺地形图、行政区划图、土地利用现状图、地貌图、土壤图等。

(二)资料的处理

获取的评价资料可以分为定量和定性资料两大部分，为了采用定量化的评价方法和自动化的评价手段，减少人为因素的影响，需要对其中的定性因素进行定量化处理，根据因素的级别状况赋予其相应的分值或数值。除此，对于各类养分等按调查点获取的数据，则需要进行插值处理，生成各类养分图。

1. 定性因素的量化处理。

土壤表层质地：考虑不同质地类型的土壤肥力特征，以及与植物生长发育的关系，赋予不同质地类别以相应的分值(表 5-1)。

表 5-1　土壤表层质地的量化处理

质地类别	中壤	轻壤	重壤	沙壤	沙土
分　值	100	95	80	70	55

土体构型：首先以土层质地类别和其在土体中的部位对各类土体构型进行归纳，根据不同的土体构型对植物生长发育的影响，赋予不同土体构型以相应的分值(表 5-2)。

表 5-2　土体构型的量化处理

土体构型	壤均质	壤质黏心	黏质壤心	沙质壤心	黏均质	沙质黏心	壤质沙心	沙均质
分　值	100	90	87	80	77	70	65	58

地貌类型:根据不同的地貌类型对耕地地力及作物生长的影响,赋予其相应的分值(表 5-3)。

表 5-3 地貌类型的量化处理

地貌类型	缓平坡地	湖沼平原	岗 地	洼 地	滨海平地
分 值	100	89	80	78	70

矿化度:根据不同的矿化度程度对耕地地力及作物生长的影响,赋予其相应的分值(表 5-4)。

表 5-4 矿化度的量化处理

矿化度	<0.5	0.5～2	2～5	>5
分 值	100	90	65	40

盐渍化程度:考虑到临清市的土壤分布中存在不同的盐渍化程度,将其盐渍化程度划分为不同的等级,并据其对耕地地力的影响程度进行量化处理(表 5-5)。

表 5-5 土壤盐渍化程度的量化处理

盐渍化	无	轻度	中度	重度	盐土
分 值	100	85	70	50	30

2. 各类养分专题图层的生成。对于土壤有机质、氮、磷、钾、锌、硼、钼等养分数据,首先按照野外实际调查点进行整理,建立了以各养分为字段、以调查点为记录的数据库。然后,进行土壤采样样点图与分析数据库的连接,在此基础上插值生成各养分专题图层。

对比了分别在 MAPGIS 和 ARCVIEW 环境中的插值结果,发现 ARCVIEW 环境中的插值结果线条更为自然圆滑,符合实际。因此,本研究中所有养分采样点数据均在 ARCVIEW 环境下操作,利用其空间分析模块功能对各养分数据进行自动的插值处理,经编辑处理,自动生成各土壤养分专题栅格图层。后续的耕地地力评价也以栅格形式进行,与矢量形式相比,能够将各评价要素信息精确到栅格(像元)水平,保证了评价结果的准确。图 5-2 和图 5-3 分别为在 ARCVIEW 下插值生成的临清市土壤有机质、碱解氮含量分布栅格图。

图 5-2 临清市土壤有机质含量栅格图

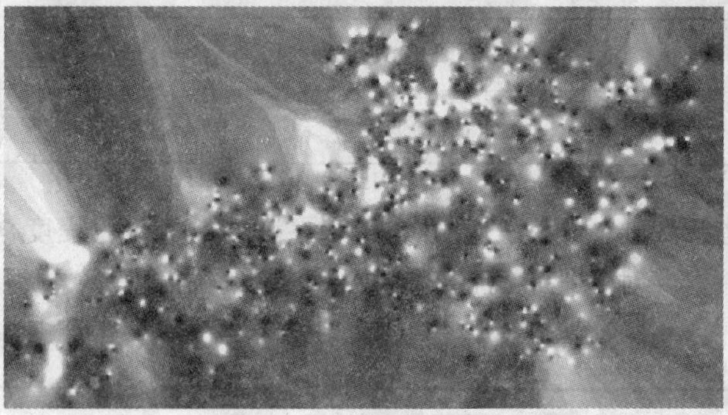

图 5-3 临清市土壤碱解氮含量栅格图

五、基础数据库的建立

(一)基础属性数据库的建立

为更好地对数据进行管理和为后续工作提供方便,将采样点基本情况信息、农业生产情况信息、土壤理化性状化验分析数据、土壤污染元素化验分析数据等信息,以调查点为基本数据库记录进行属性数据库的建立,作为后续耕地地力评价工作的基础。

(二)基础专题图图形库的建立

将扫描矢量化及插值等处理生成的各类专题图件,在 ARCVIEW 和 MAPGIS 软件的支持下,分别以栅格形式和点、线、区文件的形式进行存储和管理。同时将所有图件统一转换到相同的地理坐标系统下,以进行图件的叠加等空间操作。各专题图图斑属性信息通过键盘交互式输入或通过与属性库挂接读取,构成基本专题图图形数据库。图形库与基础属性库之间通过调查点相互连接。

六、评价单元的划分

评价单元是由对土地质量具有关键影响的各土地要素组成的空间实体,是土地评价的最基本单位、对象和基础图斑。同一评价单元内的土地自然基本条件、土地的个体属性和经济属性基本一致,不同土地评价单元之间,既有差异性,又有可比性。耕地地力评价就是要通过对每个评价单元的评价，确定其地力级别，把评价结果落实到实地和编绘的土地资源图上。因此，土地评价单元划分的合理与否，直接关系到土地评价的结果以及工作量的大小。

目前，对土地评价单元的划分尚无统一的方法，有以土壤类型、以土地利用类型、以行政区划单位、以方里网等多种方法。本次临清市耕地地力评价土地评价单元的划分采用土壤图、土地利用现状图的叠置划分法，相同土壤单元及土地利用现状类型的地块组成一个评价单元，即“土地利用现状类型—土壤类型”的格式。其中，土壤类型划分到土种，土地利用现状类型划分到二级利用类型，制图区界以临清市最新土地利用现状图为准。为了保证土地利用现状的现实性，基于野外的实地调查对耕地利用现状进行了修正。同一评价单元内的土壤类型相同，利用方式相同，交通、水利、经营管理方式等基本一致，用这种方法划分评价单元可以反映单元之间的空间差异性，即使土地利用类型有了土壤基本性质的均一性，又使土壤类型有了确定的地域边界线，使评价结果更具综合性、客观性，可以较容易地将评价结果落实到实地。通过图件的叠置和检索，将临清市耕地地力划分为3828个评价单元。

七、评价信息的提取

影响耕地地力的因子非常多，并且它们在计算机中的存储方式也不相同，因此如何准确地获取各评价单元评价信息是评价中的重要一环，所以，舍弃直接从键盘输入参评因子值的传统方式，采取将评价单元与各专题图件叠加采集各参评因素的信息。具体的做法是：按唯一标志原则为评价单元编号；在ARCVIEW环境下生成评价信息空间库和属性数据库；在ARCMAP环境下从图形库中调出各化学性状评价因子的专题图，与评价单元图进行叠加计算出各因子的均值；保持评价单元几何形状不变，在耕地资源管理信息系统中直接对叠加后形成的图形的属性库进行“属性提取”操作，以评价单元为基本统计单位，按面积加权平均汇总评价单元立地条件评价因子的分值。从而得到图形与属性相连的、以评价单元为基本单位的评价信息，为后续耕地地力的评价奠定了基础。

第二节 参评因素的选取及其权重确定

正确地进行参评因素的选取并确定其权重，是科学地评价耕地地力的前提，直接关系到评价结果的正确性、科学性和社会可接受性。

一、参评因素的选取

参评因素是指参与评定耕地地力等级的耕地的诸属性。影响耕地地力的因素很多，在本次临清市耕地地力评价中，根据临清市的区域特点，遵循主导因素原则、差异性原则、稳定性原则、敏感性原则，采用定量和定性方法结合，进行了参评因素的选取。

（一）系统聚类方法

系统聚类方法用于筛选影响耕地地力的理化性质等定量指标，通过聚类将类似的指标进行归并，辅助选取相对独立的主导因子。利用SPSS统计软件进行了土壤养分等化学性状的系统聚类，结果如图 5-4 所示。

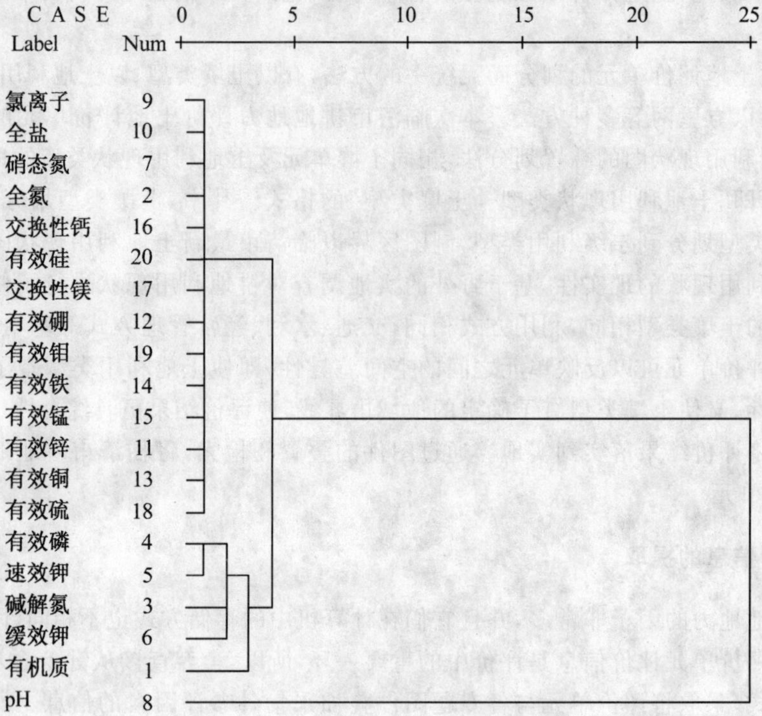

图 5-4 土壤养分等化学性状的聚类分析

从图 5-4 中可以看出，氯离子、全盐、硝态氮、全氮、交换性钙、有效硅、交换性镁、有效硼、有效钼、有效铁、有效锰、有效锌、有效铜、有效硫聚为一组，有效磷、速效钾、碱解氮、缓效钾聚为一组，有机质为一组，pH 为一组。

(二)DELPHI 法

用 DELPHI 法进行了影响耕地地力的立地条件、物理性状等定性指标的筛选。确定了由土壤农业化学学者、专家及临清市土肥站业务人员组成的专家组，首先对指标进行分类，在此基础上进行指标的选取，并讨论、确定最终的选择方案。

综合以上两种方法，在定量因素中根据各因素对耕地地力影响的稳定性，以及营养元素的全面性，在聚类分析第一组中选取有效磷、有效锌为参评因素，第二组中选取有效硼为参评因素，第三组是速效钾，第四组是有机质。结合专家组选择结果，最后确定灌溉保证率、矿化度、地貌类型、耕层质地、土体构型、盐渍化程度、有机质、大量元素(速效钾、有效磷)、微量元素(有效锌、有效硼)等 11 项因素作为耕地地力评价的参评指标。

二、权重的确定

在耕地地力评价中，需要根据各参评因素对耕地地力的贡献确定权重，确定权重的方法很多，本评价中采用层次分析法(AHP)来确定各参评因素的权重。

层次分析法是在定性方法基础上发展起来的定量确定参评因素权重的一种系统分析

方法，这种方法可将人们的经验思维数量化，用以检验决策者判断的一致性，有利于实现定量化评价。AHP 法确定参评因素的步骤如下：

1. 建立层次结构。耕地地力为目标层(G 层)，影响耕地地力的立地条件、物理性状、化学性状为准则层(C 层)，再把影响准则层中各元素的项目作为指标层(A 层)，其结构关系如图 5-5 所示。

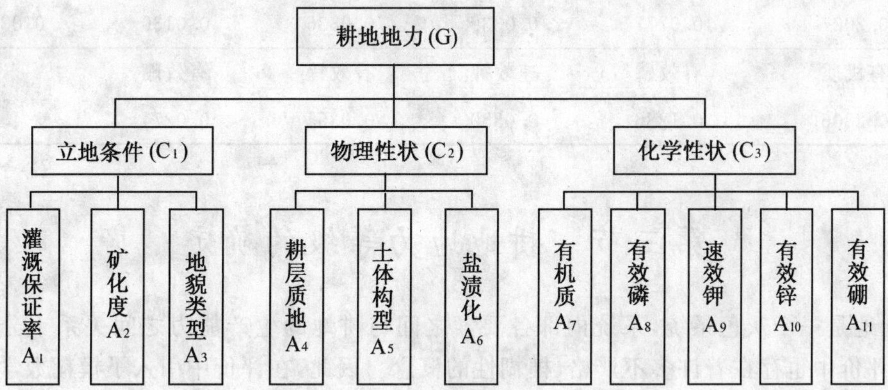

图 5-5 耕地地力影响因素层次结构

2. 构造判断矩阵。根据专家经验，确定 C 层对 G 层以及 A 层对 C 层的相对重要程度，共构成 A、C_1、C_2、C_3 共 4 个判断矩阵。例如，耕层质地、土体构型、盐渍化程度对耕地物理性状的判断矩阵表示为：

$$C_2=\begin{pmatrix} a_{11} & a_{12} & a_{13} \\ a_{21} & a_{22} & a_{23} \\ a_{31} & a_{32} & a_{33} \end{pmatrix}=\begin{pmatrix} 1 & 5 & 3 \\ 0.20 & 1 & 0.33 \\ 0.33 & 3 & 1 \end{pmatrix}$$

式中，a_{ij} (i 为矩阵的行号，j 为矩阵的列号)表示对 C_2 而言，a_i 对 a_j 的相对重要性的数值。

3. 层次单排序及一致性检验。即求取 A 层对 C 层的权数值，可归结为计算判断矩阵的最大特征根对应的特征向量。利用 SPSS 等统计软件，得到的各权数值及一致性检验的结果如表 5-6 所示。

表 5-6　　权数值及一致性检验结果

矩　阵	特征向量					C_I	C_R
矩阵 A		0.3202	0.1226	0.5571		0.009148	0.01577204<0.1
矩阵 C_1		0.6329	0.1058	0.2613		0.020017	0.03451165<0.1
矩阵 C_2		0.6333	0.1061	0.2606		0.019410	0.03346558<0.1
矩阵 C_3	0.5036	0.2307	0.1526	0.0638	0.0492	0.044324	0.03957510<0.1

从表中可以看出，C_R<0.1，具有很好的一致性。

4. 层次总排序及一致性检验。经层次总排序，并进行一致性检验，结果为 $C_I=0$，$C_R=0$，具有满意的一致性，最后计算 A 层对 G 层的组合权数值，得到各因子的权重如表 5-7 所示。

表 5-7 各因子的权重

灌溉保证率	耕层质地	矿化度	地貌类型	土体构型	盐渍化
0.2027	0.0777	0.0339	0.0836	0.0130	0.0320
有机质	有效磷	速效钾	有效锌	有效硼	
0.2806	0.1286	0.0850	0.0355	0.0274	

第三节 耕地地力等级的确定

土地是一个灰色系统，系统内部各要素之间与耕地的生产能力之间关系十分复杂。此外，评价中也存在着许多不严格、模糊性的概念。因此，在评价中引入了模糊数学方法，采用模糊评价方法来进行耕地地力等级的确定。

一、参评因素隶属函数的建立

用 DELPHI 法根据一组分布均匀的实测值评估出对应的一组隶属度，然后在计算机中绘制这两组数值的散点图，再根据散点图进行曲线模拟，寻求参评因素实际值与隶属度关系方程从而建立起隶属函数。各参评因素的分级及其相应的专家赋值和隶属度如表 5-8 所示。

表 5-8 参评因素的分级及其分值

地貌类型	缓平坡地	湖沼平原	岗地	洼地	滨海平地		
分 值	100	89	80	78	70		
隶属度	1.00	0.89	0.80	0.78	0.70		
灌溉保证率	80	70	60	50	30	10	0
分 值	100	90	80	65	40	10	0
隶属度	1.00	0.90	0.80	0.65	0.40	0.10	0.00
矿化度(g/L)	<0.5	0.5～2	2～5	>5			
分 值	100	90	65	40			
隶属度	1.00	0.90	0.65	0.40			

续表

地貌类型	缓平坡地	湖沼平原	岗地	洼地	滨海平地							
有机质	2.0	1.8	1.6	1.4	1.2	1.0	0.8	0.6				
分　值	100	98	95	90	84	78	65	50				
隶属度	1.00	0.98	0.95	0.90	0.84	0.78	0.65	0.50				
有效磷	400	300	200	110	80	60	40	30	20	15	10	5
分　值	70	80	90	100	98	96	92	90	85	80	60	40
隶属度	0.70	0.80	0.90	1.00	0.98	0.96	0.92	0.90	0.85	0.80	0.60	0.40
速效钾	400	320	240	160	120	100	80	60				
分　值	100	98	93	85	82	78	70	50				
隶属度	1.00	0.98	0.93	0.85	0.82	0.78	0.70	0.50				
有效锌	2.0	1.5	1.2	1.0	0.8	0.5	0.3					
分　值	100	92	87	85	80	70	55					
隶属度	1.00	0.92	0.87	0.85	0.80	0.70	0.55					
有效硼	1.8	1.5	1.2	1.0	0.8	0.5	0.2					
分　值	100	95	87	85	80	70	55					
隶属度	1.00	0.95	0.87	0.85	0.80	0.70	0.55					
耕层质地	中壤	轻壤	重壤	沙壤	沙土							
分　值	100	95	80	70	55							
隶属度	1.00	0.95	0.80	0.70	0.55							
土体构型	壤均质	壤质黏心	黏质壤心	沙质壤心	黏均质	沙质黏心	壤质沙心	黏质沙心	沙均质			
分　值	100	90	87	80	77	70	65	63	58			
隶属度	1.00	0.90	0.87	0.80	0.77	0.70	0.65	0.63	0.58			
盐渍化	无	轻度	中度	重度	盐土							
分　值	100	85	70	50	30							
隶属度	1.00	0.85	0.70	0.50	0.30							

通过模拟共得到正直线型、戒上型、戒下型三种类型的隶属函数，其中有机质、速效钾等属于戒上型隶属函数，土体构型、耕层质地、盐渍化、矿化度等属于正直线型隶属函数，然后根据隶属函数计算各参评因素的单因素评价评语。以有机质为例绘制的散点图和模

拟曲线如图 5-6 和图 5-7 所示。

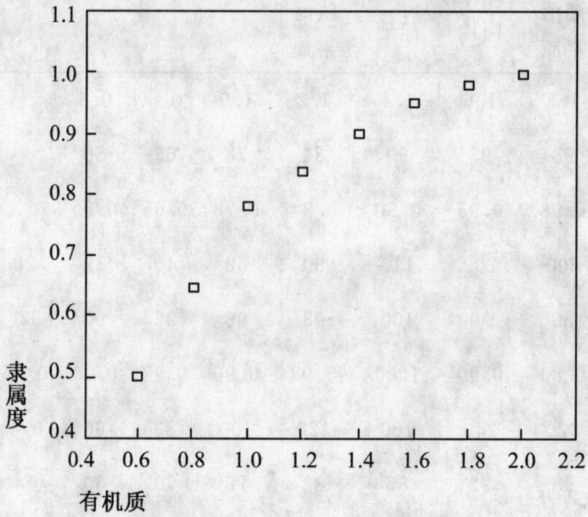

图 5-6 有机质与隶属度关系散点图

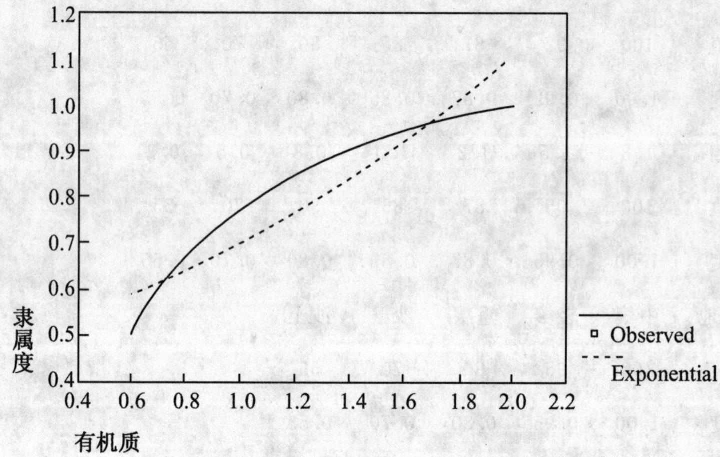

图 5-7 有机质与隶属度关系曲线

其隶属函数为戒上型，形式为：

$$y=\begin{cases} 0 & x\leqslant x_t \\ 1/[1+A\times(x-C)^2] & x_t<x<C \\ 1 & C\leqslant x \end{cases}$$

各参评因素类型及其隶属函数如表 5-9 所示。

表 5-9　　参评因素类型及其隶属函数

函数类型	参评因素	隶属函数	A	C	U_t
戒上型	有机质含量(%)	$y=1/[1+A\times(x-C)^2]$	0.543	1.822	0.35
戒上型<110 戒下型>110	有效磷(mg/kg)	$y=1/[1+A\times(x-C)^2]$	0.0000992 0.00000742	80.159 111.967	3 450
戒上型	速效钾(mg/kg)	$y=1/[1+A\times(x-C)^2]$	0.00000760	327.836	15
戒上型	有效锌(mg/kg)	$y=1/[1+A\times(x-C)^2]$	0.245	1.924	0.1
戒上型	有效硼(mg/kg)	$y=1/[1+A\times(x-C)^2]$	0.251	1.879	0.1
正直线型	灌溉保证率(分值)	$y=A\times x$	0.01	100	0
正直线型	矿化度(分值)	$y=A\times x$	0.01	100	0
正直线型	土体构型(分值)	$y=A\times x$	0.01	100	0
正直线型	耕层质地(分值)	$y=A\times x$	0.01	100	0
正直线型	盐渍化(分值)	$y=A\times x$	0.01	100	0
正直线型	地貌类型(分值)	$y=A\times x$	0.01	100	0

二、耕地地力等级的确定

(一)计算耕地地力综合指数

用指数和法来确定耕地的综合指数,公式为:

$$\mathrm{IFI}=\sum F_i\times C_i$$

式中,IFI(Integrated Fertility Index)代表耕地地力综合指数;F_i＝第 i 个因素评语;C_i＝第i个因素的组合权重。

具体操作过程:在县域耕地资源管理信息系统中,在“专题评价”模块中编辑立地条件、物理性状和化学性状的层次分析模型以及各评价因子的隶属函数模型,然后选择“耕地生产潜力评价”功能进行耕地地力综合指数的计算。

(二)确定最佳的耕地地力等级数目

计算耕地地力综合指数之后,在耕地资源管理系统中选择累积曲线分级法进行评价,根据曲线斜率的突变点(拐点)来确定等级的数目和划分综合指数的临界点,将临清市耕地地力共划分为六级,各等级耕地地力综合指数见表 5-10,其分布如图 5-8 所示。

表 5-10　　临清市耕地地力等级综合指数

IFI	>0.88	0.85～0.88	0.83～0.85	0.80～0.83	0.76～0.80	<0.76
耕地地力等级	一等	二等	三等	四等	五等	六等

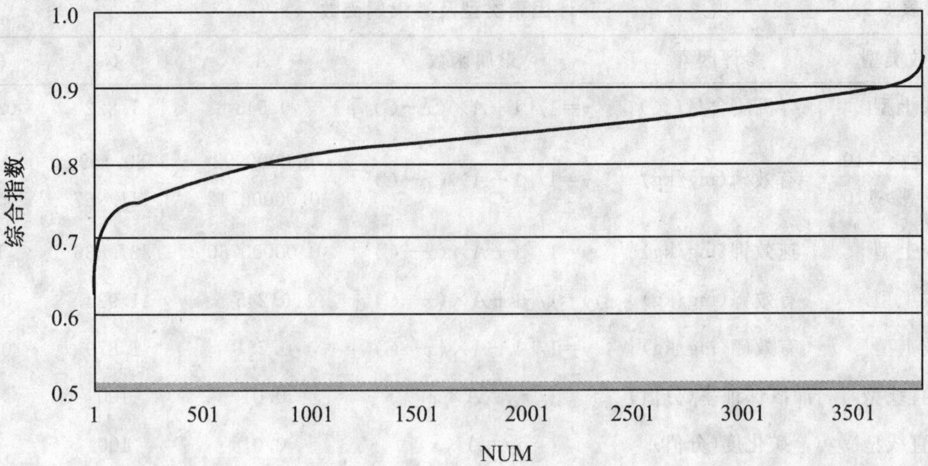

图 5-8 临清市综合指数分布图

三、图件的编制

为了提高制图的效率和准确性，在地理信息系统软件 MAPGIS 的支持下，进行临清市耕地地力评价图及相关图件的自动编绘处理，其步骤大致分以下几步：扫描矢量化各基础图件→编辑点、线→点、线校正处理→统一坐标系→区编辑并对其赋属性→根据属性赋颜色→根据属性加注记→图幅整饰输出。此外，还充分利用了 ARCVIEW 和 ARCGIS 强大的空间分析功能，将评价图与其他图件进行叠加，从而生成其他专题图件；将评价图与行政区划图叠加，进而计算各行政区划单位内的耕地地力等级面积等。

（一）专题图地理要素底图的编制

专题地图的地理要素内容是专题图的重要组成部分，用于反映专题内容的地理分布，并作为图幅叠加处理等的分析依据。地理要素的选择应与专题内容相协调，考虑图面的负载量和清晰度，应选择基本的、主要的地理要素。

以临清市最新的土地利用现状图为基础，对此图进行了制图综合处理，选取主要的居民点、交通道路、水系、境界线等及其相应的注记，进而编辑生成 1∶50000 各专题图地理要素底图。

（二）耕地地力评价图的编制

以耕地地力评价单元为基础，根据各单元的耕地地力评价等级结果，对相同等级的相临评价单元进行归并处理，得到各耕地地力等级图斑。在此基础上，分两个层次进行图面耕地地力等级的表示：一是颜色表示，即赋予不同耕地地力等级以相应的颜色；二是代号，用罗马数字Ⅰ、Ⅱ、Ⅲ、Ⅳ、Ⅴ、Ⅵ表示不同的耕地地力等级，并在评价图相应的耕地地力图斑上注明。将评价专题图与以上的地理要素图复合，整饰得临清市 1∶50000 耕地地力评价图。

（三）其他专题图的编制

对于有机质含量、速效钾、有效磷、有效锌等其他专题要素地图，则按照各要素的分级分别赋予相应的颜色，同时标注相应的代号，生成专题图层。之后与地理要素图复合，编辑处理生成专题图件，并进行图幅的整饰处理。

四、面积量算

面积的量算可通过与专题图相对应的属性库的操作直接完成。对耕地地力等级面积的量算则可在 FOXPRO 数据库的支持下，对图件属性库进行操作，检索相同等级的面积，然后汇总得各类耕地地力等级的面积，根据临清市图幅理论面积进行平差，得到准确的面积数值。对于不同行政区划单位内部、不同的耕地利用类型等的耕地地力等级面积的统计，则通过耕地地力评价图与相应的专题图进行叠加分析，由其相应属性库统计获得。

第六章　耕地地力分析

本次耕地地力分析，按照农业部耕地质量调查和评价的规程及相关标准，结合当地实际情况，选取了对耕地地力影响较大、区域内变异明显、在时间序列上具有相对稳定性、与农业生产有密切关系的11个因素，建立评价指标体系。以土壤图与土地利用现状图叠加形成评价单元，应用模糊综合评判方法，通过综合分析，将临清市耕地共划分为6个等级，根据评价结合进行耕地地力的系统分析。

第一节　耕地地力等级与分布

一、耕地地力等级面积统计

利用MAPGIS软件，对评价图属性库进行操作，检索统计耕地各等级的面积和图幅总面积。以2009年临清市耕地总面积为基准，按面积比例进行平差，统计得各耕地地力等级面积。

临清市耕地总面积为55915.9hm^2，各等级耕地比例相对均衡，以一级地、二级地、三级地和四级地为主，各等级占耕地总面积的比例接近或超过20%，四者面积之和占到了总耕地面积的78.43%；其次为五级地，占耕地总面积的13.01%；六级地面积较少，占总面积的8.56%(表6-1)。

表6-1　　临清市耕地地力评价结果面积统计

等　级	一级地	二级地	三级地	四级地	五级地	六级地
面积(hm^2)	9150.55	11736.72	12016.14	10949.33	7275.94	4787.20
百分比(%)	16.36	20.99	21.49	19.58	13.01	8.56

二、耕地地力空间分布分析

(一)耕地地力等级分布

临清市地处黄河下游冲积平原，由西南向东北倾斜，海拔高度为29～38m。由于受古黄泛影响，形成岗、坡、洼交错相间的微变地貌。地势平坦，耕地面积较大，土层深厚，土壤大多数为潮土和脱潮土，东南部存在部分盐化潮土。耕层主要为轻壤和中壤，无明显的障碍层次，农田基础设施配套良好，灌排能力较好。总体来看，临清市耕地地力较好，主要分布在中部和南部地区，前三等级面积之和占到了总耕地面积的58.84%。一级地和二级地主要分布于临清市中部和南部地区，该区农业基础设施配套成型。三级地、四级地和五级地分布比较分散，但主要集中在北部和西部地区，属于只要加大资金投入，完善基础设施，改善生产条件，产量就能大幅提高的中产田类型，有一定的改良利用潜力。六级地主要分布在临清市的东西两端，这部分耕地耕层以沙壤和沙土为主，肥力较低，灌溉条件较差，属于低产田类型。

(二)耕地地力等级的行政区域划分

将耕地地力等级分布图与临清市行政区划图进行叠加分析，从耕地地力等级行政区域分布数据库中，按权属字段检索出各等级的记录，统计出一至六级地在各办事处、镇的分布状况(表6-2)。

从表6-2中可以看出，一、二级高等地力耕地所占比例较高的办事处、镇为大辛庄办事处、新华办事处、尚店镇、先锋办事处、八岔路镇、刘垓子镇；三、四级中等地力耕地所占比例较高的镇为松林镇、老赵庄镇、康庄镇、烟店镇、唐园镇；五、六级较低等级地力耕地所占比例较高的镇主要为魏湾镇、潘庄镇、戴湾镇。

表6-2 临清市耕地地力等级行政区域分布

镇(办事处)	指标	一级地	二级地	三级地	四级地	五级地	六级地	总计
先锋办事处	面积(hm^2)	165.38	1173.71	673.40	530.64	33.81	301	2877.94
	百分比(%)	5.75	40.78	23.40	18.44	1.17	10.46	100
松林镇	面积(hm^2)	720	87.25	884.74	439.20	256.74	467.38	2855.28
	百分比(%)	25.33	3.06	30.99	15.38	8.99	16.37	100
金郝庄镇	面积(hm^2)	974.75	748.15	521.34	786.86	713.94	1359.11	5104.15
	百分比(%)	19.1	14.66	10.21	15.42	13.99	26.63	100
新华办事处	面积(hm^2)	623.37	658.86	570.25	188.96	40.69	0	2082.13
	百分比(%)	29.94	31.64	27.39	9.08	1.95	0	100
老赵庄镇	面积(hm^2)	27.61	590.22	1149.48	1494.25	735.45	75.70	4072.71
	百分比(%)	0.68	14.49	28.22	36.69	18.06	1.86	100
青年办事处	面积(hm^2)	627.93	549.84	778.36	343.50	122.13	3.77	2425.53
	百分比(%)	25.89	22.67	32.09	14.16	5.04	0.16	100
康庄镇	面积(hm^2)	983.45	905.35	1506.06	1364.79	581.9	385.87	5727.42
	百分比(%)	17.17	15.81	26.30	23.83	10.61	6.74	100
大辛庄办事处	面积(hm^2)	1205.68	943.72	510.40	50.22	71.57	0	2781.59
	百分比(%)	43.34	33.93	18.35	1.81	2.57	0	100
戴湾镇	面积(hm^2)	327.52	704.56	764.92	1714.49	1336.05	49.65	4897.19
	百分比(%)	6.69	14.39	15.62	35.01	27.28	1.01	100

续表

乡镇	指标	一级地	二级地	三级地	四级地	五级地	六级地	总计
烟店镇	面积(hm^2)	349.15	621.06	369.16	267.73	442.64	82.29	2132.03
	百分比(%)	16.38	29.13	17.31	12.56	20.76	3.86	100
魏湾镇	面积(hm^2)	718.27	347.51	703.31	1023.35	1098.71	350	4241.15
	百分比(%)	16.94	8.19	16.58	24.13	25.91	8.25	100
八岔路镇	面积(hm^2)	449.01	1264.42	532.70	478.65	582.69	539.72	3847.19
	百分比(%)	11.67	32.87	13.85	12.44	15.15	14.03	100
潘庄镇	面积(hm^2)	27.24	475.59	603.78	300.30	668.38	1100.06	3175.35
	百分比(%)	0.86	14.98	19.01	9.46	21.05	34.64	100
刘垓子镇	面积(hm^2)	555.97	1168.31	740.40	956.37	105.92	38.92	3565.89
	百分比(%)	15.59	32.76	20.76	26.82	2.97	1.09	100
尚店镇	面积(hm^2)	1124.37	1223.29	810.71	232.91	49.30	0	3440.58
	百分比(%)	32.68	35.55	23.56	6.77	1.43	0	100
唐园镇	面积(hm^2)	270.36	274.87	897.13	777.12	436.53	33.74	2689.75
	百分比(%)	10.05	10.22	33.35	28.89	16.23	1.25	100

第二节 耕地地力等级分述

一、一级地

(一)面积与分布

一级地综合评级指数高于0.88,耕地面积为9153.43hm^2,占总耕地面积的16.37%。其中水浇地面积为9100.40hm^2,占一级地面积的99.45%;菜地面积为50.14hm^2,占一级地面积的0.55%(表6-3)。

一级地主要分布于尚店镇、大辛庄办事处、新华办事处,其中以大辛庄办事处分布面积最大,为1205.68hm^2,占该镇耕地面积的43.34%,占一级地面积的13.17%。此外,金郝庄镇、康庄镇、魏湾镇、松林镇等镇也有少量或零星分布。

表6-3 一级地各土地利用类型面积

利用类型	评价单元(个)	面积(hm^2)	占总耕地面积(%)	占一级地面积(%)
水浇地	655	9100.40	16.28	99.45
菜地	13	50.14	0.09	0.55
合计	668	9150.55	16.36	100

（二）主要属性分析

一级地土壤类型以脱潮土为主，有少量潮土。土壤表层质地为轻壤和中壤，沙黏适中，土体构型以壤均质、壤质黏心为主，无障碍层次。微地貌以河滩高地为主，土层深厚，土壤理化性状良好，无盐碱危害，可耕性强。农田水利设施较为完善，灌排条件好，灌溉保证率约为85%。土壤养分含量较高，粮食作物年产量水平大于14250kg/hm^2（表6-4）。

表6-4 一级地主要养分含量

项 目	有机质 (g/kg)	全氮 (mg/kg)	碱解氮 (mg/kg)	有效磷 (mg/kg)	速效钾 (mg/kg)	有效锌 (mg/kg)	有效硼 (mg/kg)	有效铁 (mg/kg)
平均值	14.3	1.01	82	40.1	142	1.16	0.76	12.34
含量水平	高	高	高	高	中	中	中	高

（三）合理利用

一级地是全市综合性能最好的耕地，各项评价指标均属良好型。土层厚，排灌性好，易于耕作，养分含量高，保肥、保水性好，适于各种作物生长。利用方向是发展高产、优质、高效农业，如无公害蔬菜基地、日光温室、反季节瓜果栽培以及优质高产小麦等。为此，应搞好以下工作：结合科技入户、配方施肥等工程，加大宣传力度，转变观念，提高认识，加大农业投入，提升农业综合生产能力；增施有机肥，增加土壤有机质含量，实施平衡施肥，防止土壤污染，适量补施微肥，提高耕地质量；加大检测力度，确保农业灌溉、施肥、用药安全，搞好无公害生产。

二、二级地

（一）面积与分布

二级地综合评价指数为0.85～0.88，耕地面积11736.74hm^2，占全市总耕地面积的20.99%，二级地是除三级地之外占临清市耕地面积最大的一级地。其中水浇地面积为11699.18hm^2，占二级耕地面积的99.68%，菜地面积为37.54hm^2，占二级耕地面积的0.32%（表6-5）。

二级耕地主要分布在八岔路镇、先锋办事处、尚店镇、刘垓子镇，其中以八岔路镇分布面积最大，为1368.31hm^2，占该镇耕地面积的38.37%，占二级地面积的10.77%。康庄镇、金郝庄镇、大辛庄办事处、戴湾镇、烟店镇、新华办事处等办事处、镇也有少量或零星分布。

表6-5 二级地各土地利用类型面积

利用类型	评价单元(个)	面积(hm^2)	占总耕地面积(%)	占二级地面积(%)
水浇地	823	11699.18	20.92	99.68
菜地	13	37.54	0.07	0.32
合计	836	11736.72	20.99	100

(二)主要属性分析

二级地土壤类型以潮土和脱潮土为主。土壤表层质地为轻壤和沙壤,少量沙土和中壤。土体构型以壤均质、壤质黏心、壤质黏腰为主。微地貌以缓平坡地、河滩高地为主,含有少量槽平洼地。土层深厚,土壤理化性状良好,无盐渍化现象,可耕性强。农田水利设施较为完善,灌排条件较好。土壤养分含量水平高,粮食作物年产量水平为12000～14250kg/hm^2(表6-6)。

表6-6 二级地主要养分含量

项目	有机质(g/kg)	全氮(mg/kg)	碱解氮(mg/kg)	有效磷(mg/kg)	速效钾(mg/kg)	有效锌(mg/kg)	有效硼(mg/kg)	有效铁(mg/kg)
平均值	13.9	0.99	73	34.3	120	1.1	0.75	11.82
含量水平	高	中	中	高	中	中	中	高

(三)合理利用

二级地在合理利用上应增施有机肥料,培肥地力,搞好秸秆还田,合理确定氮、磷、钾比例和数量;与农田基础建设相结合,兴修水利,杜绝大水漫灌等不科学的灌溉方式;增施钾肥,补施微肥,培肥地力。

三、三级地

(一)面积与分布

三级地综合评价指数为0.83～0.85,耕地面积为12016.14hm^2,占全市总耕地面积的21.49%,是全市耕地面积最大的一个等级。其中水浇地面积为11990.74hm^2,占三级地面积的99.79%;菜地面积为25.40hm^2,占三级地面积的0.05%(表6-7)。

三级耕地主要分布在康庄镇、老赵庄镇、松林镇、唐园镇等镇,其中以康庄镇所占面积最大,为1506.06hm^2,占该镇耕地面积的26.3%,占三级地面积的12.53%。先锋办事处、尚店镇、青年办事处、大辛庄办事处、戴湾镇、刘垓子镇等办事处、镇有少量或零星分布。

表6-7 三级地各土地利用类型面积

利用类型	评价单元(个)	面积(hm^2)	占总耕地面积(%)	占三级地面积(%)
水浇地	731	11990.74	21.44	99.79
菜地	4	25.40	0.05	0.21
合计	735	12016.14	21.49	100

(二)主要属性分析

三级地土壤主要为潮土和脱潮土。耕层质地以轻壤和中壤为主。土体构型主要为壤均质、壤质黏腰、壤质黏心。微地貌类型为河滩高地、槽平洼地、浅平洼地。土壤理化性质较好,农田基础设施良好,灌排能力较好,灌溉保证率在75%以上。土壤养分含量较高。

粮食作物年产量水平为 9750～12000kg/hm^2(表 6-8)。

表 6-8　　三级地主要养分含量

项 目	有机质(g/kg)	全氮(mg/kg)	碱解氮(mg/kg)	有效磷(mg/kg)	速效钾(mg/kg)	有效锌(mg/kg)	有效硼(mg/kg)	有效铁(mg/kg)
平均值	13.2	0.87	72	28.6	118	1.12	0.75	10.15
含量水平	高	中	中	高	中	中	中	高

(三)合理利用

三级地也是全市较好的土地,同时少部分耕地土壤偏黏,透水、透气性差,不利于作物的生长。在合理利用上增施有机肥料,培肥地力,改良土体构型;合理耕作与灌溉,保障作物的正常生长;配方施肥,协调氮、磷、钾比例及微量元素比例。

四、四级地

(一)面积与分布

四级地综合评价指数为 0.80～0.83,耕地面积为 10949.33hm^2,占全市总耕地面积的 19.58%。其中水浇地面积为 10893.11hm^2,占四级地面积的 99.49%;菜地面积为 56.22hm^2,仅占四级地面积的 0.51%(表 6-9)。

四级地主要分布在康庄镇、戴湾镇、老赵庄镇、魏湾镇,其中以戴湾镇分布面积最大,为 1714.49hm^2,占该镇耕地面积的 35.01%,占四级地面积的 15.66%。松林镇、八岔路镇、刘垓子镇、唐园镇、金郝庄镇、先锋办事处等有少量或零星分布。

表 6-9　　四级地各土地利用类型面积

利用类型	评价单元(个)	面积(hm^2)	占总耕地面积(%)	占四级地面积(%)
水浇地	772	10893.11	19.48	99.49
菜地	7	56.22	0.10	0.51
合计	779	10949.33	19.58	100

(二)主要属性分析

四级地土壤有潮土、脱潮土、盐化潮土,表层质地以轻壤、沙壤为主,含有少量的中壤。土体构型主要有壤均质、沙均质、壤质黏心、壤质黏腰、壤质沙心,土体构型中夹沙层次比较明显。微地貌类型主要为槽平洼地、河滩高地、缓平坡地,土壤中明显存在轻度盐渍化现象,地下水矿化度主要是 0.5～2g/L,并有部分 2～5g/L 的中矿化度水。农田基础设施较好,灌排能力良好,灌溉保证率在 50%以上。土壤养分含量含量偏低,较为理想,与二、三级地相比差别不大。粮食作物年产量水平为 7500～9750kg/hm^2(表 6-10)。

表 6-10　四级地主要养分含量

项目	有机质 (g/kg)	全氮 (mg/kg)	碱解氮 (mg/kg)	有效磷 (mg/kg)	速效钾 (mg/kg)	有效锌 (mg/kg)	有效硼 (mg/kg)	有效铁 (mg/kg)
平均值	12.8	0.85	66	24.7	116	1.10	0.74	10.11
含量水平	中	中	中偏低	中	中	中偏低	中	高

(三)合理利用

该级地土体构型中有少量的壤质黏腰或壤质黏心，土壤通透性较差，对作物生长不利。土壤轻度盐化较为明显，影响作物的生长；灌溉保证率有待提高；土壤养分含量基本处于全市平均含量水平，微量元素含量偏低。在合理利用上增施有机肥，深耕土壤，从而改良土壤表层质地和土体构型，提高土壤的物理化学性能；利用弱矿化水、淡水资源，采用管灌等方式合理灌溉，避免大水漫灌，加剧土壤盐渍化的程度；加强农田基础设施的完善和维护管理，提高灌溉保证率；增施或补施钾肥、磷肥、微肥，进一步提高作物产量。

五、五级地

(一)面积与分布

五级地综合评价指数为 0.76～0.80，耕地面积为 7275.94hm^2，占全市总耕地面积的 13.01%，其中水浇地面积为 7269.33hm^2，占五级地面积的 99.91%；菜地面积为 6.61hm^2，仅占五级地面积的 0.09%(表 6-11)。

五级地主要分布在金郝庄镇、魏湾镇、戴湾镇、潘庄镇、老赵庄镇，其中魏湾镇、戴湾镇分布面积最大，为 2434.76hm^2，占五级地面积的 33.46%。康庄镇、烟店镇、八岔路镇、唐园镇等镇有少量或零星分布。

表 6-11　五级地各土地利用类型面积

利用类型	评价单元(个)	面积(hm^2)	占总耕地面积(%)	占五级地面积(%)
水浇地	500	7269.33	13.00	99.91
菜地	2	6.61	0.01	0.09
合计	502	7275.94	13.01	100

(二)主要属性分析

五级地土壤类型主要为盐化潮土和风沙土。土壤表层质地以轻壤、中壤为主。土体构型主要为壤均质、壤质黏心、壤质黏腰。微地貌类型主要为河滩高地，伴有少量的浅平洼地和槽状洼地。灌溉保证率在 50%左右。地下水矿化度主要为 0.5～2g/L 的弱度矿化水，同时有部分大于 2g/L 的中度和强度矿化水，地表有不同程度的返盐现象。土壤养分含量偏低。粮食作物年产量水平为 6000～7500kg/hm^2(表 6-12)。

表 6-12 五级地主要养分含量

项 目	有机质 (g/kg)	全氮 (mg/kg)	碱解氮 (mg/kg)	有效磷 (mg/kg)	速效钾 (mg/kg)	有效锌 (mg/kg)	有效硼 (mg/kg)	有效铁 (mg/kg)
平均值	10.3	0.62	58	21.2	117	1.10	0.72	8.77
含量水平	中	低	低	中	中	中	中偏下	中

(三)合理利用

五级地土壤盐渍化较为明显,地下水矿化度较高;灌溉保证率较低;土壤养分含量整体偏低,对作物产量影响较大。改良利用中应多施用有机肥,搞好过腹还田,提高土壤肥力;搞好排水系统,确保雨季不发生渍涝;搞好农田基本建设,改善灌溉条件,提高灌溉保证率;在作物生长期增施各种主要养分,促进作物的稳产和增产;调整种植业结构,种植绿肥等,改善生态环境。

六、六级地

(一)面积与分布

六级地综合评价指数低于 0.76,仅为 4786.40hm^2,占全市总耕地面积的 8.56%,全部为水浇地(表 6-13)。

六级地主要分布在金郝庄镇、潘庄镇,另外唐园镇、先锋办事处、青年办事处、松林镇也有零星分布。

表 6-13 六级地各土地利用类型面积

利用类型	评价单元(个)	面积(hm^2)	占总耕地面积(%)	占六级地面积(%)
水浇地	308	4787.20	8.56	100
合计	308	4787.20	8.56	100

(二)主要属性分析

六级地土壤类型主要是风沙土。土壤表层质地以沙土和沙壤为主。土体构型主要为沙均质和沙壤均质。微地貌类型主要是沙质河槽地。灌溉保证率在 50%以下。土壤养分含量较低。粮食作物年产量水平低于 6000kg/hm^2(表 6-14)。

表 6-14 六级地主要养分含量

项 目	有机质 (g/kg)	全氮 (mg/kg)	碱解氮 (mg/kg)	有效磷 (mg/kg)	速效钾 (mg/kg)	有效锌 (mg/kg)	有效硼 (mg/kg)	有效铁 (mg/kg)
平均值	8.5	0.60	39	14.8	90	1.08	0.71	5.96
含量水平	低	低	低	低	低	中偏下	中偏下	中

（三）合理利用

六级地存在的问题：一是土壤以沙壤或沙土为主，沙层深厚，漏水、漏肥；二是农田的灌溉水平较低，部分无灌溉条件，难以满足大田作物生长的需要；三是土壤养分普遍较低，制约作物的生长和发育。在利用上多施用有机肥，培肥地力，改善土壤的理化性质；加强对农田基础设施的完善和维护，兴修水利，提高灌溉保证率；增施无机和有机肥料，改善土壤贫瘠的状况；客土掺黏，逐步改良土壤结构，提高地力。

第七章　耕地资源合理利用与改良

第一节　利用与改良的耕地资源的现状和特征

临清市地处鲁西北平原，属黄河下游冲积平原，地处东经：115°27′～116°02′，北纬：36°39′～36°55′，西隔漳卫河与河北省临西县相望，东隔马颊河与高唐、茌平二县为邻，北部与德州市夏津县相连，南部与东昌府区和冠县接壤，全境东西长 55.44km，南北宽 29.88km，总面积为 957km^2，是山东省聊城市所辖的一个县级市。地势西南高，东北低，由于受古黄泛影响，形成岗、坡、洼交错相间的微变地貌，地面坡降为 1/7000 左右，海拔高度一般为 29～38m。

一、利用与改良的耕地资源现状和特征

（一）耕地资源现状

临清市耕地面积为 55915.9hm^2。耕地地类构成以水浇地为主，面积为 55692.2hm^2，占耕地面积的 99.6%；菜地次之，面积为 223.7hm^2，占耕地面积的 0.4%。临清市各办事处、镇的耕地面积不尽相同。从各办事处、镇占全市耕地面积的比重看，所占比重最大的是康庄镇，耕地面积为 6172.59hm^2，约占全市耕地面积的 11.04%；所占比重最小的是新华办事处，耕地面积为 2266.2hm^2，约占全市耕地面积的 4.05%。全市水浇地最多的为康庄镇，面积为 6147.9hm^2；其次是金郝庄镇，面积为 5275.63hm^2。菜地最多的为新华办事处，面积为 106.15hm^2；其次为刘垓子镇，面积为 44.19hm^2。

（二）耕地资源质量较好

临清市地势平坦，耕地面积较大，土层深厚，土壤大多数为典型的潮土和脱潮土，东南部存在部分盐化潮土。耕层主要为轻壤和中壤，无明显的障碍层次，农田基础设施配套良好，灌排能力较好。总体来看，临清市耕地地力较好，主要分布在中部和南部地区，各等级耕地比例相对均衡，以一级地、二级地、三级地和四级地为主，各等级占耕地总面积的比例接近或超过 20%，四者面积之和占到了总耕地面积的 78.43%；其次为五级地，占耕地总面积的 13.01%；六级地面积较少，占总耕地面积的 8.56%。

（三）耕地资源的利用与改良程度高

临清市土地利用面积为 94992.3hm^2，耕地利用的集约化程度高，灌溉条件好。灌溉保证水平都需提高的耕地面积为 906.71hm^2，仅占耕地总面积的 1.62%。

(四)各办事处、镇耕地资源的分布相对均衡,人均占有量差异不大

临清市人均耕地面积为 0.077hm^2,农民人均耕地面积为 0.1008hm^2。人均耕地较多的是戴湾镇、魏湾镇,戴湾镇人均耕地面积为 0.145hm^2,魏湾镇人均耕地面积为 0.142hm^2;人均耕地较少的是新华办事处、烟店镇,新华办事处人均耕地面积为 0.0621hm^2。

(五)小麦、玉米居主导地位的利用耕地类型显著

随着国家良种补贴、粮食补贴等优惠政策的实行,农民种粮积极性高涨,为国家粮食安全生产做出了积极贡献。小麦播种面积为 42330hm^2,占农作物播种总面积的 45.7%,占粮食作物面积的 58.7 %;玉米播种面积占农作物播种总面积的 28.2% ,占粮食作物面积的32.6%。

二、利用与改良的耕地资源中存在的问题

(一)耕地资源相对较少

临清市耕地面积为 55915.9hm^2,人均耕地面积仅为 0.076hm^2,低于全国人均 0.093hm^2的水平。

(二)耕地质量水平有所下降,成为制约农田生产力水平的重要因素

由于长期重用地、轻养地,重化肥、轻有机肥,重产出、轻投入,重眼前利益、轻长远利益,对耕地保护不够,甚至是掠夺式经营,使耕地超负荷应用,导致耕地地力退化、耕性变差,质量逐年下降。临清市土壤养分总体较好,土壤养分不需培肥改良的耕地占耕地总面积的 87.40%,但是,耕地中缺乏有机质的耕地面积还有 3084.61hm^2,占耕地总面积的 5.51%;缺少钾肥的耕地面积有 3452.25hm^2,占耕地总面积的 6.17%;缺乏磷肥的耕地面积有 571.75hm^2,占耕地总面积的 1.02%;缺乏硼肥的耕地面积有 243.2hm^2,占耕地总面积的 0.43%。缺乏单一养分的耕地面积有 6742.51hm^2,占耕地总面积的12.05%;缺乏两种养分的耕地面积有 304.65hm^2,占耕地总面积的 0.54%。

(三)保护耕地资源意识淡漠

虽然国家相续出台多部关于土地、耕地的保护条例与法规,但受经济利益的驱动,保护耕地资源意识淡漠,土地利用短期行为和盲目行为造成耕地资源浪费与破坏严重。如农村砖瓦厂为了短期的经济利益,不惜占用大量耕地;部分小城镇盲目扩大、超前用地,挤占周围的菜地和粮田;部分企业、机关圈大院,多占地或占而不用;农民建房违反村镇规划违法超占土地,在良田中间乱建房屋屡禁不止;一些镇企业置各种条例与法规于不顾,随意占用集体土地而不报批等现象仍然严重存在。

(四)人口增长使人均耕地呈逐渐下降

人口作为一种外界压力对耕地数量的变化起着重要的调控作用。人口的增加,一方面占用更多的耕地建设生产、生活设施,另一方面又需要更多的耕地提供食物,作为生产、生活的基本保证。数据资料显示,1990 年临清市人口为 67.4 万人,到目前为 71.96 万人,而耕地面积却逐年在减少。随着经济、社会的快速发展,特别是人口数量不断增加,人地矛盾日趋突出,人口、耕地、粮食三者间的矛盾将愈加尖锐,成为耕地资源利用中突出的问题。

(五)非农建设用地与耕地矛盾突出制约着耕地的可持续合理利用

随着经济的高速发展,农业结构调整、农村居民点、工矿企业、交通、水利等非农建设用地规模的不断扩大,特别是小城镇建设步伐的加快,由于缺乏对土地利用的宏观调控和管理制度和法律体系的不健全,导致盲目开发建设占用大量耕地,非法乱批滥占农田等现象日益突出,临清市的耕地数量逐步减少。据统计,临清市 1990 年的耕地面积为 66667hm²,2009 年减少到 55915.88hm²。

(六)农田生态环境日益恶化,制约农业可持续发展

由于临清市所处的地理环境,决定了土壤中盐碱的必然存在。当引水不当或大涝之年,就会加重土壤盐渍化。这次耕地地力分析中,临清市土壤盐渍化需要治理的耕地面积为 2425.84hm²,占耕地总面积的 4.34%。同时,随着农业生产水平的提高,农药、化肥、地膜等大量施用以及养殖业畜禽粪便等造成土壤和水体的污染,工业"三废"污染土地进一步加剧,也成为耕地的新污染大户。

第二节 耕地改良的实践(模式)与效果

临清市地处鲁西北,属黄河下游冲积平原,地势平坦,土层深厚,开发较早,表层质地以沙壤和轻壤居多,土壤类型多为褐土化潮土和潮土亚类,土体类型有厚黏腰、厚黏底、厚黏心和壤均质。临清市土壤通气性好,渗水快,易发生干旱,土温上升快,昼夜变幅大,土壤保肥、保水能力差。人们在生产生活中不断实践,结合当地实际情况,遵照统一规划、综合治理、先易后难、分期实施、以点带面、分类指导、搞好技术开发、注意远近期结合的原则,加强对的改良,取得了丰硕成果。

一、耕地改良的实践(模式)与效果

(一)旱薄耕地的改良利用实践

临清市在旱薄耕地改良利用上,首先找出土壤主要障碍因素,采取了积极措施进行合理利用,使不利因素向好的方面转化,中产变高产,高产稳定发展。

1. 措施

(1)大搞农田基本建设,完善排灌系统。水是生命之源,旱情的轻重对临清市的农业生产关系重大。为此,临清市不断加大农田基本建设力度,力争做到以井保丰、以河补源。据统计,临清市 2009 年底机井发展到 12716 眼,机井密度为 5.9 眼/hm²,比 1980 年增加了 7882 眼。引黄支流比 1980 年增加了 46km,田间排灌沟渠比 1980 年增加了 261 条,共约 187.7km。农田基本建设的发展,大大增强了抗旱除涝改碱能力,为更好地利用耕地资源提供了有利条件。

例如,原老赵庄乡红庙周村,1980 年,全村的 69hm² 耕地仅有机井 4 眼,2009 年,全村机井增长到 16 眼,机井密度为 4.3 眼/hm²。水浇条件的改善,为农业发展弥补了先天不足,该村彻底改变了靠天吃饭的局面。松林镇田庄村临近胡姚河,但是该村绝大部分耕地用不上胡姚河的水,2001 年,在镇村两级的努力下,开掘了通向该村 357m 长的沟渠,改变了该村多年以来的"望河兴叹"局面,实现了几代人的梦想。当年全村小麦就比 2000 年

增收了 981kg/hm²。

(2)积极发展机械化作业。农业机械化的发展，使农民逐渐从繁重的体力劳动中解放出来，也促进了对耕地的改良进程。临清市 2009 年底拥有农业机械总动力为 1098466kW，比 1980 年增加了 987925kW；拥有拖拉机为 6031 台，比 1980 年增加了 4390 台；动力为 342858kW，比 1980 年增加了 33421kW；播种机械为 2143 台，比 1980 年增加了 2090 台；农用运输车为 44590 辆，比 1980 年增加了 44549 辆；农副产品初加工机械为 5693 台，比 1980 年增加了 3398 台。

(3)发展种子工程建设。积极引进、培育和推广优良品种是充分利用耕地的基础。临清市把种子作为推进充分利用耕地的先导，建立健全了作物良种繁育体系，加快优良品种引进试验示范基地和种子繁育基地建设，积极采用育种新技术和种子、种苗快速繁殖及工厂化育苗技术，以满足优质专用品种、无病毒苗木、抗性品种的不同需求。按照生产规范化、产品标准化的要求，在优势产区实行统一供种，实施种子补贴，提高优良品种的集约化应用水平。目前，临清市良种覆盖率达到了 98.5%。

例如，原尚店乡东周村 2004 年小麦种植品种五花八门，混、杂现象十分严重，产量仅为 6045kg/hm²。2004 年秋季实行良种补贴惠农政策，全村统一了粮食品种，用上了优良品种济麦 21 号，2005 年小麦产量为 6675kg/hm²，比上一年增收了 10.4%。

(4)实行沃土工程，推广先进农业技术。临清市积极落实各级农业项目，推广土壤培肥技术，积极引导农民合理施肥、科学施肥。农民施肥观念得到了大大转变，农民科学施肥的技术与水平不断提高，过量施肥、比例失调、方法不当等盲目施肥现象正在逐渐减少，农田污染正在逐步减轻，耕地土壤养分结构渐趋合理，耕地质量逐步提高。因地制宜推广以小麦、棉花为主体的间套模式，尤其是麦菜、棉薯间作，最大限度地提高复种指数，提高优质种植业的经济效益，挖掘土壤增收潜力。

例如，青年办事处于楼村 2006 年首次在小麦施肥中推广了测土配方施肥技术，按照农技人员提供的配方和施肥方法，一季就节约了化肥 48kg/hm²，产量提高了 286kg/hm²。刘垓子镇姜油坊村自 1996 年以来一直推广棉薯种植模式，比单纯种植棉花增收 11730 元/hm²。

2. 效果

经过多年的改良利用，临清市耕地得到了合理开发。此次土地评价土壤中，有机质含量平均值为 13.7 g/kg，较 1980 年土壤普查时提高了 6.04 g/kg；土壤全氮含量平均值为 0.0864g/kg，较 1980 年土壤普时查提高了 0.0349g/kg；土壤有效磷含量平均值为 23.6mg/kg，较 1980 年土壤普查时提高了 15.85mg/kg；土壤速效钾含量平均值为 119.4 mg/kg，较 1980 年土壤普查时提高了 2.4mg/kg。小麦产量 2009 年为 6030kg/hm²，比 1980 年增加了 2933kg/hm²；玉米产量 2009 年为 6330kg/hm²，比 1980 年增加了3533kg/hm²；棉花产量 2009 年单产皮棉为 1260kg/hm²，比 1980 年增加了 900kg/hm²。这均是人们不断培肥地力、加强改良耕地的结果。

(二)风沙土耕地改良利用实践

1. 措施

(1)平整土地，增施有机肥。风沙地影响作物生长的关键因素，一是水，二是肥。这两个问题解决了，作物产量就可以大幅度提高。

例如，先锋办事处范儿庄村耕地面积为 234.7hm^2，其中 98.6hm^2 是风沙土。1996 年，人们为了改沙、治沙，推平了大小沙丘 104 座，填平沙坑、沙洼 46 处，另外打井 24 眼，解决了沙地缺水问题，同时还增施有机肥，使小麦单产由 4822.5kg/hm^2，提高到 6465 kg/hm^2。

(2)因地制宜，合理种植。沙地土质疏松，养分贫瘠，根据这一特性，农民多在沙地上种植花生、豆类、西瓜等作物。花生、豆类作物不但耐干旱，耐瘠薄，而且根瘤能固沙；西瓜在砂地种植能改善口感，增加甜度，减少病害的发生，而且瓜秧能还田，对增加经济收入，改善土壤都起到了很大作用。

例如，松林镇由集村砂质地面积占到该村耕地面积的 56.8%。该村因地制宜，扬长避短，积极发展西瓜种植，所产西瓜个大，甜度高，瓜型好，受到消费者欢迎，引来北京、济南等大中城市客户订购，每千克西瓜价格比邻村高 0.3 元以上，还是供不应求。为此，该村村委会注册了"沙窝甜"商标，成立了西瓜交易市场，带动了一方产业的发展。

(3)植树造林，防风固沙。植树造林可以调节田间小气候，改良土壤，促进农业高产、稳产，选择适合沙地种植的经济林和果树，在增加经济的同时，也为人们创造了良好环境。

例如，潘庄镇潘彭店村沙地面积为 82.4hm^2，原来只种植玉米、花生等作物。2002 年，该村村委会号召在沙地中种植板材用经济林，并打机井 15 眼。当年种植经济林面积为 49.4hm^2，2006 年就有树木成材，每年平均效益为 32025 元/hm^2，大大超过种粮，而且省工、省时；另外，该村原来大风弥沙现象也大幅度减轻。

(4)粮肥轮作。即前茬种小麦、下茬种田箐等绿肥。秋后翻压再种小麦，也可以实行粮肥间作，即小麦套玉米，小麦收获后，玉米行间套种田箐等夏季绿肥，种麦前耕翻作小麦底肥。

例如，八岔路镇辛集村 2001 年推广了前茬种小麦、下茬种田箐模式，6～7 年的种植，沙地土壤质地即得到了改良。2007 年土壤测试时，平均养分含量有机质为 11.2g/kg，比 2001 年提高了 4.2g/kg。

(5)发展旅游业。借助风沙地的沙丘和古树，进行因势建造景观，发展野外旅游、品果、采摘。

例如，先锋办事处郭堤村 2009 年在市、办事处的扶持下，开发原黄河故道建成了临清黄河故道地质森林公园，农民自愿入股，按股份分红。成功举办了葚果采摘节、秋季品果节，社会效益和经济效益都十分可观。

2. 效果

临清市经过长期对风沙土耕地的开发改造，收到了很好效果，绝大部分风沙土地都不同程度地得到了利用，原来随处可见的沙丘不见了，土壤质地得到了改善，风沙土地经济效益比良田不低，甚至还高。

(三)盐碱土耕地改良利用实践

1. 措施

(1)合理耕作。盐碱地的特点是结构差，易板结，不但水分蒸发快，而且地表结成硬壳，降低土壤的通透性。合理耕作就是通过人为的耕、锄、松土，破除板结，削弱返盐的作用。

例如，在秋后和春早期的耕作管理，作物收获后及时耕翻晒垡，雨后或灌溉洗盐后及时中耕松土等。

(2)沟渠排碱。盐碱地一般排水不良或在涝洼地，采取挖干、支、斗、毛四级排水沟，做到沟沟相通，使来水有源、去水有路，排灌通畅。

(3)深水井洗盐。打深30m以上的井，提取中层地下水进行灌溉，既能降低浅层水位，除涝防碱，还可以利用灌溉洗盐。

例如，老赵庄镇李蒋夏村采取沟渠排碱、深水井洗盐并用的办法对该村盐碱地改良，通过5年的实践，盐碱现象大大减轻，取得了理想效果。

(4)利用黄河水洗盐。黄河水泥沙多，养分丰富。利用黄河水合理灌溉盐碱地不但可以起到洗盐作用，而且还起到培肥地力的作用。

(5)增施有机肥。施用有机肥是改良盐碱地的最有效办法之一，近几年来推广的秸秆还田技术，有效地解决了有机肥肥源不足的问题，使黏性盐碱地变得疏松了，使沙性盐碱地变得肥沃了。

(6)种植耐盐碱作物，采用合理栽培技术。种植如棉花、油菜等耐盐碱作物，同时利用盐碱运行规律，开大沟，扶大背，浇大水，集中施肥，适当晚播、浅播，增加播量，育苗移栽等技术，解决了盐碱地"出苗难，保苗难，早发难"三大难题。

2. 效果

临清市通过长期对盐碱耕地综合改良，原来重盐碱地变成了中轻盐碱地，轻盐碱地变成了中高产良田。此次耕地地力评价调查发现全市仅存需要治理的面积为2425.84hm^2，比第二次土壤普查时减少了9843.4hm^2。

通过对以上耕地的改良利用实践，临清市耕地质量得到了大大提高，养分含量普遍提高，不需培肥改良的耕地占耕地总面积的87.40％；自然环境条件得到了大大改善，不需改良的耕地面积达到52583.33hm^2，占耕地总面积的94.04％。但是，也应该清醒地看到，临清市耕地总体养分含量还不高，还有需要培肥改良的耕地面积为7045.4hm^2；自然环境条件需要改良的耕地面积还有3332.6hm^2，占耕地总面积的5.96％；质地和土体构型均需要改良的耕地面积为27635.96hm^2，占耕地总面积的49.42％，任务巨大。

二、今后耕地改良利用的建议与措施

(一)耕地土壤培肥改良利用面积和措施

根据耕地土壤养分限制因素分区标准把临清市耕地有机质分为两类，即有机质改良利用区和有机质非改良利用区。有机质改良利用区以代号No标注，同样，有效磷改良利用区用代号Np标注，速效钾改良利用区用代号Nk标注，有效锌改良利用区用符号Nzn标注，有效硼改良利用区用代号Nb表示，编辑生成耕地土壤培肥改良利用分区图(图7-1)。

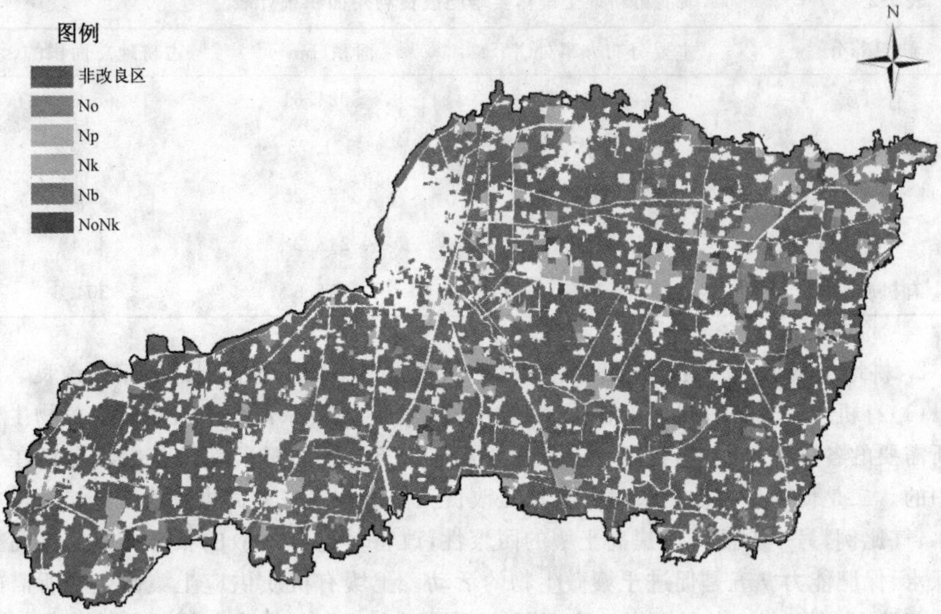

图 7-1　耕地土壤培肥改良利用图

1. 耕地土壤培肥改良利用面积统计。临清市耕地土壤培肥改良利用区各改良利用类型面积及其比例如表 7-1 所示。

表 7-1　　临清市耕地土壤培肥改良利用分区面积统计表

改良利用分区	No	Np	Nk	Nb	NoNk	非改良区
面积(hm^2)	2779.96	571.75	3147.6	243.2	304.65	48868.71
百分比(%)	4.97	1.02	5.63	0.43	0.54	87.40

由图 7-1 和表 7-1 可以看出，临清市土壤养分状况较好，土壤养分不需培肥改良的耕地占耕地总面积的 87.40%，需要培肥改良的土地在市域内呈斑驳状分布，基本没有成片或集中分布。其中缺乏有机质的耕地面积为 3084.61hm^2，占耕地总面积的 5.51%；缺少钾肥的耕地面积为 3452.25hm^2，占耕地总面积的 6.17%；缺乏磷肥的耕地面积为 571.75hm^2，占耕地总面积的 1.02%；缺乏硼肥的耕地面积为 243.2hm^2，占耕地总面积的 0.43%。缺乏单一养分的耕地面积为 6742.51hm^2，占耕地总面积的 12.05%；缺乏两种养分的耕地面积为 304.65hm^2，占耕地总面积的 0.54%。从各类型面积比例可以看出，临清市耕地土壤培肥改良的主要方向为有针对性地增施有机肥料和钾肥。临清市土壤中锌素含量较高，不需培肥改良(表 7-2)。

表 7-2 临清市耕地土壤需要培肥改良利用面积统计表

缺乏养分	主要分布办事处、镇	面积(hm^2)	占耕地总面积的(%)
有机质	各办事处、镇	3084.61	5.51
磷	先锋、松林、潘庄	571.75	1.02
钾	各办事处、镇	3452.25	6.17
硼	金郝庄、康庄、唐园	243.2	0.43
有机质、钾	烟店、尚店、新华、老赵庄	304.6	304.6

2. 耕地土壤培肥改良利用措施。应针对耕地土壤不同缺素情况进行培肥改良。

(1)有机质。土壤有机质的作用：一是植物养分的主要来源。有机质含有植物生长发育所需要的各种营养元素，特别是土壤中的氮，有95%以上氮素是以有机状态存在于土壤中的。二是促进作物的生长发育。三是改良土壤结构。一方面可以改变土壤孔隙状况和水、气比例，另一方面可以提高土壤的团聚性，改善其过分松散的状态。四是提高土壤的保水、保肥能力。五是促进土壤微生物的活动。土壤有机质供应土壤微生物所需的能量和养分，有利于微生物的活动。六是提高土壤温度。七是提高土壤养分性。有机质中腐殖质具有络合作用，腐殖质能和磷、铁、铝离子形成络合物或螯合物，避免难溶性磷酸盐的沉淀，提高有效养分的数量。

因此，应该千方百计地增施有机肥料，提高土壤有机质的含量，才能充分地发挥化肥的增产效益。一是发展以食草动物为主的畜牧业。畜牧业不仅为社会提供肉、蛋、奶等食品，而且为农业提供大量有机肥，在目前饲料粮不能满足的情况下，应大力发展牛、羊、兔，使一些能作饲料的秸秆杂草都通过动物过腹还田，以提高秸秆利用率。二是提倡秸秆还田。随着农作物产量的提高，秸秆数量逐年增多。禾本科作物秸秆除一部分作饲料外，大部分秸秆和根茬可直接还田。麦秸应通过高温堆沤后归还土壤，也可以在玉米喇叭口时，把麦秸、麦糠直接盖田，还能起到防旱、防杂草的作用，还田效果也很好，可以大力推广。切不可放火烧麦茬和麦秸。发展沼气也是综合利用秸秆资源的好办法，既生产沼气又能沤肥，归还土壤，增加有机质。三是发展绿肥和豆科作物。种植绿肥和豆科作物，“以田养田”，用地、养地相结合，是生态农业的重要部分。应逐步恢复和发展绿肥种植、实行粮草间作套种，增加饲草来源。同时，扩大豆类种植面积，使绿肥、豆类等养地作物，使养地作物五年轮作一次，以利恢复地力。

(2)磷。缺磷时，作物幼芽和根系生长受阻，植株生长缓慢，植株矮小，茎短而细，叶片狭窄，叶片暗绿，严重时变为紫红色，结食不良，种子小，不饱满，产量低，品质差。常用的钾肥主要有普钙、钙镁磷肥和磷酸二铵。

因为磷在土壤中移动性很小和容易被土壤固定，所以对耕地进行培肥改良时将磷肥优先施在有机磷含量低和有机质含量少的土壤上；将磷肥优先施在喜磷如豆科作物、马铃薯和玉米等作物上；在麦棉轮作时，应把磷肥重点施于棉花上，在小麦与杂粮轮作时，应把磷肥重点施于小麦上。磷肥作种肥、基肥或早期追肥效果好；集中施用可减少磷被土壤固定，有利于根系吸收；由于磷肥在土壤中的移动性小，所以在底层和浅表层都要施用磷肥；

磷和有机肥混施，可减少磷与土壤的接触，既能提高磷肥的肥效，又能防止氮素损失。

(3)钾。钾元素可以提高光合作用的强度，促进作物体内淀粉和糖的形成，提高作物对氮的吸收利用。钾能明显地提高植物对氮的吸收和利用，并很快转化为蛋白质。钾的重要生理作用之一是增强细胞对环境条件的调节作用，能增强植物对各种不良状况的忍受能力，如干旱、低温、含盐量、病虫危害、倒伏等。植株缺钾首先从较老叶片上出现，一般表现为最初老叶叶尖及叶缘发黄，以后黄化部逐步向内伸展，同时叶缘变褐、焦枯，似灼烧，叶片出现褐斑，病变部与正常部界限比较清楚，尤其是供氮丰富时，健康部分绿色深浓，病部赤褐焦枯，反差明显。严重时叶肉坏死、脱落。根系少而短，活力低，早衰。常用的钾肥主要有氯化钾、硫酸钾和草木灰。

钾肥在施用时要先施于喜钾的豆科、薯类、西瓜、棉花、玉米等作物上。钾肥施于沙壤土、风沙土上效果较好。在高产的田块上，作物产量提高后，每次收获都要从土壤中带走大量的钾，造成土壤严重缺钾，如果不及时补足，土壤供钾不足，就会明显影响产量，要及时施用钾肥。钾肥在土壤中移动性小，适合作基肥并施于根系密集的土层，对沙质土壤，可以一半作基肥，一半作追肥，要尽早施用，过晚施用肥效较差。作物一般生长前期需钾量大，后期需钾量较少，后期施钾不如前期施钾效果好。

(4)硼。临清市棉花、薯类种植面积较大，缺乏硼肥地块也较多。硼是作物生长发育所必需的营养元素，其主要生理功能是促进幼小分生组织发育，促进根、茎、叶等营养器官的生长，在生殖生长过程中促进开花结实。除此之外，硼能增强豆科作物根瘤菌的活力，提高其固氮能力，还能增强作物的抗病能力。常见的作物如棉花、豆科类、根茎类、瓜果类等作物都是喜硼作物。作物缺硼症状，首先是新生组织生长受阻，根尖、茎尖生长受阻或停止；严重缺硼时，顶芽停止生长，逐步枯萎死亡，根系不发达，叶色暗绿，叶形变小、肥厚、皱缩，茎褐色心腐或空心，花发育不健全，蕾全脱落，花期延长，果、穗不实，块根、浆果心腐或坏死。常用的硼肥主要有硼砂、硼酸。

硼肥作基肥每公顷用硼砂或硼酸 3～7.5kg 与细干土、磷肥混合后穴施或条施；硼肥作追肥时于苗期或开花前期，叶面喷施 0.05％～0.2％硼砂或 0.02％～0.1％硼酸溶液；硼肥也可以拌种，将 0.2～0.5g 硼酸或硼砂充分磨细后加少量温水溶解，边喷边拌，可拌 0.5kg 种子，阴干后播种。

(二)耕地自然环境条件改良面积和措施

根据耕地自然环境条件限制因素分区标准进行临清市耕地改良利用分区。灌溉保证条件分为灌溉保证条件改良利用区和灌溉保证条件非改良利用区，改良利用区用代号 Ei 标注；盐渍化程度分为盐渍化改良利用区和非改良利用区，盐渍化改良利用区以代号 Es 标注。在 GIS 下检索生成耕地土体整治改良利用分区图(图 7-2)。

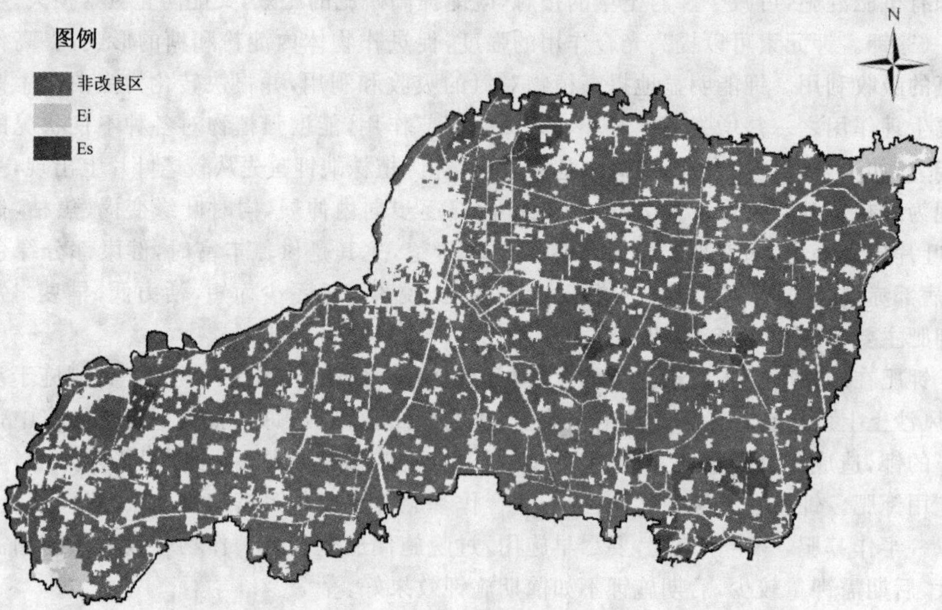

图 7-2 耕地自然环境条件改良利用图

1. 临清市耕地自然环境条件改良利用区各改良利用类型面积统计(表 7-2)

表 7-3 临清市耕地自然环境条件改良利用分区面积统计表

改良利用分区	Ei	Es	非改良区
面积(hm^2)	906.71	2425.84	52583.33
百分比(%)	1.62	4.34	94.04

由图 7-2 和表 7-3 可以看出,临清市耕地自然环境条件较好,地形平坦,灌溉条件较好,不需改良的耕地面积达到 52583.33hm^2,占耕地总面积的 94.04%。需要改良的面积仅占总面积的 5.96%,在临清市境内零星分布。灌溉保证水平都需提高的耕地面积为 906.71hm^2,仅占耕地总面积的 1.62%;土壤盐渍化需要治理的耕地面积为 2425.84hm^2,占耕地总面积的 4.34%(表 7-4)。

表 7-4 临清市耕地自然环境条件改良利用面积统计表

项　目	主要分布镇(办事处)	面积(hm^2)	占耕地总面积的(%)
灌溉保证条件改良区	金郝庄、烟店、唐园	906.71	1.62
盐渍化改良区	魏湾、先锋、康庄、戴湾	2425.84	4.34

2. 耕地自然环境条件改良利用措施

(1)灌溉保证条件改良利用措施。烟店镇、唐园镇灌溉保证条件改良利用区位于高亢地区，金郝庄镇灌溉保证条件改良利用区位于风沙土区域，地下水和客水引用都不利。因此，安排好水利规划，修好水渠，制止渗漏，加强管理；提高引灌水的利用率，健全灌溉工程，改善灌区输水、配水设备，加强灌溉作业管理；改进地面灌溉技术，采用滴灌、微灌、膜下灌溉等节水灌溉方法和灌溉技术；加强水利建设，修筑田埂，防止水土冲刷；人工富集天然降水，建造中小型蓄水池、塘等蓄水体系，将集纳雨水、拦截径流和蓄水有效结合起来，在作物需水的关键时期进行灌溉，解决作物的需求和降水错位的矛盾，以充分发挥水分的增产效果；改善土壤结构，增加土壤的蓄水能力，通过对土壤增施有机物料（如施用有机肥，秸秆还田等）和应用土壤改良剂，改良土壤结构，增强土壤结构的稳定性，提高土壤对降水的入渗速率和持水量。

(2)盐渍化改良利用措施。临清市耕地土壤盐渍化多数较轻，属次生盐渍化情况，在土壤盐渍化的改良利用中，主要采取科学用水、有机、无机、生物及栽培等综合防治技术措施。依据水盐运行规律，实行土壤隔层，抑制地表返盐碱。在土壤耕层以下底铺一层5cm(压实)厚的麦秸或其他易腐熟的作物秸秆，能起到隔离地下水上升导致地表返盐碱的作用。引黄灌溉，大水压碱。轻度盐渍化土壤多处在次生盐渍化土壤上，依据土壤盐碱有随水运动的规律。地下水的盐碱含量较高，地面水分蒸发量比较大，就具备了地表积累盐碱的条件。因此，要结合开挖排水沟降低地下水位，修筑地上渠利用河水灌溉，实行大水压碱来调控地下水。建立和健全旱能浇、涝能排的配套机制，主要做到旱能浇以调控地下水位，抑制地表返盐碱。实行地膜覆盖可防止土壤水分蒸发量。其次是要做到涝能排，逐步把土壤盐碱含量降低到最低限度。扩大肥源，增施有机肥与使用化学改良剂相结合。有机肥能增加土壤有机质，改善物理性状，提高土壤毛管水上升高度和加快透水速率。对培肥地力，改良土壤盐渍化具有显著效果。一般施用有机肥或秸秆肥20000kg/hm^2以上，同时结合施用化学改良剂——磷石膏15000～22500kg/hm^2，对于缺磷地块施用效果更好，能相应地补充土壤中的磷素营养，达到培肥地力的目的。平整土地有利于灌溉、排水，不会形成小片渍涝，有利于耕作管理，也有利于防盐渍。种植绿肥，绿肥在土壤中通过微生物分解过程产生有机酸，中和土壤酸碱度；同时，绿肥在生长过程中也能吸收大量盐分；田箐、紫花苜蓿等都是抗盐碱、吸收盐分的优良品种。充分利用土壤盐渍化的特性，发展种植抗盐碱作物和树木，既能增加收入，也能起到改良盐渍化作用。

(三)耕地土体整治改良利用面积和措施

根据耕地土地条件限制因素分区标准，耕层质地条件改良利用区用符号Pt标注，土体构型改良利用区用符号Pc标注。在GIS下检索生成耕地土体整治改良利用分区图(图7-3)。

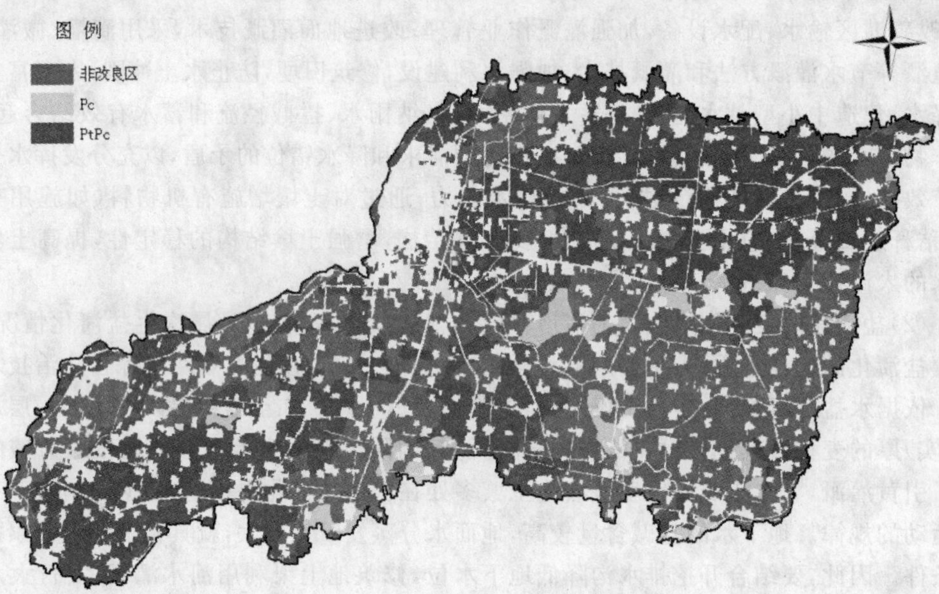

图 7-3 耕地土体整治改良利用图

1. 耕地土体整治改良利用面积统计

临清市耕地土体整治改良利用区各改良利用类型面积及其比例如表 7-5 所示。

表 7-5 临清市耕地土体整治改良利用分区面积统计表

改良利用分区	Pc	PtPc	非改良区
面积(hm^2)	2256.84	27635.96	26023.08
百分比(%)	4.04	49.42	46.54

由图 7-3 和表 7-5 可以看出,临清市耕地土体结构一般,主要是临清市地处黄河下游冲积平原,耕层以沙土或沙壤土为主。需要改良的也主要集中在沙质土壤或土壤中含有夹沙层的耕地。质地和土体构型均需要改良的耕地面积为 27635.96hm^2,占耕地总面积的 49.42%。土体构型需要改良的面积占总面积的 4.04%(表 7-6)。

表 7-6 临清市耕地土体整治改良利用面积统计表

项目	主要分布办事处、镇	面积(hm^2)	占耕地总面积的(%)
耕层质地和土体构型均需改良区	各办事处、镇	7635.96	49.42
土体构型改良区	魏湾、戴湾、康庄、尚店、八岔路	2259.0	4.04

2. 土体整治改良利用措施

临清市地处黄河下游冲积平原，耕层以沙土或沙壤土为主，土壤疏松，易耕作管理，适耕期长，通气好，渗水快，易发生干旱，土温上升快，昼夜变幅大，土壤保肥、保水能力差。改良偏沙的土壤表层质地及不良的土体结构，这将是临清市耕地土体整治改良的主要方向，主要采取秸秆还田、增施有机肥料、深耕等措施。

(1)平整土地，客土改沙。利用农闲季节，组织人员进行起高填洼，整平地面；有条件的可以在土壤中逐步掺入黏性客土，提高保肥、保水能力。

(2)排灌配套，完善水利设施。水是保证农业措施成功的关键。为合理用水，田间灌溉采取地表软管输水，实行窄畦、短畦灌水技术。水利工程的配套及经济用水，对改良土壤和促进作物生长将起到重要作用。

(3)改革耕作制度。在整平土地的基础上，采取深耕种植，每2～3年深耕一次，耕深要超过25cm，以不断加厚活土层，促进风沙土的熟化。

(4)培肥地力。临清市土壤整体养分含量低，增施有机肥、黏性土杂肥是改良土壤的有效措施，要大力发展畜牧业，可以就地取材，开展沤肥、堆肥等造肥活动，提倡秸秆还田；同时，要合理施用化肥，但应少量多次追施。

(5)植树造林。营造护林带，设置风障，以增加地面覆盖，调节田间小气候，这也是提高土壤肥力的一项根本措施。

(6)采取地膜覆盖。地膜覆盖能改善作物耕层水、肥、气、热和生物等诸因素的关系，为作物生长发育创造良好的生态环境。在蔬菜、西瓜、棉花等作物上采取地膜覆盖的方法：一是可以提高地温2℃～4℃，增加作物生长期的积温，促苗早发，延长作物生长时间。二是覆盖地膜减少土壤水分蒸发，并能促使耕层以下的水分向耕层转移，可增加耕层土壤水分1%～4%，地膜覆盖后作物全生长期可节约用水1500～2250m^3/hm^2。三是可促进土壤中的有机质分解转化，增加土壤养分，有利于根系发育。四是增加地面的反射光和散射光，改善作物群体光热条件，提高光合作用强度，为作物早熟、高产、优质创造条件。

第三节　耕地资源合理利用的对策

土地是农业最基本的生产资料，珍惜每寸土地，合理利用每寸土地是我国的基本国策。因此合理利用土地，特别是合理利用耕地已经成为临清市农业发展的一个重要问题。应用耕地地力评价这一成果，合理利用耕地资源，培肥土壤，改善生态环境，从用地、养地、充分发挥耕地优势的原则出发，提出耕地资源合理利用对策，发挥其增产潜力，为因地制宜合理安排农业布局，搞好农业结构调整提供依据(表7-7)。

表 7-7　　临清市耕地资源合理利用情况统计表

区名	亚区名称	主要分布镇办事处	合理利用对策	总面积(hm^2)	占耕地总面积(%)
河滩和缓坡地粮棉菜丰产区	河滩高地区	唐园、潘庄、青年、尚店、八岔路、新华、金郝庄中部、老赵庄	完善引黄工程，以井灌为主，增施有机肥，实行秸秆还田，发展粮棉菜	37522.83	67.11
	缓平坡地区	康庄、戴湾、魏湾、老赵庄南部、刘垓子东部	防止发生次生盐渍化，科学施肥，搞好排灌设施，建成高产粮棉区	10875.02	19.45
风沙地瓜果精品区		先锋、松林、唐园、潘庄南部、八岔路、金郝庄西部	平整土地，进行深耕，加大增施有机肥力度，实行地膜覆盖，发展无公害西瓜、花生和精品果木	1989.82	3.56
盐化地培肥改良利用区	中度盐化区	魏湾西北部	搞好排水系统建设，培肥地力，种植抗盐碱经济作物。	172.6	0.31
	轻度盐化区	魏湾中部和南部、先锋北部、烟店北部	加强排灌设施，增施有机肥，发展多种经济作物	2253.24	4.03
涝洼地综合利用区		烟店、唐园、新华、先锋陈公堤以西、马颊河沿岸地区	提高机耕作业率，发展绿肥，健全灌溉工程，适当种植粮食作物，农林牧副鱼并举	3102.37	5.54

一、河滩和缓坡地粮棉菜丰产区

该区耕地面积为 48397.85hm^2，占全市耕地面积的 86.56%，分布在全市的各个办事处、镇，是全市主要粮田、棉花和蔬菜生产区，土壤类型为脱潮土、潮土，本区又根据土壤理化性状差异和地形地貌不同划分为两个副区。

1. 河滩高地区。该区面积为 37522.83hm^2，主要分布在青年办事处、八岔路镇、尚店镇、新华办事处、大辛庄办事处、老赵庄镇、金郝庄镇中部。土壤主要有沙质脱潮土和壤质脱潮土，适耕期比较长，土壤耕性较好，在地力分级中属二、三、四级地，有部分一级地。土壤养分一般，有机质含量为 13.7g/kg，碱解氮含量为 64.1mg/kg，有效磷含量为 23.5mg/kg，速效钾含量为 113mg/kg。该区地形较高，没有涝的威胁，但水源条件较差，主要靠提地下水灌溉，这严重制约了生产的发展。土壤中氮、磷、钾基本上能满足作物生长发育的需要。但有机质不足，缺钾比较严重。因此，该区要达到粮棉高产稳产，必须开源节流，用好黄河水，搞好拦蓄自然降水，补充地下水，以井保丰，以河补源，要科学用水，节约用水，合理发展农田灌溉，搞小畦灌，“小白龙”灌，逐步推广发展喷灌、滴灌，提高水的利用率。增施肥料，提高土地生产力。该区土壤瘠薄，土壤养分比例失调，特别是土壤有机质含量较少，因此，必须增加土壤有机肥的投入。一方面，要增加秸秆还田面积，另一方面，要扩大有机肥源，发展畜牧业。在增加有机肥料的同时，还要增加化肥施用量，要推广配方施肥，以充分发挥化肥的作用，提高肥料的利用率和经济效益。

该区利用方向是发展粮、棉、菜。城区近郊新华办事处、大辛庄办事处、青年办事处以发展蔬菜，特别是反季节蔬菜为主，其他镇发展粮、棉兼种植蔬菜。

2. 缓平坡地区。该区耕地面积为 10875.02hm^2，土壤类型大部分为壤质潮土，保水与保肥性能好，养分含量较高，适宜粮食、棉花作物的生长，在精耕细作的条件下，容易获得高产，分布范围为康庄镇、魏湾镇、戴湾镇、老赵庄镇的南部和刘垓子镇的东部等区域。该区引黄条件比较好，灌溉保证率高。土壤理化性状较好，盐化威胁较轻。耕层养分含量有机质含量为14.8g/kg，碱解氮含量为75.3mg/kg，有效磷含量为24.4mg/kg，速效钾含量为121mg/kg。在地力分级中大部分属二、三、四级地。该区有部分地块排水不良，易涝渍，部分农民施氮肥偏多。因此，应进一步搞好农田基本建设。实行农田、沟渠、路林全面规划，做到长短结合，既改变生态环境，又能增加收入。合理利用地上水和地下水，井渠结合，灌排配套，平整土地，防止发生次生盐渍化。进一步扩大灌溉面积，确保旱涝保丰收，建成高产、稳产的粮棉生产基地。科学施肥，培肥地力，防止农作物贪青晚熟。加强施肥技术指导，开展配方施肥，根据土壤类型、缺素情况，拟定最佳施肥方案，充分发挥肥料的增产效益，降低生产成本，达到增产、增收，培养地力。

该区利用方向重点是发展粮棉，特别是向优质专用粮棉方向发展。

二、风沙地瓜果精品区

该区面积为 1989.82hm^2，占全市耕地面积的 3.56%，主要包括唐园镇营子村、瑶坡村，潘庄镇潘彭店村，八岔路镇辛集村，先锋办事处范儿庄村、宋庄村、孟店村、上堤村、下堤村等，松林镇张庄村、由集村、刘斗村以及金郝庄镇西部村庄等。主要地貌类型为沙质河槽地，耕层养分含量有机质含量为10.3g/kg，碱解氮含量为52.2mg/kg，有效磷含量为20.7mg/kg，速效钾含量为96mg/kg。在地力分级中大部分属五、六级地。主要特点是沙、旱、瘦，水利条件差，土壤瘠薄，粮食作物产量低。但是，由于沙土通气透水性好，春季增温快，日夜温差大，为喜气、喜温作物创造了条件。因此，沙土地适于花生、西瓜、甘薯和果树的生长。该区大力发展林业，治理风沙。要建设林网、林带和片林相结合的农田防护林体系，固定风沙，改良土壤。平整土地，培肥地力。在有林带的地块，平整地伏不平的沙丘。大力发展绿肥，培肥地力，提高保肥能力。要把养羊作为畜牧业的重点，适当养牛、养鸡、养猪，增加有机质，改良土壤，提高经济效益。风沙土区缺水，必须使有限的水源发挥最大的效益。因此，要科学用水，节约用水，提高水的利用率，发展滴灌。滴灌虽然一次性投资较大，但从节约用水、长远效益考虑，还是值得推广与应用。

该区利用方向重点是发展以苹果、梨和山楂为主的无公害果品，以西瓜为主的精品瓜类，适当种植花生、甘薯等作物。

三、盐化地培肥改良利用区

该区耕地面积为425.84hm^2，占全市耕地面积的4.34%。主要分布在洼坡地。主要土壤类型为盐化潮土。根据盐化程度又分中度盐化地培肥改良利用区、轻度盐化地培肥改良利用区。

1. 中度盐化地培肥改良利用区。该区耕地面积为172.6hm^2，主要分布在魏湾镇西北部，是原来的重度盐化土。在地力分级中属五、六级地。土壤养分有机质含量为11.2g/kg，碱解氮含量为62.3mg/kg，有效磷含量为21.4mg/kg，速效钾含量为107mg/kg。该区地形低洼，排水困难，易涝渍。必须继续加强改盐措施，首先挖沟通渠，确保雨季排水畅通，防止渍涝，并使潜水埋深低于临界水位。其次，巧用黄水压碱洗盐，掌握春播前期灌大水，使耕层盐分大量下降，起到洗盐作用，灌后及时播种，使作物小苗期避开盐碱危害，可保全苗。增施有机肥培肥土壤，凡盐碱地一般有机质含量低，理化性状差，施有机肥，能改良土壤结构，使土壤通气性和透水性增强，较大的孔隙增多，可以减少毛管水的上升与蒸发，减少土壤表层盐分的积累。播种时开沟躲盐巧种，并采取地膜覆盖等措施，对防碱保苗等都能起重要作用。植树造林，盐碱地造林要选择耐盐能力强的树种。种植绿肥，能起生物排碱的作用，选择田菁、紫花苜蓿等绿肥牧草均可。

该区利用方向重点是发展耐盐碱作物棉花或发展草粮间作、草树间作，发展畜牧业。

2. 轻度盐化地培肥改良利用区。该区耕地面积为2253.24hm^2，主要分布在魏湾镇中部和南部、烟店镇北部和先锋北部，是原来的盐土地。在地力分级中属五级地。土壤养分有机质含量为11.7g/kg，碱解氮含量为62.8mg/kg，有效磷含量为22.4mg/kg，速效钾含量为108mg/kg。盐害危害较轻，现为粮田。但仍需严防盐渍危害加重，具体措施同上。

该区利用方向重点是发展粮食或耐盐碱作物，如棉花或经济林。

四、涝洼地综合利用区

该区耕地面积为3102.37hm^2，占全市耕地面积的5.54%，主要分布在烟店镇、唐园镇、新华办事处、先锋办事处陈公堤以西和马颊河沿岸，以及康庄镇、戴湾镇和魏湾镇的交界处。该区地势低洼易涝，土壤以中壤为主，水资源较为丰富，沿黄由于侧渗，雨季积水，黄河汛期潜水上升到地表。在地力分级中属五、六级地。土壤养分有机质含量为11.2g/kg，碱解氮含量为62.7mg/kg，有效磷含量为21.2mg/kg，速效钾含量为100mg/kg。土壤类型以中壤为主，质地偏黏，保水、保肥较强，耕性较差，物理性状不良，水、气、热不协调。引黄条件好，浅层淡水丰富，保证率较高，水量大，水质好，但由于田间工程配套差，加之忽视机井建设，因此对水资源的利用率较低。该区要搞好田间水利工程配套，确保旱能浇、涝能排，提高水的利用率。搞好秸秆还田，增施有机肥，合理施用化肥，适当增加磷肥比例，培肥地力，改良土壤结构。提高机耕作业率，逐步加深耕作层，改良土壤理化性状，涵养水分，并做到多中耕，破除板结。

该区利用方向重点是注重多物种、多层次、多种产业的有机结合，农、林、牧、副、渔并举，建立生态型可持续发展系统，达到经济、生态和社会效益的高度统一。大力发展灌木林，组织条编副业生产，提高经济效益，增加收入。

第八章　耕地资源管理信息系统建设

第一节　概　述

一、目的意义

临清市耕地资源信息系统数据库建设工作，是农业部沃土工程、科学施用化肥即测土配方施肥工作的重要组成部分，也是国家实现农业科学种田，促进粮食稳定生产，实现农业科学施肥经常化、普及化的重要工作，还是实现农业耕地地力评价成果资料统一化、标准化的重要计划，更是实现综合农业信息资料共享的技术手段。临清市耕地资源信息系统数据库建设工作是对最新的土地利用现状调查成果，第二次土壤普查的土壤、地貌等成果，本次耕地地力评价工作采集的土壤化学分析等成果进行汇总，建立一个集空间数据库和属性数据库的存储、管理、查询、分析、显示为一体的数据库，为科学种田及施肥、农业的可持续发展、深化农业科学管理工作服务。

二、建库单位组成

为加快临清市耕地资源信息系统数据库建设工作，依据农业部县域耕地资源信息系统数据库建设工作要求，由多年来一直从事农业测土施肥研究、耕地地力评价、数据库建设工作有一定经验的单位组成联合工作组。

山东省土壤肥料总站：负责评价及建库工作组织、协调、标准制定、土壤图、成果资料的归属核查处理等。

山东农业大学资源与环境学院：负责耕地地力评价图、土壤化学微量元素系列图及研究报告编制等。

山东天地亚太国土遥感有限公司：负责土地、土壤、矿化度、地貌、灌溉分区等图件扫描矢量化及几何校正处理等编图工作，耕地地力评价所有建库资料统一化、标准化处理，空间数据库和属性数据库建设，耕地地力评价成果图件修改编辑及图件输出、数据库建设报告编制等工作。

三、建库工作的软硬件环境

1. 主要硬件：P43.0 计算机 10 台，HP5000 和 HP3500 绘图仪各 1 台。

2. 软件：MAPGIS 6.7 软件 10 套，ARCGIS 9.2 软件 2 套，县域耕地资源信息系统软件 2 套，ENVI 4.6 遥感图像处理与分析软件 1 套。

第二节　建库内容及建库工作中主要问题的处理

一、建库内容

依据农业部耕地地力评价工作数据库建设的要求，临清市耕地资源信息系统数据库建设工作包括空间数据库和属性数据库二部分内容。属性数据库严格按照县域耕地资源信息系统数据字典及建库县提供的有关数据编制。空间数据库包括土地利用现状图、土壤图、矿化度含量分布图、灌溉分区图、地貌图、耕地地力调查点点位图、耕地地力评价等级图、土壤化学微量元素系列图等。

二、建库工作中的主要问题

临清市耕地资源信息系统数据库建设工作由于涉及的内容多，加之部分资料为第二次土壤普查的资料，与县域耕地资源信息系统数据字典的要求对比存在的问题。

1. 第二次土壤普查的成果均为纸介质图，因图纸折叠和自然伸缩的影响，图件变形大，形成较大的误差。

2. 土地利用现状图为 2006 年以前的现状，近几年来，交通用地和蔬菜地等出现变化。

3. 临清市土壤图中的土种名称和编码与山东省土种归属要求、全国土种标准名称与编码等不一致。

4. 临清市的地貌图为微地貌图，与县域耕地资源信息系统数据字典中地貌划分的名称不能一一对应。

5. 同一个县已有资料坐标系不统一问题，如第二次土壤普查图件为 1954 年北京坐标系，土地利用现状图或行政区划图为 1980 年西安坐标系等。

三、建库工作中有关问题的处理

1. 依据 1∶50000 标准分幅地形图，对所有建库的纸介质成果图全部进行几何校正处理，以消除纸介质成果图的误差。

2. 依据较新的航天卫星资料对近年来变化的公路、铁路等进行了修改补充。

3. 为使临清市土种的名称及代码与省标和国标相对应，在耕地资源信息系统数据库建设前，首先对土壤图中所有图斑内容进行了检查统计，对错漏问题交项目县修改及编制土种归属表，最后由省土肥站进行土种归属复查处理。在此基础上编制了国标、省标、县土壤名称及代码对比表。为方便县域土壤图的利用和对比，建库后的图中仍保留了原县域土壤图的土种代码，属性挂接为国标代码。

4. 由于县域耕地资源信息系统数据字典中的划分的地貌名称少，其地貌名称不能一一对应，在建库时尽量选择与数据字典中相近的地貌名称进行编码，为方便地貌图的利用和对比，在地貌图中保留了原地貌图的名称和代码，图例中增加了建库数据字典中规定的地貌名称、代码与县原地貌名称、代码的对比表，属性挂接为数据字典中规定的地貌名称和代码。

5. 对同一个县已有资料坐标系不统一的问题，依据数据库建设要求，所有成果全部统一到高斯—克吕格投影、6 度分带、1954 年北京坐标系中。

第三节 数据库标准化

一、标准引用

县域耕地资源信息系统数据字典中规定的国标及行业有关技术标准包括：

1. GB2260-2002 《中华人民共和国行政区划代码》
2. NY/T309-1996 《全国耕地类型区、耕地地力等级划分标准》
3. NY/T310-1996 《全国中低产田类型划分与改良技术规范》
4. GB/T 17296-2000 《中国土壤分类与代码》
5. 全国农业区划委员会 《土地利用现状调查技术规程》
6. 国土资源部 《土地利用现状变更调查技术规程》
7. GB/T 13989-1992 《国家基本比例尺地形图分幅与编号》
8. GB/T 13923-1992 《国土基础信息数据分类与代码》
9. GB/T 17798-1999 《地球空间数据交换格式》
10. GB 3100-1993 《国际单位制及其应用》
11. GB/T 16831-1997 《地理点位置的纬度、经度和高程表示方法》
12. GB/T 10113-2003 《分类编码通用术语》
13. GB/T 10114-2003 《县以下行政区划代码编制规则》
14. GB/T 9648-1988 《中国际单位制代码》
15. 农业部 《全国耕地地力调查与评价技术规程》
16. 农业部 《测土配方施肥技术规范(试行)》
17. 农业部 《测土配方施肥专家咨询系统编制规范(试行)》
18. 山东省县域土种归属标准。
19. 山东省县域耕地地力评价标准等。

二、空间坐标系及建库平台

1. 空间数据坐标系。投影：高斯—克吕格，6 度分带。1954 年北京坐标系，1956 年黄海高程系。比例尺：1∶50000。

2. 数据库采集模板和数据库文件格式。为使所有建库资料达到统一化和标准化，以及满足所有成果图件的输出和耕地资源地力评价工作的需要，对建库资料的扫描矢量化和几何校正处理工作均采用 MAPGIS 平台，数据库的文件格式为 MAPGIS 的点、线、面文件。待数据库成果评审验收和修改后，将 MAPGIS 的点、线、面格式转换为 SHAPE 格式，由 ARCGIS 平台进行数据库规范化处理，最后将数据库资料导入县域耕地资源信息管理系统。

第四节 数据库结构

一、空间数据库图层划分

空间数据库图层划分是严格按照县域耕地资源信息系统数据字典要求分层的，每层只反映属性相同的内容。临清市耕地资源信息系统数据库建设包括土地利用现状图、第二次土壤普查成果和耕地地力评价等三部分内容，其全省空间数据库图层划分情况如表8-1所示。

表 8-1 耕地资源信息系统空间数据库分层表

序号	图层代码	图层名称	序号	图层代码	图层名称
1	AD101	行政区划图	18	SP103	耕层土壤有效磷等值线图
2	AD102	县乡村位置图	19	SP104	耕层土壤速效钾等值线图
3	AD103	行政界线图	20	SP105	耕层土壤缓效钾等值线图
4	AD201	辖区边界图	21	SP106	耕层土壤有效锌等值线图
5	AD202	装饰边界图	22	SP108	耕层土壤有效钼等值线图
6	GE103	面状水系图	23	SP109	耕层土壤有效铜等值线图
7	GE104	线状水系图	24	SP110	耕层土壤有效硅等值线图
8	GE105	道路图	25	SP111	耕层土壤有效锰等值线图
9	GE201	坡度图	26	SP112	耕层土壤有效铁等值线图
10	GE203	地貌类型分区图	27	SP201	耕层土壤 pH 等值线图
11	LM102	灌溉分区图	28	SP113	耕层土壤交换性钙等值线图
12	LU101	土地利用现状图	29	SP114	耕层土壤交换性镁等值线图
13	SB101	土壤图	30		耕层土壤有效硫等值线图
14	SB203	地下水矿化度等值线图	31		耕层土壤水解性氮等值线图
15	SB302	耕地地力调查点点位图	32		耕地地力评价等级图
16	SP101	耕层土壤有机质等值线图	33		耕层土壤有效硼等值线图
17	SP102	耕层土壤全氮等值线图			

注：本表为山东省统一的分层情况，临清市为部分图件。

二、属性数据库结构

属性数据结构内容严格按县域耕地资源管理信息系统数据字典及建库县提供的资料编制。属性数据库结构如表8-2所示。

表 8-2　　耕地资源信息系统属性数据库结构表

图　名	属性数据结构	字段类型
行政区划图	内部标识码:系统内部 ID 号	长整型,9
	实体类型:point,polyline,polygon	文本型,8
	实体面积:系统内部自带	双精度,19,2
	实体长度:系统内部自带	长整型,10
	县内行政码:根据国家统计局“统计上使用的县以下行政区划代码编制规则”编制	长整型,6
县乡村位置图	内部标识码:系统内部 ID 号	长整型,9
	实体类型:point,polyline,polygon	文本型,8
	X 坐标:无,Y 坐标:无	双精度,19,2
	县内行政码:根据国家统计局“统计上使用的县以下行政区划代码编制规则”编制	长整型,6
	标注类型:村标注,乡标注,县标注	字符串,6
行政界线图	内部标识码:系统内部 ID 号	长整型,9
	实体类型:point,polyline,polygon	文本型,8
	实体长度:系统内部自带	长整型,10
	界线类型:根据国家基础信息标准(GB13923-92)填写	文本型,40
辖区边界图	内部标识码:系统内部 ID 号	长整型,9
	实体类型:point,polyline,polygon	文本型,8
	实体面积:系统内部自带	双精度,19,2
	实体长度:系统内部自带	长整型,10
	要素代码:依据《国家基础地理信息数据分类与代码》编制要素代码	长整型,5
	要素名称:依据《国家基础地理信息数据分类与代码》编制要素名称	文本型,40
	行政单位名称:单位的实际名称填写	文本型,20
装饰边界图	内部标识码:系统内部 ID 号	长整型,9
面状水系图	内部标识码:系统内部 ID 号	长整型,9
	实体类型:point,polyline,polygon	文本型,8
	实体面积:系统内部自带	双精度,19,2
	实体长度:系统内部自带	长整型,10
	要素代码:依据《国家基础地理信息数据分类与代码》编制要素代码	长整型,5
	要素名称:依据《国家基础地理信息数据分类与代码》编制要素名称	文本型,40
	面状水系码:自定义编码	字符串,5
	面状水系名称:依据 2006 年 10 月版山东省地图册编制	字符串,20
	湖泊贮水量:依据 1∶50000 地形图	字符串,8
线状水系图	内部标识码:系统内部 ID 号	长整型,9
	实体类型:point,polyline,polygon	文本型,8
	实体长度:系统内部自带	长整型,10
	要素代码:依据《国家基础地理信息数据分类与代码》编制要素代码	长整型,5
	要素名称:依据《国家基础地理信息数据分类与代码》编制要素名称	文本型,40
	线状水系码:自定义编码	长整型,4
	线状水系名称:依据 2006 年 10 月版山东省地图册编制	文本型,20
	河流流量:无	长整型,6

续表

图　名	属性数据结构	字段类型
道路图	内部标识码:系统内部 ID 号	长整型,9
	实体类型:point,polyline,polygon	文本型,8
	实体长度:系统内部自带	长整型,10
	要素代码:依据《国家基础地理信息数据分类与代码》编制要素代码	长整型,5
	要素名称:依据《国家基础地理信息数据分类与代码》编制要素名称	文本型,40
	公路代码:根据国家标准 GB917.1-89《公路路线命名编号和编码规则命名和编号规则》编制	文本型,11
	公路名称:根据国家标准 GB917.1-89《公路路线命名编号和编码规则命名和编号规则》编制	文本型 20
地貌类型分区图	内部标识码:系统内部 ID 号	长整型,9
	实体类型:point,polyline,polygon	文本型,8
	实体面积:系统内部自带	双精度,19,2
	实体长度:系统内部自带	长整型,10
	地貌类型:数据引用自"中国科学院生物多样性委员会 地貌类型代码库"(四类码)	文本型,18
灌溉分区图	内部标识码:系统内部 ID 号	长整型,9
	实体类型:point,polyline,polygon	文本型,8
	实体面积:系统内部自带	双精度,19,2
	实体长度:系统内部自带	长整型,10
	灌溉水源:县局提供数据	文本型,10
	灌溉水质:无	文本型,4
	灌溉方法:县局提供数据	文本型,18
	年灌溉次数:县局提供数据	文本型,2
	灌溉条件:无	文本型,4
	灌溉保证率:无	长整型,3
	灌溉模数:无	双精度,5,2
	抗旱能力:无	长整型,3
土地利用现状图	内部标识码:系统内部 ID 号	长整型,9
	实体类型:point,polyline,polygon	文本型,8
	实体面积:系统内部自带	双精度,19,2
	实体长度:系统内部自带	长整型,10
	地类号:国土资源部发布的《全国土地分类》三级类编码	长整型,3
	平差面积:无	双精度,7,2
土壤图	内部标识码:系统内部 ID 号	长整型,9
	实体类型:point,polyline,polygon	文本型,8
	实体面积:系统内部自带	双精度,19,2
	实体长度:系统内部自带	长整型,10
	土壤国标码:土壤类型国标分类系统编码	长整型,8

续表

图　名	属性数据结构	字段类型
地下水矿化度等值线图	内部标识码:系统内部 ID 号	长整型,9
	实体类型:point,polyline,polygon	文本型,8
	实体长度:系统内部自带	长整型,10
	地下水矿化度:依据县级矿化度图实际数据填写	双精度,5,1
耕地地力调查点点位图	内部标识码:系统内部 ID 号	长整型,9
	实体类型:point,polyline,polygon	文本型,8
	X 坐标:北京 54 坐标系	双精度,19,2
	Y 坐标:北京 54 坐标系	双精度,19,2
	点县内编号 AP310102:自定义编号	长整型,8
行政区基本情况数据表	县内行政码 SH110102:根据国家统计局“统计上使用的县以下行政	长整型,6
	区划代码编制规则”编制	字符串,6
	省名称:山东省	字符串,8
	县名称:××市,××区,××县	字符串,18
	乡名称:××乡,××镇,××街道	字符串,18
	村名称:××村,××委员会	字符串 20
	行政单位名称:××市,××区,××县,××乡,××镇,××街道,××村,××委员会	字符串 7
	总人口:无	字符串 7
	农业人口:无	字符串 7
	非农业人口:无	双精度,11,2
	国民生产总值 GNP:无	字符串,20
县级行政区划代码表	行政单位名称:××市,××区,××县,××乡××镇××街道××村××委员会	长整型,6
	县内行政码 SH110102:根据国家统计局“统计上使用的县以下行政区划代码编制规则”编制	长整型 9
土地利用现状地块数据表	内部标识码:系统内部 ID 号	长整型 9
	地类号:国土资源部发布的《全国土地分类》三级类编码	字符串,3
	地类名称:国土资源部发布的《全国土地分类》三级类名称	字符串,20
	计算面积:无	双精度,7,2
	地类面积:无	双精度,7,2
	平差面积:无	双精度,7,2
	报告日期:无	日期型,10
土壤类型代码表	土壤国标码:土壤类型国标分类系统编码	字符串,8
	土壤国标名:土壤类型国标分类系统名称	字符串,20
耕地地力调查点基本情况及化验结果数据表	灌溉水源:县提供数据	字符串,10
	灌溉方法:县提供数据	字符串,18
	调查点国内统一编号:自定义编号	字符串,14
	调查点县内编号:自定义编号	字符串,8
	调查点自定义编号 AP310103:自定义编号	字符串,40
	调查点类型:耕地地力调查点	字符串,20
	户主联系电话:区号-本地电话号码	字符串,13
	调查人联系电话:区号-本地电话号码	字符串,13

续表

图　名	属性数据结构	字段类型
耕地地力调查点基本情况及化验结果数据表	调查人姓名：××××	字符串，8
	调查日期：采集当天日期	日期型，10
	≥0℃积温：无	字符串，5
	≥10℃积温：无	字符串，5
	年降水量：县提供数据	字符串，4
	全年日照时数：无	字符串，4
	光能辐射总量：无	字符串，4
	无霜期：县提供数据	字符串，3
	干燥度 CW210107：无	双精度，4，2
	东经：县提供数据	双精度，9，5
	北纬：县提供数据	双精度，8，5
	坡度：地形坡度海拔：海拔高度	双精度，6，1
	坡向：缺少数据	双精度，4，1
	地形部位：数据引用自 NY/T309-1996《全国耕地类型区、耕地地力等级划分》和 NY/T310-1996《全国中低产田类型划分与改良技术规范》	字符串，4
	田面坡度：依据田面实际坡度	字符串，50
	灌溉保证率：无	双精度，4，1
	排涝能力：无	字符串，3
	梯田类型：无	字符串，2
	梯田熟化年限：无	字符串，10
	保护块面积：无	字符串，3
	土壤侵蚀类型：无	双精度，7，2
	土壤侵蚀程度：无明显侵蚀，轻度侵蚀	字符串，8
	污染源企业名称：无	字符串，20
	污染源企业地址：无	字符串，50
	液体污染物排放量：无	字符串，50
	粉尘污染物排放量：无	双精度，6，1
	污染面积 LE220105：无	双精度，6，1
	污染物类型：无	双精度，9，2
	污染范围：无	字符串，20
	污染造成的损害：无	字符串，40
	距污染源距离：无	字符串，30
	污染物形态：无	字符串，5
	污染造成的经济损失：无	字符串，4
	省名称：山东省	字符串，9
	县名称：××市，××区，××县	字符串，8
	乡名称：××乡，××镇，××街道	字符串，18
	村名称：××村，××委员会	字符串，18
	户主姓名	字符串，8
	土壤类型代码（国标）：根据县提供数据填写	字符串，8
	土类名称（县级）：县提供数据	字符串，20

续表

图　名	属性数据结构	字段类型
耕地地力调查点基本情况及化验结果数据表	亚类名称(县级):县提供数据	字符串,20
	土属名称(县级):县提供数据	字符串,20
	土种名称(县级):县提供数据	字符串,20
	剖面构型:土层符号代码表、土层后缀符号代码表、剖面构型数据编	字符串,10
	码表是根据《中国土种志》整理	字符串,8
	质地构型:无	字符串,2
	耕层厚度:县提供数据	字符串,10
	障碍层类型:无	字符串,3
	障碍层出现位置:无	字符串,3
	障碍层厚度:无	字符串,30
	成土母质:数据引用于《土壤调查与制图》(第二版),农业出版社	字符串,6
	质地:中壤土,重壤土,砂壤土	双精度,4,2
	容重:县提供数据	字符串,2
	田间持水量:县提供数据	双精度,4,1
	pH:依据土壤化学分析 pH 耕地地力等级评价成果填写	双精度,4,1
	CEC:依据土壤化学分析 CEC 值耕地地力等级评价成果填写	双精度,5,1
	有机质:依据土壤化学分析有机质值耕地地力等级评价成果填写	双精度,6,3
	全氮:依据土壤化学分析全氮值耕地地力等级评价成果填写	字符串,5
	全磷:依据土壤化学分析全磷值耕地地力等级评价成果填写	双精度,5,1
	有效磷:依据土壤化学分析有效磷值耕地地力等级评价成果填写	字符串,4
	缓效钾:依据土壤化学分析缓效钾值耕地地力等级评价成果填写	字符串,3
	速效钾:依据土壤化学分析速效钾值耕地地力等级评价成果填写	双精度,5,2
	有效锌:依据土壤化学分析有效锌值耕地地力等级评价成果填写	双精度,4,2
	水溶态硼:依据土壤化学分析水溶态硼值耕地地力等级评价成果填写	双精度,6,2
	有效硅:依据土壤化学分析有效硅值耕地地力等级评价成果填写	双精度,4,2
	有效钼:依据土壤化学分析有效钼值耕地地力等级评价成果填写	双精度,5,2
	有效铜:依据土壤化学分析有效铜值耕地地力等级评价成果填写	双精度,5,1
	有效锰:依据土壤化学分析有效锰值耕地地力等级评价成果填写	双精度,6,1
	有效铁:依据土壤化学分析有效铁值耕地地力等级评价成果填写	双精度,6,1
	交换性钙:依据土壤化学分析交换性钙值耕地地力等级评价成果填写	双精度,5,1
	交换性镁:依据土壤化学分析交换性镁值耕地地力等级评价成果填写	双精度,5,1
	有效硫:依据土壤化学分析有效硫值耕地地力等级评价成果填写	双精度,5,1
	盐化类型:无	字符串,20
	1m 土层含盐量:无	双精度,5,1
	耕层土壤含盐量:无	双精度,5,1
	水解性氮:依据土壤化学分析水解性氮值耕地地力等级评价成果填写	双精度,5,3
	旱季地下水位:无	字符串,3
	采样深度:县提供数据	字符串,7

续表

图　名	属性数据结构	字段类型
耕层土壤有机质等值线图	内部标识码:系统内部 ID 号	长整型,9
	实体类型:point,polyline,polygon	文本型,10
	实体长度:系统内部自带	长整型,10
	有机质:依据土壤化学分析有机质值耕地地力等级评价成果填写	双精度,5,1
耕层土壤全氮等值线图	内部标识码:系统内部 ID 号	长整型,9
	实体类型:point,polyline,polygon	文本型,10
	实体长度:系统内部自带	长整型,10
	全氮:依据土壤化学分析全氮值耕地地力等级评价成果填写	双精度,4,2
耕层土壤有效磷等值线图	内部标识码:系统内部 ID 号	长整型,9
	实体类型:point,polyline,polygon	文本型,10
	实体长度:系统内部自带	长整型,10
	有效磷:依据土壤化学分析有效磷值耕地地力等级评价成果填写	双精度,5,1
耕层土壤速效钾等值线图	内部标识码:系统内部 ID 号	长整型,9
	实体类型:point,polyline,polygon	文本型,10
	实体长度:系统内部自带	长整型,10
	速效钾:依据土壤化学分析速效钾值耕地地力等级评价成果填写	长整型,3
耕层土壤缓效钾等值线图	内部标识码:系统内部 ID 号	长整型,9
	实体类型:point,polyline,polygon	文本型,10
	实体长度:系统内部自带	长整型,10
	缓效钾:依据土壤化学分析缓效钾值耕地地力等级评价成果填写	长整型,4
耕层土壤有效锌等值线图	内部标识码:系统内部 ID 号	长整型,9
	实体类型:point,polyline,polygon	文本型,10
	实体长度:系统内部自带	长整型,10
	有效锌:依据土壤化学分析有效锌值耕地地力等级评价成果填写	双精度,5,2
耕层土壤有效钼等值线图	内部标识码:系统内部 ID 号	长整型,9
	实体类型:point,polyline,polygon	文本型,10
	实体长度:系统内部自带	长整型,10
	有效钼:依据土壤化学分析有效钼值耕地地力等级评价成果填写	双精度,4,2
耕层土壤有效铜等值线图	内部标识码:系统内部 ID 号	长整型,9
	实体类型:point,polyline,polygon	文本型,10
	实体长度:系统内部自带	长整型,10
	有效铜:依据土壤化学分析有效铜值耕地地力等级评价成果填写	双精度,5,2
耕层土壤有效硅等值线图	内部标识码:系统内部 ID 号	长整型,9
	实体类型:point,polyline,polygon	文本型,10
	实体长度:系统内部自带	长整型,10
	有效硅:依据土壤化学分析有效硅值耕地地力等级评价成果填写	双精度,6,2
耕层土壤有效锰等值线图	内部标识码:系统内部 ID 号	长整型,9
	实体类型:point,polyline,polygon	文本型,10
	实体长度:系统内部自带	长整型,10
	有效锰:依据土壤化学分析有效锰值耕地地力等级评价成果填写	双精度,5,1

续表

图　名	属性数据结构	字段类型
耕层土壤有效铁等值线图	内部标识码:系统内部 ID 号	长整型,9
	实体类型:point,polyline,polygon	文本型,10
	实体长度:系统内部自带	长整型,10
	有效铁:依据土壤化学分析有效铁值耕地地力等级评价成果填写	双精度,5,1
耕层土壤pH 等值线图	内部标识码:系统内部 ID 号	长整型,9
	实体类型:point,polyline,polygon	文本型,10
	实体长度:系统内部自带	长整型,10
	pH:依据土壤化学分析 pH 耕地地力等级评价成果填写	双精度,4,1
耕层土壤交换性钙等值线图	内部标识码:系统内部 ID 号	长整型,9
	实体类型:point,polyline,polygon	文本型,10
	实体长度:系统内部自带	长整型,10
	交换性钙:依据土壤化学分析交换性钙值耕地地力等级评价成果填写	双精度,6,1
耕层土壤交换性镁等值线图	内部标识码:系统内部 ID 号	长整型,9
	实体类型:point,polyline,polygon	文本型,10
	实体长度:系统内部自带	长整型,10
	交换性镁:依据土壤化学分析交换性镁值耕地地力等级评价成果填写	双精度,5,1
耕层土壤有效硫等值线图	内部标识码:系统内部 ID 号	长整型,9
	实体类型:point,polyline,polygon	文本型,10
	实体长度:系统内部自带	长整型,10
	有效硫:依据土壤化学分析有效硫值耕地地力等级评价成果填写	双精度,5,1
耕层土壤水解性氮等值线图	内部标识码:系统内部 ID 号	长整型,9
	实体类型:point,polyline,polygon	文本型,10
	实体长度:系统内部自带 P	长整型,10
	水解性氮:依据土壤化学分析水解性氮值耕地地力等级评价成果填写	双精度,5,3
耕地地力评价等级图	内部标识码:系统内部 ID 号	长整型,9
	实体类型:point,polyline,polygon	文本型,10
	实体面积:系统内部自带	双精度,19,2
	等级(县内):“120”	文本型,2
耕层土壤有效硼等值线图	内部标识码:系统内部 ID 号	长整型,9
	实体类型:point,polyline,polygon	文本型,10
	实体长度:系统内部自带	长整型,10
	有效硼:依据土壤化学分析有效硼值耕地地力等级评价成果填写	双精度,4,2
土壤全盐含量分布图	内部标识码:系统内部 ID 号	长整型,9
	实体类型:point,polyline,polygon	文本型,10
	实体长度:系统内部自带	长整型,10
	全盐:依据土壤化学分析全盐值耕地地力等级评价成果填写	双精度,4,1

续表

图　名	属性数据结构	字段类型
耕层土壤有效镁等值线图	内部标识码:系统内部 ID 号	长整型,9
	实体类型:point,polyline,polygon	文本型,10
	实体长度:系统内部自带	长整型,10
	有效镁:依据土壤化学分析有效镁值耕地地力等级评价成果填写	长整型,2
耕层土壤有效钙等值线图	内部标识码:系统内部 ID 号	长整型,9
	实体类型:point,polyline,polygon	文本型,10
	实体长度:系统内部自带	长整型,10
	有效钙:依据土壤化学分析有效钙值耕地地力等级评价成果填写	长整型,2

第五节　建库工作方法

一、数据库质量控制

数据库质量涉及到三个方面的工作:一要满足耕地地力评价工作的需要。二要满足耕地资源信息系统数据库建设的需要。三要满足建库所有成果图件输出的需要。为满足以上三个方面的要求,在数据库建设工作开展前,首先在有关国标、部标和行业标准的基础上,制定了统一的工作平台、工作方法和流程,成果图件图名、图例和色彩编制要求,成果质量检查工作方法,然后把经建库单位初步检查后耕地地力评价基础性图件交项目县进行全面检查和修改补充错漏内容,返回建库单未对所有成果图件安排专人进行全面检查和修改,从而保证了数据库的成果质量。

二、建库工作有关规定

为保证建库工作按时及保质完成,成立了建库项目组。

1. 建库项目组。设立技术负责一人,全面负责建库工作有关规程的学习、日常建库工作安排、工作进度、质量检查、建库数据库资料汇总、MAPGIS 格式建库成果经 ARCGIS 规范化处理、导入县域耕地资源信息系统等工作。

2. 质量检查组。安排具有工作经验的人员成立检查组,负责所有建库资料的质量检查及修改工作。

3. 制定了建库工作标准。在建库工作前,首先对建库图形子图的大小、线的粗细及线型、面的色彩搭配、图件分层、工作方法和流程下发到每一个建库工作人员手中,统一了建库图形扫描矢量化的技术要求。

4. 最终成果检查。所有成果图待评审验收后,依据专家意见,由建库组和耕地地力评价组依据专家和甲方意见进行成果图和数据库修改补充,最后输出成果图件和导入县域耕地资源信息系统。

三、建库资料精度及建库工作流程

1. 建库资料精度。为保证建库资料的数学精度，首先形成大于临清市范围的1∶50000标准图幅理论图框，拼接形成县域的1∶50000理论图框，以1∶50000标准分幅地形图为基础，在地形图和县域土地利用现状图上选择同名地物点（主要为农村道路交叉点等）为几何校正点，为保证县域图件的精度，临清市不少于30个几何校正点，每一个几何校正点选择地形图附近的四个公里网交叉点，将其校正到县域的理论图框上，形成满足1∶50000精度要求的县域地理底图。以该图为基础，将所有建库成果图件校正到县域地理底图上。

2. 建库工作流程。第一步，按照建库工作的基本要求对土地利用现状、土壤、矿化度、灌溉分区、地貌、采样点位等图件进行扫描矢量化和几何校正处理、建库组错漏自查和交甲方进行错漏检查、返回建库组修改及编辑，拓扑检查，属性挂接处理等。第二步，将以上成果交耕地地力评价组进行耕地地力评价工作。第三步，耕地地力评价组将其评价成果资料再返回建库组，由建库组按照县域耕地资源信息系统数据库建设要求，对所有建库成果资料进行全面的质量检查及编辑处理、拓扑处理、属性挂接，最后由MAPGIS-ARCGIS—县域耕地资源信息系统输出成果图件。

3. 主要空间数据库说明

(1) 行政区划图（地理底图）。以土地利用现状图为背景，分别提取乡镇、村庄、主要工矿企业建设用地，主要道路、河流、境界、行政区划等内容。参考地图或1∶50000地形图，对主要道路、双线河流等地物进行连接并加注地物注记。依据卫星影像等资料，对近年来增加的主要道路进行更新。

(2) 土壤图。依据土壤调查研究报告、土壤志、山东省土壤分类归属标准，编制土种归属对比表和国标、省标、县三级对比表图例。在土壤图上保留土壤图原始代码，属性挂接为国标代码，可满足部、省、县各级政府工作的需要。

(3) 地貌图。由于地貌图为微地貌图，为满足部、省、县各级政府使用及建库工作的需要，在地貌图中保留了原地貌代码，其属性尽量对应到数据字典中的名称及代码，在图例中增加了对比表，满足了各项工作的需要。

4. 属性库编制方法。严格按照建库数据字典中的要求及建库单位提供的资料，编制各种成果图属性代码。

第六节　建库成果

临清市耕地资源信息系统数据库建设成果包括农业部规定格式的数据库和MAPGIS格式的成果共计17幅图，如表8-3所示。

表 8-3　　临清市耕地资源信息系统数据库建设成果表

序　号	成 果 图 名 称
1	临清市土地利用现状图
2	临清市地貌图
3	临清市土壤图
4	临清市矿化度含量分布图
5	临清市耕地地力调查点点位图
6	临清市灌溉分区图
7	临清市土壤 pH 分布图
8	临清市耕地地力评价等级图
9	临清市土壤碱解氮含量分布图
10	临清市土壤速效钾含量分布图
11	临清市土壤有机质含量分布图
12	临清市土壤有效磷含量分布图
13	临清市土壤有效锰含量分布图
14	临清市土壤有效硼含量分布图
15	临清市土壤有效铁含量分布图
16	临清市土壤有效铜含量分布图
17	临清市土壤有效锌含量分布图

第七节　结　论

临清市耕地资源管理信息系统数据库建设包括空间数据库和属性数据库二部分内容,空间数据库全部是按照县域耕地资源管理信息系统数据字典要求进行的。属性数据库由于部分资料难以收集到(如土地平差面积等),属性数据仅按照县域耕地资源管理信息系统数据字典要求编制了部分内容。还有,例如耕地地力评价土壤采样点位图,利用GPS坐标展绘到地理底图上点与实际点位误差较大,达不到精度要求,所以耕地地力评价土壤调查采样点位图是依据野外采样点位图经扫描矢量化后形成,属性挂接为GPS定点的坐标。

第九章　耕地地力评价专题成果

第一节　临清贡梨适宜性评价

临清市属黄河冲积平原，位于聊城市的西北角，属暖温带季风区大陆性半干燥气候，一年四季变化明显，且有较大的昼夜温差。全市土质较好，土层深厚。临清的气候、土壤等各项条件均适合多种北方落叶果树的生长，栽培的主要果树有苹果、梨、桃、葡萄、杏、山楂、枣、樱桃等。临清贡梨是原金郝庄乡李洼村李实峨于 1964 年在我市原金郝庄乡林场沙区移植到家中的单株实生苗木，1979 年被临清林业部门发现。随后林业技术人员从母树上采集种条进行苗木繁育，并于 1983 年、1988 年、1992 年分别在原金郝庄乡宋洼村、城区和市苗圃三个地点进行区域性栽培试验。经过几年的栽培试验，发现其遗传性稳定。为此，邀请省、市两级专家进行分析研究，认为该品种是一个地方新品种，具有非常好的开发价值和市场前景，并将该地方品种定名为"临清贡梨"。"临清贡梨选育栽培研究"成果 2007 年 12 月顺利通过专家鉴定，2009 年获聊城市科学技术进步三等奖。

一、临清贡梨生物学特性

(一)临清贡梨特点

临清贡梨叶片较一般梨品种叶片大而厚，果实形似鸭梨，果皮绿黄，果点稀少，果面光滑有蜡质，果大、质优、丰产性强，肉质细脆，石细胞少，耐储藏，最大单果重 1900g，总酸含量高达 0.1855%，维生素 C 含量是其他梨的两倍。

(二)根

临清贡梨根系有明显的主根和侧根，侧根着生很多须根，根的先端为根毛，是直接从土壤中吸收水分和养分的器官。根系生长一年内有 2 个生长高峰，新梢停止生长时，根系生长最快，是根系生长的第 1 个高峰，此后根系生长逐渐缓慢，果实采收后是根系生长的第 2 个高峰。落叶后，根系生长逐渐进入冬季休眠状态。梨树根系一生中，随树龄的增长，其生长、衰老、更新也发生一系列的、有规律的变化，一般垂直根生长比水平根生长快，形成垂直根的深度和层次，随垂直根生长渐缓，水平根生长加快，并随地上部的离心生长，扩大到最大广度。至盛果期扩展逐渐停止，以后随着树龄增长，根系先于地上而更新，根系的范围开始缩小，随更新周期的变化，根系范围更加缩小，最后衰亡。

临清贡梨根系的生长发育与土壤环境条件和栽培管理有密切的关系。土壤温度对根系生长影响较大，春季土温达 5℃时梨根系开始活动。7℃～8℃时根系加快生长，超过

35℃则会造成根系死亡。土壤含水量和通气状况对根系生长也有重要影响，根系分布层中土壤含水量为田间持水量的60%～80%时，土壤通气性最好，有利于梨根系的生长和吸收；当土壤含水量低于田间持水量的40%，会因干旱影响根系正常生理活动；土壤水分过多，并且持续时间过长，会因通气状况不良，有毒气体成分增加而造成根系窒息死亡，树势衰弱，严重时导致全树死亡。一般根系正常生长要求土壤中的空气含氧量在12%～15%，土壤中氧气含量在2%以下。二氧化碳含量增加到40%～55%，根系停止生长。土壤pH过高会影响根系对矿质元素的吸收，特别是降低土壤中铁、磷、锰、硼及钾的有效性，使梨体表现出各种缺素症。但选择不同砧木类型可大大增加梨根系对土壤酸碱度的适应范围，如杜梨砧可增强对碱性土壤的适应性，在pH为8.3左右的土壤上亦能正常生长。

（三）芽、枝和叶片

1. 芽。临清贡梨的芽分叶芽和花芽。叶芽萌芽力较强，几乎多数的芽都能萌芽，而成枝力中等，只有少数的芽能长成长枝，大多形成短缩枝。临清贡梨叶芽的早熟性差，芽形成后当年一般不萌芽，翌年才能萌芽。临清贡梨花芽是混合芽，即芽内不仅有花器官，还有枝叶等器官。所以花芽即能开花结果，又能抽生枝叶，是决定梨树高产、稳产、优质的关键。花芽依其着生的位置分为顶花芽和腋花芽。在枝条顶端着生的花芽为顶花芽，是主要结果的花芽，而在枝条叶腋间形成的花芽为腋花芽，腋花芽形成或结果能力中等偏上。

2. 枝。临清贡梨枝条按生长结果性质，可分为营养枝和结果枝。营养枝依枝条年龄分为当年新梢、1年生枝、2年生枝和多年生枝。1年生枝条按其长度又可分为短枝（5cm以下）、中枝（5～30cm）和长枝（30cm以上）。

结果枝按其长度分为短果枝（5cm以下）、中果枝（5～15cm）和长果枝（15cm以上）。梨树结果枝结果后留下的膨大部分为果台，果台上的侧分枝称为果台副枝或果台枝。短果枝结果后，果台连续分生较短的果台枝，经过3年后，多个短果枝聚生成短果枝群。

3. 叶片。叶片是制造有机养分的主要器官，同一枝条上着生部位不同，叶片大小不一，一般新梢中部节位叶片较大，先端和基部叶片较小。临清贡梨叶片较大而厚，在栽培管理中，因肥水条件和光照条件的不同，叶面积大小也有较大差异，若肥水和光照条件好，则叶片大而厚。所以树叶幕层厚薄及叶片的质量，是生产管理好坏的标志，又是高产优质的重要基础。

（四）开花和坐果

1. 花器和开花。临清贡梨花序为伞房花序，其边花先开，花朵向心开放，花托杯状，子房下位。萼片、花瓣各5枚，雄蕊20枚分离轮生。柱头3～5个离生，雄蕊显著高于雌蕊。花芽分化主要是在前一年进行的，雄蕊由花粉母细胞经四分体形成花粉粒，雌蕊中发育形成胚囊。临清贡梨3月中旬开花，开花的早晚和花期的长短受气温和空气湿度影响较大。温度高及大气干燥，则开花较早，花期较短。临清贡梨品种内授粉坐果率很低，必须由其他品种授粉才能坐果。以盛开花朵的花粉生命力强。低温、阴雨潮湿、大风等气候不利于授粉、受精。

2. 坐果。花托形成果实的果肉部分，花的子房形成果心，胚珠发育成种子。开花后一部分未经授粉、受精的花脱落，而授粉、受精后，有一部分幼果，因营养不良或其他因素而脱落。据观察，临清贡梨落花落果现象每年可出现3次。第1次在开花后，未见子房膨大花即脱落，是未受精的花，这次落花对产量影响不大。第2次出现在花后14天，是受精后初步发育的幼果，这次落果已有一定损失。第3次在第2次落果后14～28天，大体在6月，此时幼果明显膨大，损失较大。

（五）果实的生长发育

临清贡梨果实发育过程中，主要受种子发育的影响。果实进入成熟期，内含物逐渐变化，果面由绿变黄，彩色出现，硬度变小，香味增加，糖分增加，酸涩味下降。这一系列的变化随着果实发育到成熟过程是以生理生化为基础的。首先是水分含量的改变，越接近成熟期果实水分含量越高。幼果期淀粉含量高，果实成熟初期还原糖多，以后糖分显著增加。幼果期有机酸含量较少，以后逐渐增加，成熟前期含量最高。成熟后期由于果实呼吸作用增强，有机酸氧化而消耗，故含酸量又相对减少。

二、临清贡梨对环境条件的适宜性评价

（一）土壤

临清贡梨对土壤条件要求不严格，其适应范围较广，沙土、壤土和黏土都能栽培。但以土壤疏松、土层深厚、地下水位较低、排水良好的沙质壤土结果质量最好。土壤酸碱度影响梨树根系吸收及土壤微生物活动。临清贡梨适于中性土壤，但是选择不同类型的砧土可以扩大梨树对土壤酸碱度的适应范围，如杜梨砧可大大增强对碱性土壤的适应性。

（二）温度

临清贡梨生长季节（3～10月）对气温的要求平均为14.3℃～17.8℃，休眠期（11月至翌年3月）的平均气温在－4.6℃～－13.5℃。临清贡梨适应性强，但抗寒性较弱。温度对梨果实成熟期及其品质有重要影响。在一定范围内，果实发育期积温高，果实个大，含糖量高，成熟期早；而积温低，特别是生长期间小于15℃的积温天数多，则果实小，味酸涩，品质较差，成熟期推迟。

霜冻按其发生时间可分为早霜冻和晚霜冻。早霜冻出现在秋季，会造成果实、叶片和枝条的冻害；晚霜冻发生在春季，危害较大，且发生频繁。晚霜冻主要造成花器受冻，落花落果，影响产量。幼果期耐低温能力较开花时强。此外，临清贡梨的腋花芽抗冻能力强，霜冻的发生程度还与树势、地形及防护等有关。

一般来讲，根系生长要求的温度比地上部低，这是根系长期对土壤环境条件适应的结果。杜梨砧根系的生长吸收最适温度为15℃～25℃。当土温为0℃时，根系活动几乎停止，5℃～7℃时开始缓慢生长。土壤温度过高（大于30℃），虽然根系生长旺盛，但新生根木栓化加快，易于老化，随之吸收功能降低。

（三）水分

临清贡梨枝梢含水量为50％～70％，幼芽含水量为60％～80％，果实含水量达85％以上。生物体一切重要生理活动都需要水分的参与。因此，水分对临清贡梨生长发育具有重要作用，它直接或间接地影响着梨果的产量和质量。临清贡梨喜水耐湿，需水量较

多，蒸腾作用也强。但是，土壤水分过多，会抑制根系正常的呼吸和吸收功能，在嫌气条件下，土壤中有毒物质积累，对根系产生毒害，从而造成烂根、树势衰弱、落花、落果、落叶以至枝干枯死等症状。

一年中，临清贡梨的各物候期对水分的要求也不相同。一般来讲，早春树液流动开始，根系即要求一定水分供给，此期水分不足常造成延迟萌芽和开花。花期水分不足引起落花、落果。随着气温升高，新梢旺盛生长，叶片增大，树体需水量逐渐增加，如果此时缺水，新梢和叶片生长衰弱，过早停长，进而影响果实发育和花芽分化。所以，这一时期树体对水分特别敏感，且影响面大。6月至7月上旬进入花芽分化期，需水量相对减少，如果水分过多，则会推迟花芽分化。果实生长期需水适中，一般掌握土壤湿度在最大持水量的60%～80%为宜。过湿，使新梢旺长，加剧新梢与果实生长的营养物质分配上的矛盾，引起落果和裂果；水分不足，则造成果实发育不良，果小、质劣，树体营养积累少。果实采收一般要控制灌水，以免影响品质和储藏性。入冬前梨园要浇灌水并做好保墒工作，使整个越冬期土壤保持适当水分含量，保护根系和树体安全越冬。

（四）光照

光照条件好坏直接影响着临清贡梨叶片的光合作用、蒸腾作用、花芽分化以及果实的产量和品质、储藏性等各方面。临清贡梨是喜光性强的果树，对光照要求较高，一般需要年日照时数在2200h以上，其光合作用随光照强度的增加而增加。据测定，在适温22℃和水分良好的条件下，梨树每平方米叶面积的净同化值为6.25g，比苹果要高出40.1%。充足的光照，会使树枝健壮，光合产物增多，果实的产量和质量都得到提高。

（五）风

微风可促进空气的交流，有利于树冠内外温度、湿度、光照和二氧化碳等气体成分的调节；可以增强光合作用和蒸腾作用；有利于花粉传播，促进授粉受精，提高坐果率。但是随着风速增大，风势增强，超过树体忍耐程度就会造成风害。主要风害在于加速土壤和枝叶水分蒸发，造成干旱失水；早春大风阻碍幼树抽条；大风损伤树体，撕裂枝叶，损伤花器和落果等。

三、临清贡梨土、肥、水管理

临清贡梨根系深广，枝叶生长多集中于中前期，年生长量较大，结果早，产量高。所以，只有在良好的土、肥、水等管理下，才能为丰产、优质、高效打下坚实基础。

（一）土壤管理

1. 耕翻土壤。耕翻土壤多在秋季或春季进行。秋季耕翻可以松土保墒，有利于降水下渗，可减少宿根性杂草和树根蘖对养分的消耗，同时还可以消灭部分地下害虫。一般在果实采摘或落叶前后进行。冬季雨雪少，耕后及时耙平；雨雪多，耕后不耙。耕翻深度一般为20～30cm。春季耕翻一般在化冻时进行，可保蓄土壤中水分，春季耕翻后要耙平。

2. 中耕除草。中耕除草既可清除杂草，避免杂草与树争水、肥和空间，又可以切断土壤毛细管，减少水分蒸发。中耕次数应根据雨量、杂草多少而定，在杂草出苗和结籽前进行，除草效果最好，中耕深度为5～10cm。除草还可以选择合适的除草剂进行，利用除草剂除草省工、省时,效果良好。

3. 间作。间作作物时应留足树盘,作物可选择豆科植物,一般幼树前两年进行,两年后不宜再进行间作。

(二)施肥管理

1. 基肥。增加基肥用量、提高施肥质量是实现临清贡梨高产、优质的基础。基肥以有机肥料为主。如各种土杂肥,混以少量的饼肥和氮素化肥。采用沟施或全园撒施。施肥量应根据土壤养分含量、树势及产量高低而定。一般幼树基肥每株施优质土杂肥为40kg,氮素化肥为0.5kg;结果树以斤果斤肥施基肥。

2. 追肥。临清贡梨不同物候期对各种肥料的需求不同,在最需要养分的时候,用速效性肥料追肥,易被根系吸收利用,对梨树的生长发育和高产优质有很大作用。

追肥用的肥料种类较多,氮素肥料主要有尿素、硫酸铵等;磷肥有过磷酸钙、磷酸二铵等;钾肥有硫酸钾、草木灰等。此外,还有许多复合型速效肥料、多元化微肥以及果树专用肥料等。

追肥主要抓好以下几个关键时期。①萌芽至开花前。临清贡梨春季萌芽,开花、坐果及新梢生长都需要大量营养。此期营养主要靠树体内储藏的养分,如果树体衰弱、上年结果多、秋施基肥不足等,都会造成树体积累养分少,所以应抓紧花前追肥,及时补给。此期施肥应以氮肥为主。②花后坐果期。开花后新梢进入旺盛生长期,又是幼果第一速生期,故对氮肥需要量大,所以,花后及时追施氮肥,对促进新梢生长、叶面增大、叶色浓绿以及坐果和幼果生长都十分有利。以上两期追肥如遇干旱,应与灌水相结合。幼树多在此期追肥。③果实膨大至花芽分化期。新梢停止生长后是果实膨大期,又是花芽分化关键时期,两者都需要足够的营养物质。此期追肥可以减少果实生长与花芽分化的矛盾,施肥以氮肥为主,配合磷、钾肥。④果实生长后期。在结果多的树上,为保证果实的产量和质量,提高翌年花芽形成的质量,此期追肥很有必要,要求氮、磷、钾相配合施用。

追肥量应视土壤、树龄和结果量而定。以每产100kg果实,追施尿素为0.5~1kg或硫酸铵为1~2kg;过磷酸钙为2~3kg或草木灰为3~5kg为宜。幼树追施尿素为0.2~0.5kg。追肥方法,一般采用放射状、条状、环状沟施,深度为10~15cm。追肥结合灌水,效果最佳。

3. 根外追肥。临清贡梨根外追肥的水溶液含量因肥料种类而异。氮肥用0.3%~0.5%的尿素或0.1%~0.3%的硫酸铵;磷肥用1%~3%的过磷酸钙或0.2%~0.3%的磷酸二氢钾;钾肥用0.3%的氯化钾或0.5%~1.0%的硫酸钾。

(三)灌水及排涝

1. 灌水。临清贡梨与其他植物一样,叶片中有足够的水分,才能进行光合作用。据试验,每形成1g光合产物,需水量为150~401mL;每平方米的叶面积每小时蒸发40mL。应长期保持土壤含水量为田间最大持水量的60%~80%,原则上随旱随灌。一般灌溉芽前水、花后水、果实膨大水及冬前水。灌水的量以灌透为度。采前30天应禁止灌水,否则严重影响果实品质。

灌水方法有沟灌、全园畦灌和穴灌等,应根据水源、地势、土壤和树体情况具体应用。一般沟灌多用于幼树和水源不足的园地,可在树盘下开环状沟或树冠外缘开沟引水灌溉。

水源充足及树冠相互交接的大树或密植园,可进行全园畦灌。有条件的可以实行滴灌、喷灌、渗灌等灌水方法,这些方法虽然技术设备要求较高,投入较大,但节省水分可达1/3～1/2,还具有增产、改进品质、省工、省地、省肥、调节小气候等优点。

2. 排涝。建园时必须建全果园的排水系统,才能保证树体健壮、早果、高产、优质。对缺乏排水系统的应积极采取补救措施。平地果园可顺地势在园内四周修排水沟,把多余水顺沟排除园外,也可采取深沟高畦方法等,既可降低地下水位,也可雨季排涝。

对于已受涝害的果树,首先要排除积水,并将根茎部分土壤扒开晾根,松土散墒,减少结果,促使根系及树势的恢复。

四、整形与修剪

(一)树形培养

适宜临清贡梨丰产的树形为自由纺锤形,定植后60cm时定干,树高3m以下,冠径2～2.5m。中心干上有重大型结果枝组10～20个,每隔20cm一个。插空排列,无明显层次。分枝角度为70°～80°,枝轴粗度不超过中干的1/2。该品种树体紧凑,树冠开张,势力缓和,通风透光好,整形容易,有利于早果丰产。

(二)修剪

1. 夏季修剪。①拉枝。由于临清贡梨品种成枝力强,多萌发大枝,用绳把1～2年生壮长枝条,按树形和树冠结构合理的方向、方位、拉开。一般主枝为70°左右,辅养枝为80°以上。拉枝时间以7～8月最好。此期拉枝后,背上不冒条,枝条软,不易折断。②春抹芽、秋疏枝。由于顶端优势,拉枝后冒出的直立枝及锯口处长出的徒长枝,应在萌芽初期及时抹除,以减少营养的无谓消耗。秋季应疏除遗漏的徒长枝,以便通风透光,促进光合作用,增加树体营养积累。③摘心。4月下旬至7月上旬,对生长旺盛的新梢摘心,可控制新梢旺长,促发二次枝,增加枝量和促进花芽形成,有利于幼树早期结果。

2. 冬季修剪。冬剪的主要目的,一是整形,调节树形骨架结构,培养各级骨干枝,扩大树冠体积;二是培养安排各类结果枝组,维持其合理状态和更新复壮;三是疏除病虫枝,回缩过长、过弱、过高的枝,使树冠保持在限定范围内,正常生长结果。①幼树期。整形初期可多留主枝,主枝上多留侧枝,对枝条尽量保留,轻剪缓放,以增加枝叶量,辅养树体。②初结果期。对已经选定的骨干枝继续培养,调节长势和角度,短截、缩剪、疏剪、长放要相互结合。

五、花果管理

(一)花期喷硼

在盛花期,喷350～440倍硼砂加400倍尿素,可提高坐果率。

(二)疏花疏果

结果枝数量超过总枝量的50%时,应该进行疏花。一般在花序分离期进行,留下花序占总枝量的40%为宜。要疏上疏下留两侧,弱枝少留,壮枝多留。幼果期喷800～1000倍华夫,可以使叶片增大加厚、浓绿、个大、着色好、糖分高。

（三）果实套袋

临清贡梨品种个大，选果袋时，应提前与生产厂家预定特大袋，以单层袋为宜。

1. 套袋时间。4月中下旬开始，一般在落花后10～20天开始。

2. 套袋方法。套袋时，用右手拇指和食指捏住袋口一端，横向取下一枚果袋，捻开袋口，一手托袋底，另一只手伸进袋内撑开袋体，捏一下袋底两角，使两底角的通气放水口张开，并使整个袋体鼓起。一手执果柄，一手执果袋，从下往上把果实套入袋内，果柄置于袋口中间切口处，使果实位于袋体中部。套袋时应确保幼果处于袋体中上部，不与袋壁接触，防止蝽象刺果、磨伤、日烧以及药水、病菌、虫体分泌物通过袋壁污染果面。套袋过程应十分小心，不要用力过大，碰触幼果，防止折伤果柄、拉伤果柄基部或捆扎丝扎得太紧，影响果实生长或过松导致风刮果实脱落。袋口不要扎成喇叭口形状，以防积存雨水，要扎严、扎紧，以不损伤果柄为度，防止雨水、药液流入袋内或病虫进入袋内。注意不要把叶片套进袋内。套袋时应先树上再树下，先内膛后外围，防止套上纸袋后又碰落果实。

3. 摘袋。摘袋时间为9月上中旬，以利于糖分的转化。

六、临清贡梨分区规划

根据临清贡梨的生态情况，结合这次耕地地力评价所获土壤理化性状和耕地地力分级，将临清市可以发展临清贡梨的土地划分为五个级别，为今后发展提供参考。

（一）最佳种植区

主要分布在南部黄河故道的左侧，东北部黄河故道的右侧河滩高地上，办事处、镇主要是潘庄、唐园、八岔路、青年、新华、松林的南部、金郝庄中部。该区多为脱潮土，耕层质地为轻壤质、沙质。

（二）适宜种植区

主要分布在缓平坡地上，办事处、镇主要是老赵庄的南部，刘垓子的东部，康庄、戴湾和魏湾的大部。该区多为潮土，耕层质地主要为轻壤质。

（三）较适宜种植区

主要分布在沙质河槽地上，即原黄河故道上，该区为风沙土，耕层质地主要为松沙土和紧沙土。

（四）较差种植区

主要分布在浅平洼地上，镇主要是康庄南部、戴湾、魏湾和烟店北部。该区耕层质地主要为中壤质，通透性差，易发生涝渍。

（五）不宜种植区

主要分布在浅槽状洼地上，办事处、镇主要是唐园、新华到先锋陈公堤以西、魏湾马颊河沿岸一部分。该区土壤黏重，通透性差，排灌条件差。

第二节 临清市种植业布局规划

一、种植业布局的内涵

（一）种植业布局的内涵

定义种植业布局首先应明白农业区划的涵义，农业区划主要是根据各地区的自然条件和社会经济条件的相似性与差异性，按照农业布局的原则，把区域中的土地，划分为若干在生产结构上各具特点的农业经济区。农业区划是不同类型农业结构在空间的表现，是用地图划区表明的改进农业布局的设计，是为改进和实现合理农业布局、确定不同地区农业发展的长远方针提供依据的一项基础工作。因此，种植业布局是以种植业为对象进行的单项农业区划，属农业区划的一部分。

（二）种植业布局的内容

种植业布局的内容是根据作物的生态要求和地区生态环境条件，因地制宜地划分种植业适宜种植区。种植业布局的内容主要包括种植业的自然、经济条件评价；生产现状、作物构成、耕作制度、生产水平及增产潜力；地理分布特点、地区差异及布局发展方向与措施。种植业布局还包括各种农作物区划，其主要依据是种植业生产条件、作物结构、种植制度、发展方向与增产途径。

二、种植业布局的目的意义

（一）推进种植业布局是创建农产品品牌，提高农产品竞争力的主要途径

在市场经济条件下，质量和品牌是农业生产和农产品营销的核心内容，是提高农产品竞争力的关键。临清市农业资源丰富，区域特色明显，许多农产品具有比较优势和竞争潜力，并形成了一定的产业基础。但由于品牌创建工作力度不够，不少特色农产品未能形成品牌，导致全市农产品市场竞争力不强。因此，选择一批最具比较优势和地方特色的农产品进行区域布局，在优势产区集中生产，有利于实现资源和生产要素的最佳组合，生产名优产品，创建知名品牌，积极主动地参与市场竞争，形成较大的市场规模。

（二）种植业布局是新时期农业结构战略性调整的客观要求

近年来，临清市农业结构调整取得了初步成效，但结构雷同问题还没有得到根本解决，优质高效农产品生产比较分散，区域化布局、专业化生产格局还未形成，产业单一，产品趋同，难以形成规模效益，在一定程度上制约了全市农业整体结构调整和效益的提高。因此，充分发挥临清市农业资源和区域优势，大力推进种植业优势产品区域布局，进一步优化区域结构，加快优势农产品产业带、特色农产品主产区的形成和发展，把具有区域特色的资源优势转化为产品优势、产业优势和经济优势，是新时期农业结构战略性调整的客观要求，对促进临清市农业整体素质的提高，增强综合竞争力，确保农村经济健康快速发展具有重要意义。

（三）推进种植业布局是加快农业现代化建设的必然选择

区域化布局、专业化生产和产业化经营是现代农业的发展趋势，也是实现农业现代化

的重要标志之一。对种植业优势产品进行区域布局，通过集中投入和重点扶持，加大农业基础设施建设，优化资源配置，综合运用现代农业科技成果、现代农业生产手段和现代农业经营方式，形成生产专业化、经营产业化、流通市场化的发展格局，有利于促进优势产区率先实现农业现代化，加快全市农业现代化的进程。

(四)推进种植业作物区域布局是实现农村发展、农业增效、农民增收的重要手段

临清市农业生产力整体水平相对较低，综合效益不高，农民增收缓慢，是当前农业和农村经济中的突出问题。推进种植业布局，加快特色产业发展，对资源的有效配置和各种生产要素的整合，实现土地、技术、资本和劳动力的优化组合，促进优势农产品向适宜地区集约化生产，培植一批各具区域特色的主导产品，形成一批产业链较为完整的支柱产业，带动保鲜、储藏、运输、加工、营销等相关产业的发展，开辟就业门路，拓宽增收渠道，推动农村经济快速发展和农民收入稳步增长。

三、临清市资源概述

临清市位于我国京九铁路进入山东省北部的第一站上，地处东经 115°27′～116°02′，北纬 36°39′～36°55′，西隔卫河与河北省临西县相望，东隔马颊河与高唐、茌平二县为邻，北部与德州市夏津县相连，南部与东昌府区和冠县接壤，全境东西长 55.44km，南北宽 29.88km，总面积 957km^2，是山东省聊城市所辖的一个县级市。

临清市历史上以农业为主，种植业比较发达，是山东省重要粮棉生产基地。党的十一届三中全会以来，随着农村改革的深入，承包责任制的落实，农业生产得到了迅速的发展。随着社会经济的发展，对临清市种植业布局做一个科学合理的规划的要求已越来越迫切。根据各镇(办事处)的不同的特点，集中种植不同的作物，可以使作物的产量和经济效益得到大幅度的提高，以实现效益最大化，从而推动种植业规模化发展，增加农民的收入。

(一)气候条件

临清市地处温带季风气候，具有明显的季节变化和季风气候特征，属半湿润大陆性气候。四季气候的基本特征为“春旱多风，夏热多雨，晚秋易旱，冬季干寒”。临清市年平均气温为 12.9℃，月平均最高气温为 32.2℃，月平均最低气温为－8.8℃，日较差为 9℃～12℃。临清市年平均地面温度为 15.1℃，平均最高地温为 31.4℃，平均最低地面气温为 6℃。临清市年平均日照约为 2715.4h，年日照的百分率为 61%，各月平均日照时数以 5 月最大(287.2h)，以 2 月最小(181.1h)。日照分布的特点是：年际分布比较均匀，年内变化较大。临清市年平均降水量约为 550.9mm，夏季降水量最多，平均为 273.0mm，占全年降水量的 66%，秋季平均为 94.0mm，占全年降水量的 16%，春季平均为 80.3mm，占全年降水量的 15%，冬季平均为 14.9mm，占全年降水量的 3%。夏季降水主要集中在 7 月和 8 月，易造成涝害。临清市年平均风速为 3.4m/s。全年主导风向为偏南风，但其频率各季有所不同。

临清市气象灾害有旱涝、干热风、低温连阴雨、暴雨、冰雹、大风等，均对农业生产造成不同程度的危害，其中以旱涝对农业生产的影响最大。夏秋涝，7 月和 8 月雨量充沛，但由于降水集中，强度大，变率大，时有旱、涝发生。晚秋又旱，入秋降水迅速减少，发生干旱的机会增多，约三年一遇。秋旱影响秋作物的正常成熟和小麦的适时播种。冬季少雪，冬

季降水稀少，影响小麦安全越冬，加重了春季旱情，故干旱是全市的主要气象灾害。

（二）土壤资源

临清市沙质土为25175.6hm²，占全市土地总面积的26.5 %；壤质土为44739.6hm²，占47.1 %；黏质土为6870.7hm²，占7.2%。

1. 潮土。全市土壤是在河流沉积物上，受潜水作用和耕作活动影响形成的一类土壤，因受地下水作用，故名为潮土。其特征是河流沉积时流速不同，成土母质颗粒粗细不一，不仅在水平分布上有差异，而且在上下层次排列上各有不同。潮土各发生层次质地和色泽均一，中下部土层有明显的锈纹和锈斑。全剖面有石灰反应，土壤呈中性至微碱性，pH为7.0～8.5。

土壤是一种自然体，在周围环境条件影响下不断发生变化。潜水是影响潮土发育的关键性因素，所以潜水位的高低和作用时间的长短，使潮土向不同的方向发育。当潜水出流加强，水位下降，淋溶作用占主导地位时，便逐渐向褐土化潮土发育。当潜水出流减弱，水位上升，对表土的作用加强并起主导作用时，表土积盐，就逐渐发育成盐化潮土。

褐土化潮土亚类主要分布在新华办事处、大辛庄办事处、唐园镇、松林镇、潘庄镇、老赵庄镇和金郝庄镇等镇街道内，总面积为38233.3hm²，占总可利用面积的49.79%。表层质地多数偏轻，理化性状较好，水、热、气条件较适宜，土壤肥力、粮棉产量较高，是全市主要的粮棉产区。但干旱的威胁较大，需注意发展水利灌溉，方可确保丰收。

潮土亚类本市分布较广，面积为23948.4hm²，占总可利用面积的31.19%。潮土多处在碟形洼地、槽形洼地和微斜平地的中下部，常与轻盐化潮土复区存在，海拔高程多在32m左右，潜水埋深为2～3m，矿化度为1～2g/L。

盐化潮土亚类主要分布在康庄镇、戴湾镇、魏湾镇。面积共为12096.7hm²，占全市总面积的15.75%。多分布于缓平坡地上，海拔高程为32～34m，潜水埋深为2～3m，矿化度为1～3g/L，耕层含盐量较高。其盐分组成中，以氯化物、硫酸盐为主，并含有一定量重碳酸盐。一般一年两作，以小麦、玉米为主，改良利用措施，应注意渠系配套，合理灌溉，及时排水，防止地下水位上升，平整土地，增施有机肥，培肥地力。

2. 盐土。盐土在全市有1个土种。面积为172.6hm²，占全市总面积的0.23%。分布在魏湾镇的跨马营一带。

3. 风沙土。临清市风沙土主要分布在黄河故道，如先锋办事处、松林镇、唐园镇及八岔路镇等，面积为2334.8hm²，占总可利用面积的3.04%。

（三）水资源

临清市现有可利用水资源包括当地水资源量、客水资源量和污水回用水量。

1. 当地水资源量。当地水资源量包括当地地表水资源量和地下水资源量，当地多年平均水资源为$1.2187\times10^{8}m^{3}$，可利用量为$8.103\times10^{7}m^{3}$。临清市多年平均降水量为550.9mm，折合水资源量为$5.09\times10^{8}m^{3}$；多年平均地表径流量为30.9mm，折合当地水资源量为$2.956\times10^{7}m^{3}$。当地地表水可利用量为北大洼水库和拦河闸（坝）、坑塘等拦、蓄水工程拦蓄地表径流所提供的可供水量，多年平均为$2.57\times10^{6}m^{3}$。多年平均地下水资源量为$9.231\times10^{7}m^{3}$。地下水可利用量多年平均为$7.846\times10^{7}m^{3}$。

2. 客水资源量。客水资源量包括引黄水量及引马、引卫水量，多年平均客水资源量

为 $2\times10^8 m^3$。黄河水是临清市的主要客水资源，据统计，临清市多年平均引黄水量为 $1.59\times10^8 m^3$。引黄为临清市经济的迅速发展起到至关重要的作用。卫运河来水量逐年减少，水源无保证，且水质污染严重，年可供水量为 $2.5\times10^7 m^3$；马颊河可引用的只有部分汛期涝水、引黄尾水，年平均可供水量为 $1.6\times10^7 m^3$。

3. 污水回用量。临清市污水回用为跨行业调水工程水量，现状年污废水回用量为 $6.35\times10^6 m^3$。

(四)当前种植业作物简况

1. 小麦。小麦生产在临清市粮食生产乃至整个农业生产中占有重要位置，播种面积为 $42330hm^2$，占农作物播种总面积的 45.7 %，年产量为 $3.32345\times10^8 kg$，居粮食作物之首。种植小麦能充分利用冬春季节的气候、土地资源，且具有品种、技术上的优势和传统的种植习惯。冬前积温不足对小麦增产有明显影响，勿错过适宜播种期。小麦全生育期约需降水 500mm，此期间自然降水仅有 158.7mm，尚缺约 350mm。小麦是全市缺水最多的作物。返青至拔节灌水对小麦增产有重要作用。小麦生长发育需要较多的氮、磷营养。针对影响小麦高产的某些因素采取相应的措施是必要的。要进行合理的区域布局，把小麦相对集中在土壤肥沃、水源较丰富的区域。

2. 玉米。目前，玉米在全市播种面积为 $30183hm^2$，占农作物播种总面积的 28.2%，占粮食作物的 32.6%，各办事处、镇皆有大面积种植，总产为 $3.0345\times10^8 kg$。玉米在秋粮中占首位，占秋粮总产的 96.8%。临清市以夏玉米为主。玉米是喜温作物，临清市热量条件能满足玉米的需要，但小麦—玉米一年两熟，晚熟品种则略感不足，需要套种。现在推广的品种多为中早熟品种，自然降水有三分之二的年份能满足玉米的需要，但由于降水的年际变率较大，季节分配不均，常有旱涝发生，既需要灌溉，也需要排水。玉米是耗氧作物，它的生长发育需要土层深厚、疏松透气、灌排条件好、保肥保水、营养丰富的肥沃土壤，干旱、瘠薄是影响玉米高产的主要限制因素。

3. 棉花。临清市植棉历史悠久，是全国和山东省的棉花重点生产基地县(市)。明朝就有植棉记载，在临清市的种植业中，棉花生产占优势。棉花是喜温、喜光作物，种植品种全生育期需要高于 10℃积温为 3600℃～4000℃，临清市一直以来都在 4000℃以上；全生育期需要光照为 1500h，实际光照为 1600h，可以满足棉花生育的需要。排水良好的轻壤土和沙壤土适宜棉花生长。全是轻壤土和沙壤土占土地面积的 75%，且土层深厚，利于棉根下扎，棉花抗旱耐碱，与小麦、玉米相比，能够较好的抗御干旱和适应碱地种植。自然条件适宜棉花生长是临清市棉花生产发达的主要原因。

4. 其他作物

临清市除了上述几种作物外，还有许多瓜菜种植，比如西瓜、甘薯、大蒜、马铃薯等。在进行种植业作物布局时，要充分地考虑到这些作物的自然生长条件和当地的社会经济条件，科学合理地对作物进行优化布局，以促进全市种植业的规模化生产和可持续发展。

(五) 种植业生产中存在的主要问题

1. 粮食生产水平低，限制了经济作物和其他作物的发展。在农作物生产中，粮食作物、经济作物、其他作物的生产是相互关联的。经济作物和其他作物的种植比例取决于粮食作物的生产水平。经济作物发展缓慢的原因在于受粮食生产水平的限制，而粮食生产水平不高又是多方面的原因造成的。粮食生产是种植业的基础，必须继续抓紧，随着粮食生产水平的不断提高，调整粮食作物和经济作物以及其他作物的比例关系，使之经常保持动态平衡，积极扩大经济作物和其他作物的生产，促进农作物生产的全面发展。

2. 粮食作物内部结构不合理。临清市种植业作物有小麦、玉米、棉花以及其他杂粮，由于单纯追求产量而不注意营养价值，具有特殊营养作用的大豆、富含多种维生素的谷子以及调剂人民生活的小杂粮一再压缩。小麦、玉米面积的扩大加重了肥水消耗，而抗旱耐瘠的谷子、耐湿养地的大豆、抗涝耐碱的高粱一再压缩，扩大了作物与土壤、作物与降水之间的矛盾，造成土地用养失调。由于作物需水量的增加而又不能合理地利用自然降水，尽管有效灌溉面积已达80%以上，但多数年份仍然遭受旱灾威胁。

3. 粮食作物复种指数偏高，重茬面积过大。目前，临清市90%以上的粮田种植小麦，75%的粮田为小麦—玉米连作，肥水消耗过大，而目前肥料不足，有机肥更缺，土地用养失调。水资源不足，排灌工程不配套，难以摆脱干旱威胁。近年来，冬闲地不断减少，棉田逐渐扩大，很难实行粮棉轮作换茬，致使棉花多年重茬，土壤养分片面消耗，造成早衰，病虫危害逐年加重。为减轻病虫害和对土壤养分的片面消耗，需要把目前棉花的大面积连片种植和长年连作改为粮、棉、油等作物交叉种植和合理轮作换茬，以促进棉田生态系统平衡。

四、种植业作物布局指标体系的建立

（一）指标的选取

1. 指标体系的构建。指标选择的标准：首先，要选择具有代表性的关键指标，即所选指标能够代表现阶段临清市种植业的基本功能；其次，掌握国家政策，和农民种植意向相结合；再次，指标应具有系统性，即指标设置要尽可能全面反映临清市种植业的现有功能，防止片面性，各指标之间要相互联系、相互配合，且相互独立、各有侧重，形成有机整体，从不同角度反映一个区域农业发展的实际状况；最后，指标应该具有可操作性和可预测性，并易于获得。

2. 指标体系。经过查阅文献、专家咨询和研究，根据种植业功能影响因素、分区原则，结合数据来源，初步设置2个指标组，共7个指标。

（1）种植业属性指标包括种植业收入、作物播种面积以及作物单产三个指标。这三个指标可以从一定程度上表现出种植业的社会经济条件，为种植业作物布局优化指明了方向。

（2）土壤养分组包括pH、有机质、有效磷和速效钾四个指标。这四个指标可以从根本上反映临清市各办事处、镇土壤养分状况，也为种植业布局提供了自然资源依据。

（二）指标聚类

聚类方法的具体原理是：

（1）在定性研究的基础上，将样本组分为K类，并计算每一组分类的聚类中心。

（2）计算各样本到聚类中心的距离，根据用欧氏距离构造的判别函数，逐个将所有样本点归入与其距离最近的聚类中心。

（3）计算新一轮的每一类聚类中心，如果新的聚类中心与上一次的聚类中心重合，则聚类完成,否则回到第二步。

(三) 聚类结果与分析

运用数据处理软件 SPSS12.0,将各指标数据带入软件中进行聚类分析,经过聚类得到如下结果:基于种植作物布局的相似性,将临清市各镇(办事处)分为 4 类时,魏湾镇自成 1 类;潘庄镇和金郝庄镇归为 1 类;新华办事处、青年办事处和大辛庄办事处分在一起归为 1 类;剩下的镇(办事处)为 1 类。当将各镇(办事处)分为 3 类时,魏湾镇仍然自成 1 类;新华办事处、青年办事处和大辛庄办事处为 1 类;其余镇(办事处)归为 1 类。

当然,运用 SPSS 软件选用一定指标的进行分析有很大的局限性,运用这种方法只是根据选定的指标进行一定的运算之后反馈出来的信息,因此,指标的选定是否全面和合理就比较关键了,但由于现实条件的局限,选取的指标还达不到全面反映研究区域的要求,再加上运用此种方法,本来就有理论化和理想化的特点,所以运用此法作出的结果只供种植作物布局时参考。

五、临清市种植业布局方案

(一)种植业布局的指导思想

围绕农业结构战略性调整,以提高农业综合竞争力和实现农民增收为目标,以有效配置各种生产要素为手段,适应市场需求,发挥资源优势,突出比较优势,依靠科技进步,坚持优质高效,强化质量安全,搞好宏观调控,采取优惠政策,重点培植和发展种植业优势产品和地方特色产品,做强、做大一批具有国内外竞争力的农产品产业带和主产区,实现农业和农村经济可持续发展。

(二)种植业布局的原则

1. 坚持市场导向原则。立足地方市场,面向国内市场,开拓国际市场,着眼现实消费,挖掘潜在需求,培植和发展具有广阔市场前景的优势农产品。

2. 坚持可持续发展原则。完善优势产区基础设施建设,搞好生态环境综合治理,推行标准化生产,大力发展生态农业和有机农业,实现可持续发展。

3. 坚持质量优先原则。根据市场多样性需求,优化品种品质结构,全面提高优势农产品内在品质,打造名牌产品,坚持整体开发,构建优势产业群体,提高综合效益。

4. 坚持比较优势原则。因地制宜,扬长避短,以最优的资源配置和最佳的生产要素组合,优先发展最适宜产区和具有竞争力的产品,形成不同区域的规模优势,实现效益的最大化。

5. 坚持有一定群众基础原则。群众基础是做好各项工作的基石,种植业布局也要坚持这一原则,要充分尊重和保障农民的市场主体地位和生产经营自主权,发挥政府宏观调控作用,加强服务,调动企业和农民的积极性,实现优势农产品整体有序开发。

(三)临清市种植业布局

根据选取一定的指标聚类分析后的结果,以及临清市的实际情况和农民种植习惯,将临清市种植作物布局分为五个种植区域,即粮食作物种植区、棉粮作物种植区、棉瓜作物种植区、菜粮作物种植区和瓜菜种植区。

1. 粮食作物种植区

(1)种植区的布局:此种植区主要在临清市的西南镇,烟店镇、唐园镇、潘庄镇、八岔路镇、尚店镇除洼里、仓上等7个村的其他村庄、青年办事处除于林头、西旧县、吴刘庄等11以个村的其他村庄以及戴湾镇除戴南、戴北等4个村的其他村庄,面积为21000hm^{2}左右。

(2)发展现状及优势:该区西南镇种植粮食作物群众基础好,以轴承为主的工业经济发达,戴湾镇人均耕地较多,由于植棉和种菜需人力和时间较多,该区无植棉和种菜习惯。该区有机质平均为13.55g/kg,碱解氮为66.9mg/kg,有效磷为24.6 mg/kg,速效钾为115.3mg/kg,一、二、三级地占62.7%。以脱潮土、潮土为主。

(3)存在的问题:粮食作物种植分散,产量徘徊不前,小麦—玉米连作面积大,五、六级地相对占总面积比重较大,土体整治改良任务重。

(4)发展方向:以粮食生产为主,适当压缩玉米面积,增加大豆面积。适当降低复种指数,扩大两年三作面积。扩种绿肥,发展养殖业,广开肥源,增施有机肥料,培肥地力,潘庄镇自然环境条件改良区,还要健全灌溉工程,改善灌区输水、配水设备,加强灌溉作业管理,改进地面灌溉技术,采用增产、增值的节水灌溉方法和灌溉技术。加强水利建设,修筑田埂,防止水土冲刷;逐步建成以小麦、大豆为主的粮食高产、稳产区。

2. 棉粮作物种植区

(1)种植区的布局:此种植区主要在临清市的东北镇,金郝庄镇、康庄镇的北部村庄、老赵庄镇的东部村庄以及松林镇的东部村庄,面积为8800hm^{2}左右。

(2)发展现状及优势:该区种植棉花作物群众基础好,有着较高的植棉技术,棉花加工企业多达120多家,深加工链条长。该区平均有机质为13.6g/kg,碱解氮为69.5mg/kg,有效磷为22.7 mg/kg,速效钾为117.6mg/kg,以潮土、脱潮土为主。

(3)存在的问题:由于常年植棉土壤肥力有所下降,制约作物的生长和发育,作物轮作地有限,金郝庄镇五、六级地所占比重较大,土体整治改良任务较重,土壤以沙壤或沙土为主,保水、保肥能力较差,影响作物生长,农田的灌溉水平较低,地下水位较高,土壤存在盐碱化威胁。

(4)发展方向:在粮食基本自给的基础上重点发展棉花生产,适当提高复种指数,增加经济效益。多施用有机肥,培肥地力,改善土壤的理化性质;加强对农田基础设施的完善和维护,提高灌溉保证率;利用地下水资源合理灌溉,避免盐分在土壤表层的大量积累,加剧土壤盐渍化;增施无机和有机肥料,改善土壤贫瘠的状况。

3. 菜粮作物种植区

(1)种植区的布局:此种植区主要在临清市的东南乡镇,魏湾镇、康庄镇的南部村庄、刘垓子镇的东南部村庄、戴湾镇的南部村庄以及先锋办事处的北部村庄,大辛庄办事处,面积为10800hm^{2}左右。

(2)发展现状及优势:该区形成了以魏湾镇为主的大蒜主产区,摸索出了大蒜—玉米轮作良好种植模式,有规模大蒜交易市场3处,大蒜加工、储存企业20多家,先锋办事处的北部村庄由于处在市郊,种菜农户较多。该区耕地较肥沃,平均有机质为13.91g/kg,碱解氮为68.2mg/kg,有效磷为23.8 mg/kg,速效钾为118.3mg/kg,以潮土、脱潮土为主。

(3)存在的问题:由于大蒜市场行情走势难以预测,种植规模不好掌握,效益不稳定,种植模式单一,只有大蒜形成了规模,大辛庄办事处种植蔬菜较少。

(4)发展方向:在深入研究市场行情的基础上,引导农民种植,在粮食自给的基础上重点发展大蒜、蔬菜生产,大力提高复种指数,增加经济效益。增施有机肥,增加土壤有机质含量,实施平衡施肥,防止土壤污染,适量补施微肥,提高耕地质量;加大检测力度,确保农业灌溉、施肥、用药安全,搞好无公害蔬菜生产。

4. 瓜菜作物种植区

(1)种植区的布局:此种植区较分散,主要是先锋办事处的大部分村庄、新华办事处的大部分村庄、青年办事处的部分村庄金郝庄镇的孟庄等6个村庄、戴湾镇的戴南等3个村庄、刘垓子镇的九圣庙等4个村庄和尚店镇的洼里4村庄,面积为7300hm^2左右。

(2)发展现状及优势:该区形成了以近城郊区为主的蔬菜主产区,以先锋办事处范儿庄村、尚店镇洼里村为主的西瓜生产基地,以金郝庄镇孟庄村和戴湾镇戴南为主的大棚生产生产基地,以刘垓子镇九圣庙村为主的韭菜生产基地。市场行情较好且稳定,果农、菜农具有较高的技术。有规模瓜菜交易市场6处。该区耕地较肥沃,有机质平均为13.9g/kg,碱解氮为69.8mg/kg,有效磷为25.1 mg/kg,速效钾为133.8mg/kg。

(3)存在的问题:现在规模较小,难以产生规模效益,每个区域种植的瓜菜种类繁多,陆地瓜菜多,反季节瓜菜少,有"三废"污染情况。

(4)发展方向:进一步巩固蔬菜种植在本区的主导地位,走资金集约、技术集约和劳动力集约相结合的道路,逐步提高瓜菜产量和质量,增施有机肥料,培肥土壤。实施平衡施肥,适量补施微肥,提高耕地质量,加大检测力度,积极搞好无公害瓜菜生产。

5. 棉薯(瓜)作物种植区

(1)种植区的布局:此种植区主要是刘垓子镇的大部分村庄、老赵庄镇的西部村庄、新华办事处的部分村庄,面积约为5400hm^2。

(2)发展现状及优势:该区形成了以刘垓子镇为主的棉薯基地,有大型脱毒马铃薯生产基地1处,有马铃薯交易市场1处,已形成了棉薯种植较好的种植模式,效益较高。该区耕地较肥沃,有机质平均为13.8g/kg,碱解氮为69.3mg/kg,有效磷为24.9 mg/kg,速效钾为116.5mg/kg。以潮土为主。

(3)存在的问题:土体构型中有较多的壤质沙心和沙均质,对土壤保水、保肥有一定影响,土壤通透性较差,对作物生长不利。土壤轻度盐化较为明显,影响作物的生长;灌溉保证率有待提高;土壤养分含量基本处于全市平均含量水平,微量元素含量偏低。

(4)发展方向:把握市场,进一步巩固棉薯(瓜)种植在本区的主导地位,增施有机肥料,培肥地力,实施平衡施肥,适量补施微肥,提高耕地质量;探索较高的种植模式,提高经济效益。

六、推进种植业作物布局的措施和政策建议

推进种植业作物区域布局是一项综合性强、涉及面广的系统工程,需要各方面共同努力,采取一系列切实可行、保障有力的技术和政策措施。

(一)积极落实国家支农惠农政策

要采取得力措施,全力推进党的惠农政策落实。各级领导干部要时刻牢记全心全意

为人民服务的宗旨，强化“以人为本、执政为民、方便群众、造福百姓”的意识，认真履行好岗位职责，做好自己的本职工作。各部门、各办事处、镇要积极深入基层一线，认真调查研究，吃透政策、夯实责任、摸清底子，采取有效措施，及时解决问题，稳步推进政策落实，力求把每项惠农政策落实到每个部门、每个办事处、镇、每户人家，做到任务明确、底子清楚、兑现严格及时。应坚持做到惠农政策延伸到哪里，落实工作就做到哪里，确保惠农政策不折不扣落实到位。坚持不断健全和完善政策兑现直补工作机制和制度，始终用机制、制度规范行为、规范管理、规范兑现工作。对存在的普遍性问题、个别问题，从机制、制度和作风上找出原因，有针对性地在根本上加以解决，提高行政效率，推动事业发展。惠农政策是党和政府为民谋福祉和关注弱势群体、实施以工哺农战略的重要途径，也是改革发展成果全民共享的重要渠道。这一政策落实好，就会赢得人心、凝聚人心，给党委政府形象添光增彩，提高党委政府的号召力、战斗力。

（二）完善信息服务，准确把握市场脉搏

对市场信息的搜集、分析与研究是生产决策的基础依据。为了更好地发展种植业，建议市政府组织市场调研队伍，每年拿出一份国内外市场需求情况预测报告，供给市委、市政府决策参考。加大市场研究力度和信息服务职能，市委、市政府要舍得投资，为市场研究部门配备现代化信息搜集设备，实现与国内外加工、销售企业和经济信息网络对接，促销产品，扩大往来。

（三）优化品种结构，推进种子工程建设

随着市场农业的发展和人民生活水平的提高，消费者对产品需求将向多元化、高质量发展。对于种植业的生产，要在搞好市场研究的基础上，引进推广新品种，淘汰劣质退化品种，各办事处、镇依据本地土壤类型、肥力水平、生产条件等，确定类型不同的种植业发展计划，合理布局，建设具有特色的生产基地。结合基地建设，培育生产、加工、销售等方面的名牌产品，并加强管理，搞好宣传，走可持续发展之路。

（四）增加科技投入，推广先进农业技术

一是增加科技投入，扶持、支持种植业的科技推广、科研、示范及科技人员再培训等方面的工作；二是搞好科研，农业部门成立科研组，专门从事种植业的课题研究，培育、引进、示范新品种；三是利用农业局下属三个国营农场的 $200hm^2$ 耕地建立原种田，各办事处、镇依据情况，建立良种繁育田，实行统一供种；四是积极搞好技术推广和培训，农技部门负责技术推广和培训工作，实行市、镇、村各级负责培训的办法，真正把栽培技术传授到农民手中；五是大力发展以小麦、棉花为主体的间套模式，尤其是麦菜、棉薯间作，最大限度地提高复种指数，提高优质种植业的经济效益；六是继续按照“预防为主，综合防治”的植保方针，积极推广低残留、生物农药防治作物病虫害，使种植业在品质上再上新水平。

（五）狠抓流通和加工，提高产品附加值，增加创汇率

流通和加工是提高产品附加值，增加创汇率，实现产业化发展的途径。在加工方面，一是通过政策支持、资金扶持，壮大市镇涉农农产品加工、储存、深加工现有企业，提高科技水平，生产高质量产品，扩建规模，提高加工能力；二是鼓励、支持、扶持民营企业向农产品深加工方向转化；三是积极招商引资，发展高水平优质农产品深加工企业；四是加强与发达地区的横向联合，走借船出海的路子。在流通方面，一是依照国家收购流通体制，建

设具有地方特色的农产品批发市场，大力支持外来加工企业进入基地收购农产品；二是对加工产品的流通，应加大宣传力度，完善管理制度，提高服务水平，以更好地吸引外地客商。各种植业农产品基地，应按照加工企业的需求，积极发展“订单农业”，以销定产，以产促销。另外，国家粮食储备库在临清的建设将为临清优质专用小麦的发展提供良好的机遇。

（六）切实加强对实施种植业作物区域布局工作的领导，加大落实的工作力度

加强领导是顺利实施种植业作物布局的根本保证。各级强化抓落实的工作责任感，明确职能分工，分解工作责任，形成抓落实的整体合力，加强协调，精心组织，一抓到底。在推进优势农产品产业带和地方特色农产品主产区建设中，要发挥规划的导向作用，按自然规律和市场规律办事。落实党在农村的基本政策，稳定和完善农村土地承包关系，认真清理农产品生产、流通环节等不合理的收费规定，对优势农产品的开发实施减税政策。尊重广大农民的意愿和生产经营自主权，不搞强迫命令、一刀切。各级要积极争取发改、财政、金融、外贸等部门的支持，密切配合，共同抓好规划各项实施工作。

第三节 临清市粮食生产潜力分析

一、粮食生产潜力分析的重要性

粮食不仅是人类生存和发展的基础，更是关系国民经济发展、社会和谐稳定、国家安全自立的全局性重大战略问题。中国历史上就有“兵马未动，粮草先行”的战略，汉武帝时的“太仓之粟陈陈相因”曾被史家称颂，明成祖朱元璋的“深挖洞、广积粮、缓称王”的帝王之道，以及毛泽东“深挖洞、广积粮、不称霸”的政治哲学都表明，粮食问题始终是一个十分重要的政治问题。新中国成立以来，特别是改革开放以来，我国靠政策、靠科技、靠投入，成功地解决了人民的温饱问题，实现了农产品供求基本平衡、丰年有余的历史性跨越，取得了用世界不足10%的耕地养活了世界上近21%的人口的辉煌成就。而随着城镇化、工业化的发展及人口增长、耕地减少、水资源短缺和气候变化对粮食生产的制约日益增长，粮食需求呈刚性增长，粮食供给长期处于紧平衡状态。粮食能否长期稳定、持久发展，关系到国家安全、政治安全，也关系到构建和谐社会及推进社会主义新农村建设。因此，对粮食生产潜力问题进行探讨研究，显得十分重要。

二、临清市粮食生产现状及影响因素分析

（一）粮食生产现状

2004年起，中央相继发出了5个中央一号文件，相继出台了一系列惠农支农措施。如取消农业“四税”，即农业税、林特产品税、牧业税和屠宰税政策，实行农业“四补贴”即粮食直补、良种补贴、农机购置补贴和农资综合直补政策，农业和农民得到“休养生息”，初步建立了符合我国国情财政综合补贴与财政专项补贴相结合、管理逐渐规范的农业政策补贴体系。实施并建立了农业和粮食生产投入增长机制，对小麦等实施最低收购价政策，加大对粮食主产区转移支付力度等，这些政策和机制，大大提高了农民种粮积极性。临清市

粮食作物主要是小麦、玉米、大豆、甘薯及谷子。全市粮食种植面积、单产、总产量同步增长，粮食生产由恢复发展到稳定发展。粮食面积由2005年的48571hm^2发展到2009年的78533hm^2，产量由2005年的5982kg/hm^2发展到2009年的6324kg/hm^2。2009年，临清市小麦面积为42330hm^2，产量为6030kg/hm^2；玉米面积为30183hm^2，产量为6330kg/hm^2（表9-1）。

表9-1 临清市历史粮食产量表

年 份	播种面积(hm^2)	粮食总产(t)	粮食单产(kg/hm^2)
2001	64322	337301	5244
2002	60767	321484	5290
2003	56657	295109	5208
2004	51287	267782	5221
2005	48571	290576	5982
2006	67503	382617	5668
2007	73443	449004	6113
2008	78706	488199	6203
2009	78533	496642	6324

（二）影响因素分析

1. 耕地少，基本生产面积保障不足。临清市耕地面积为55915.9hm^2，人均耕地面积为0.077hm^2，农民人均耕地面积为0.1008hm^2，低于全国人均耕地面积为0.093hm^2的水平。非农建设用地与耕地矛盾突出，人口的增加较快。据统计，临清市1990年的耕地面积为66667hm^2，2009年减少到55915.88hm^2，年均减少298.6hm^2，不断减缩的耕地面积是粮食生产的一个重要制约因素。

2. 粮食需求呈刚性增长。一是人口不断增长；二是人口城市化不断提高；三是居民生活结构进一步改善，消费食物的多样化、优质化趋势将加剧食品的消费数量越来越大；四是调整经济结构，不断改善生态环境，实施可持续发展战略，这必然需要增加食物供应；五是畜牧业作为发展的战略不会改变，由此对饲料用粮的需求将大幅度增长。这些因素决定了对粮食和主要食物需求不断增长。

3. 种粮比较效益低。近年来，由于化肥、农药、农用柴油等农业生产资料价格上涨和人工成本上升，农民种粮成本大幅增加，农业比较效益下降。随着城镇化、工业化快速发展，农村外出务工人员增多，农业劳动力呈现结构性紧缺，粮食生产出现“副业化”趋势。农民每公顷种粮实际受益为7500～8000元。按每个农民一年种植0.133hm^2粮食计算，年收入3000元是最高的，而种植经济作物收益大都在5000～7500元，有的甚至更多。农村外出务工人员日平均为50元左右，月收入为1500元以上，进城务工和种经济作物相比，种粮效益明显偏低，导致农民种粮积极性不高，致使粮食生产稳定发展的难度加大。

4. 自然灾害时刻威胁粮食生产。对临清市粮食作物威胁的自然灾害有干旱、涝害、干热风等。临清市五年有三年春旱，给小麦生产带来严重影响，干热风也是影响小麦生产的因素之一。由于临清市降水多集中在7～8月，常常出现涝害，对秋季粮食作物不利。此外，病虫害对粮食生产直接产生的危害，也不可忽视。

三、临清市粮食生产潜力分析

粮食产量是粮食播种面积与单位面积粮食产量二者的乘积，要得出比较科学的粮食生产潜力预测结果，需要对其影响因素进行科学合理的分析和预测。所以，首先对粮食播种面积和单位面积粮食产量做出分析、预测，在此基础上再得出粮食生产增长潜力预测数值。

(一)粮食播种面积

粮食播种面积是种植粮食的耕地面积与复种指数的乘积。粮食播种面积受耕地面积、粮食作物播种比例和复种指数影响，它们之间有复杂的非线性关系，其函数关系为：粮食播种面积＝耕地面积×复种指数×粮播比例。这里首先假定复种指数不变，则粮食播种面积取决于种植粮食的耕地面积。再假定粮食、经济作物播种面积所占比重不变，则影响种植粮食耕地面积的唯一因素是耕地面积。

目前，临清市耕地面积为55915.9hm^2，人均耕地面积为0.077hm^2，农民人均耕地面积为0.1008hm^2，低于全国人均耕地面积为0.093hm^2的水平。非农建设用地与耕地矛盾突出，人口的增加较快。据统计，临清市1990年的耕地面积为66667hm^2，2009年减少到55915.88hm^2，年均减少565.9hm^2。今后，城市化和工业化仍将互相促进，加速发展，这必然会造成大量的耕地非农化，使耕地面积继续不断降低。但是，随着新农村建设中合村建居的实施，未来的千户居、万人村不是梦想，原来的村庄可以进行复垦，发展农业生产。另外，国家对耕地保护政策的从严实施，将遏制耕地的随意占用。到2020年，按年均减少565.9hm^2的70％计算，2020年临清市耕地面积为51162.32hm^2。

在耕地面积不断快速减少的情况下，为保障粮食的播种面积，可以提高复种指数。复种指数是指某一地区，全年总播种面积和总耕地面积之比，它是衡量耕地利用程度的重要指标。临清市复种指数历年变化情况见表9-2。

表9-2　临清市复种指数历年变化情况

年　份	2001	2002	2003	2004	2005	2006	2007	2008	2009
复种指数(％)	162.3	163.0	163.8	164.4	165.3	165.9	166.5	167.1	168.0

从表9-2可以看出，临清市耕地复种指数是递增的，从2001年到2009年递增了5.7％，即年递增0.63％。按目前的递增情况，2020年临清市耕地复种指数达到175.6％。

在此预测结果的基础上，如果按照粮食播种面积比例占农作物播种面积的83.5％(2009年粮食播种面积比例为83.6％)来计算，可以对临清市2020年的耕地面积及粮食播种面积做出预测(表9-3)。

表 9-3　临清市耕地面积和粮食播种面积预测

年　份	2009	2020
耕地面积(hm^2)	55915.88	51162.32
复种指数(%)	168.0	175.6
农作物总面积(hm^2)	93938.68	89841.0
粮食面积比例(%)	83.6	83.5
粮食面积(hm^2)	78533	75017.26

(二)粮食单产

在耕地面积不断减少的情况下,提高粮食单产是粮食总量增加的关键。有关实证研究结果表明,单产是影响粮食总产量的最主要因素。据肖国安 2005 对我国 1978～2003 年粮食单产与总产量之间关系的研究,两者相关系数高达 0.979。单产的提高不仅抵消了因粮食播种面积减少而引起的粮食总产量的减少,而且使总产量有较大幅度的增长。科学技术是第一生产力,依靠农业科研和技术推广提高粮食单产是粮食增产的最基本源泉。以林毅夫为组长的《中国农业科研优先序研究》课题组 1995 年通过对全国最高单产和大田实际平均单产差距的研究结果表明,我国粮食单产有巨大的潜力。单产潜力的总水平是已经实现的大田平均单产的 1.5 ～3.5 倍。该课题组认为,影响大田实际平均单产的因素主要有:品种基本特性是最主要的影响因素,其影响系数为 50%;与地理环境条件相关的限制因素;不良的土壤条件;不良的气候条件;病虫草鼠危害。前两项占产量差的解释量的 80%以上,而后三者的解释量不到 20%。在农业生产中,可控制的限制因素已经得到较大程度的控制,粮食单产进一步提高的潜力在于改进品种的基本特性,改善地理环境条件,抑或提高品种对环境条件的适应能力。从目前粮食作物实际产量与潜在产量之间的“产量差”看,小麦、玉米、大豆等主要粮食作物实际单产仅为品种区试产量的 58%～78%,为区域高产示范水平的 48%～63%,粮食单产提高潜力很大。从优良品种、栽培措施及耕作制度等技术进步潜力看,主要粮食作物单产提高潜力较大。

临清市平均单产小麦仅为 6030kg/hm^2,玉米为 6330kg/hm^2,而小麦品种济麦 22 号 2004～2006 年参加山东省区试,平均产量为 8040kg/hm^2,生产试验平均产量为 7785kg/hm^2,2004～2006 年参加国家黄淮北片区试,平均单产为 7770kg/hm^2。玉米品种浚单 20 号 2001～2002 年参加黄淮海夏玉米组品种区域试验,两年平均产量为 9180kg/hm^2,2002 年生产试验,平均产量为 8833.5kg/hm^2。所以,临清市粮食单产潜力很大,随着科技的发展及农田条件的改善,2001 年临清市粮食产量为 5244kg/hm^2,到 2009 年粮食单产增长到 6324kg/hm^2,平均年增长 2.28%。剔除不确定性因素,若依此增长情况的 70%计算,2020 年临清市小麦能够平均达到 7187kg/hm^2,玉米达到 7545kg/hm^2,粮食平均达到 7538kg/hm^2。

四、临清市潜在粮食生产量

综上对临清市粮食播种面积、单位面积产量的分析和预测,可以对 2020 年的粮食潜在生产量预测(表 9-4)。

表 9-4 临清市粮食生产潜力预测结果

年 份	2009	2020
粮食面积(hm^2)	78533	75017.26
产量(kg/hm^2)	6324	7538
总产量(吨)	496642	565480

五、挖掘粮食生产潜力对策

(一)坚持稳定基本农田制度不动摇

耕地是粮源之基,保证足够的粮食生产面积,稳定地提高粮食生产能力,应该是确保粮食增产的根本。采取最严格的耕地保护措施,严格控制非农建设占用耕地,加强对非建设占用耕地的管理,切实遏制耕地过快减少的势头,不断优化耕地利用结构,合理调整土地利用布局,提高土地集约利用水平。要继续建设现代化商品粮基地,形成稳定的粮食生产基地。加强水资源保护和管理,提高农业生产供水保证率;严格控制河源污染。引导农户科学使用化肥、农药和农膜,大力提高使用有机肥料、生物肥料、生物农药,减少对耕地和水资源的污染,提高水资源利用效率和效益,保护和改善粮食产地环境。

(二)培育和健全粮食市场体系建设

发挥粮食市场机制配置粮食资源的基础性作用,能够高效、灵活、低成本地保证粮食供应。要建立以国家粮食批发市场为龙头、区域批发市场为骨干、粮食期货流通为先导的完整的粮食市场体系。着力解决品种结构性矛盾,区域性粮食供需矛盾,活跃粮食市场,确保有效供给。大力发展现代物流,加快改善粮食物流通道。要规范市场体系,严格市场准入和管理;建立市场信用制度,强化行业协会和民间组织的行业自我管理和维护市场秩序的作用。严格规范市场主体行为,严格产品质量检疫检验制度,严格整治假冒伪劣非法交易行为,严格实行产品无污染包装和标签制,切实加强对粮食市场的监督检查。

(三)坚持和完善现行储备体系

储备制度是国家应对重大自然灾害和突发公共事件、平抑粮食市场波动、实施宏观调控的物质基础和有效手段。必须健全和完善中央储备和地方储备、政府储备和企业商品最低库存以及家庭储粮相结合。中央战略专项储备主要用于确保全国性的粮食明显供不应求、重大自然灾害和突发性事件的需要。地方储备主要用于解决区域性供求失衡、突发性事件的需要和居民口粮应急需求。同时,所有从事粮食收购、加工、销售的企业必须承担粮油最低库存义务,保证必要的合理库存。要优化储备布局和品种结构,做好粮油市场的应急供应保障,切实增强宏观调控的物质基础。

(四)落实国家扶持政策,拉长产业链条

挖掘粮食生产潜力具有复杂性、艰巨性和长期性等特点,是一项庞大的系统工程。要解决好这个问题,必须有全面持久的政策支持。一是要加强农业基础设施建设和对粮食生产的投入政策,下大力气加强农业基础设施特别是农田水利设施建设,稳步提高耕地基础能力和产出能力。狠抓农田水利建设，加大农业供水灌溉改造，推进低产农田整治，土地复垦，建设稳定、高产、旱涝保收、节水高效的规范化农田。同时，要加强农业气象监测、农作物病虫害防治的投入。二是完善粮食直补和奖励政策。进一步完善粮食直补、农资专项补贴、良种补贴和农机购置补贴政策，积极扶持种粮大户和专业户发展粮食生产。三是产业化支持政策。要构筑以粮食为中心的产业化加工、储运设施建设扶持力度，对粮油批发市场、仓储设施、物流配送等提供政策资金支持，提供政策保障。

（五）促进科技创新，提高增产途径

科学技术是实现粮食增产的重要因素和长期因素。临清市农业科技总体上还比较薄弱，尤其是原始创新能力比较薄弱，对调整产业结构和品种结构、改造优化产业和形成新的经济增长点等方面发挥的作用还不够强大。因此，建立和创新科技支撑体系，对于粮食的深加工，提升粮食的附加值，增加农民收入十分重要。当前要着力提高粮食单产水平。强化科技支撑，大力推进农业关键技术研究，力争粮食单产有大的突破。大力促进科技创新，强化农业生物技术和信息技术的应用，加强科研攻关，实施新品种选育、粮食丰产等科技工程，提高生物育种的研发能力和扩繁能力。同时，要建立粮食良种体系、安全储备体系、精深加工开发转化体系、质量标准体系等是保障粮食增产、质量提升的重要措施。

（六）开拓多种补粮渠道

粮食是人们生活的基础，但是人们生活不仅仅依赖粮食，要广泛开拓非粮食品，非粮食品是对粮食食物的一种有效补充和供给，也是丰富人们生活，合理调节调剂人们生活水平和质量，促进食物食品多样化的有效渠道。既减少、节约了粮食，又满足了人们健康生活的需求。一是大力发展节粮型畜牧业。调整产品结构，逐步扩大优质高效饲料作物种植，发展节粮型草食畜禽，提高饲料转化效率和使用率。二是积极发展水产养殖业。要利用废弃窑坑和复垦难度大的土地资源，积极推广生态、健康水产养殖，扩大淡水养殖面积。同时要加强水产资源和水域生态环境保护，促进水产养殖业可持续发展。三是合理发展林果和蔬菜生产。在优先保证口粮作物生产的基础上，合理发展林果和蔬菜生产，并努力提高林果和蔬菜品种和品质，增加林果和蔬菜食品供给，开拓非粮食品种供给渠道。

第十章　测土配方施肥概述

第一节　测土配方施肥基础知识

一、测土配方施肥的概念

我们所说的测土配方施肥就是国际统称的平衡施肥，这项技术是联合国在世界推行的先进农业技术。概括来说，一是测土，取土样测定土壤养分含量；二是配方，经过对土壤的养分诊断，按照庄稼需要的营养"开出药方，按方配药"；三是合理施肥，就是在农业科技人员指导下使用科学配方肥。测土配方施肥项目围绕测土、配方、配肥、供肥、施肥指导五个环节开展工作。实施期间，农业部门可免费为项目区内的农民提供土壤化验，免费组织技术培训，免费提供配方施肥资料，免费提供施肥建议卡，免费提供技术指导和咨询服务，并采取招标、直供限价等措施，向农民提供质优价廉的供肥服务。

农谚说："有收无收在于水，收多收少在于肥"，事实并非完全如此。有的农民化肥没少用，但产量却不高，或产量较高，收入却没增加多少。这是因为农作物不同，其养分要求也不同，施用单一肥料没有施用配合肥料效果好；不同类型的土壤施肥量也不一样。肥料并不是施得越多越好，盲目施用过多，既浪费肥料，又增加成本，还降低产量，减少收益。而测土配方施肥就是针对这些问题提出来的。在农作物需要的营养成分中，氮、磷、钾对作物的生长及产量高低影响很大，所以称为作物营养的三要素。但是，不同作物对养分需要的数量各不相同，具有选择性吸收的特点。如马铃薯等作物为了促进地下块根糖和淀粉的积累合成，对磷、钾需要量较大，氮次之；大豆等豆科作物对磷的需要量比一般作物多，因为磷能促进根瘤的生长繁殖，提高根瘤的固氮能力；而叶类蔬菜是以生产叶子为主的，对氮的需要量比任何作物都大。作物的需肥特性告诉我们，对于不同作物要选择不同的肥料搭配施用。

微量元素虽然在作物体内只占干物重的万分之一，但若缺少，同样会严重影响作物生长发育。例如，玉米缺锌会出现"白苗症"，小麦缺硼会产生"花而不实"，甚至绝产。不同作物对不同微量元素敏感程度不同，因此在施用大量元素肥料的同时，还要针对不同作物配合施用不同的微量元素肥料。

有机肥与化肥的相互作用。有机肥是含有氮、磷、钾和微量元素的完全肥料，在培肥改土方面有着化肥不可代替的作用。有机肥料不仅能为农作物提供全面营养，促进生长，而且有机肥进入土壤后经过分解与合成，形成土壤有机胶体，它与土壤无机胶体复合促使在土壤中形成良好的土壤团粒结构，增强土壤的保水、保肥、供肥能力。有机肥与化肥配合施用，可使化肥利用率大大提高，肥效得到充分发挥，同时化肥用量也可相应减少。

二、测土配方施肥与传统施肥的区别

传统施肥是以肥料三要素为基础实施的施肥措施，它只是一种定型的施肥方法，它的缺点是具有一定的施肥盲目性，是造成土壤恶化的元凶。测土配方施肥是将土壤、肥料和种植作物有机结合起来，采用取土、化验、制定配方和施肥措施，是一种定量的施肥方法。它的优点是改善土壤生态环境，科学合理培肥地力，并且节约施肥成本，是一种改良土壤的重要措施。

三、当前农民在施肥方面存在的误区

测土配方施肥是中央一号文件明确要求大力推广的种植业节本增效技术。但是目前还有相当一部分农民仍然认识不到测土配方施肥的好处，在施肥过程中存在着许多误区。

当前农民在施肥方面的误区主要表现在：一是施肥结构不合理。复混肥料所占比重仅为30%，较美欧国家60%～70%的比重差距甚远。有机肥投入占总养分的比例呈下降趋势。二是在田块施肥上，肥料投入过量与不足的现象相当普遍，施肥盲目性很大。过量施肥主要表现在高产粮田和保护地栽培上。高产粮田一般氮磷肥过量20%～30%，保护地栽培氮肥过量50%～150%，磷肥过量一半以上。施肥不足表现在中低产田上，一般是常规作物磷、钾肥投入不足。三是在农户选购、施用上存在凭经验、随大溜、贪便宜，过于迷信广告、人情肥，盲目排斥含氯化肥等错误行为。凭经验就是不顾变化了的土壤条件和生产管理水平，过去施什么肥、施多少，现在还施施什么肥、施多少。比较典型的例子就是以前使用磷酸二铵效果普遍很好，但经过长期过量的使用，土壤磷素大幅上升，而今仍使用磷酸二铵，效果大不如前，这是必然的。农民不懂得这个道理，反而认为土地更“饿”了。或者怀疑磷酸二铵有假。随大溜就是自己在施肥上没有主见，看别人怎么施，自己就怎么施。如果自己地块的肥力水平、产量水平、生产条件与别人相似，如此尚可，否则就不行了。贪便宜就是不看产品质量、养分含量，只要是同类肥料，哪一种价格低，就买哪种。事实上低价往往是消费陷阱。迷信广告就是认为做广告的产品就是好产品。人情肥就是碍于面子，从亲戚朋友的经营点选购化肥，或者亲戚朋友送货上门，不好推辞。盲目排斥含氯化肥就是谈“氯”色变，凡是含氯的化肥一律不用。其实在大部分地块，小麦、玉米、棉花等作物施用含氯化肥，对产品的产量、品质均没有影响。含氯化肥是目前生产量和施用量较大的一类肥料，使用好这类肥料，对农业生产具有重大意义。

四、测土配方施肥技术的主要作用

测土配方施肥的主要作用一是减少能源消耗。二是增加产量。测土配方施肥比传统施肥粮食作物平均增产5%以上，棉花、油料、蔬菜等经济作物平均增产10%以上。三是节本增收。临清市一些地块施肥过量，测土配方施肥每公顷可节肥75～150kg，按现行价格，每公顷降低成本450元左右。四是改善环境。测土配方施肥可使肥料利用率提高5%～10%，有效减少养分被蒸发、渗入地下或流入河流，减轻化肥面源污染，提高土壤肥力。五是减轻病害。研究表明,一些农作物病害是因为养分不平衡所致,特别是施肥过多造成的次生盐渍化或缺少中微量元素。测土配方施肥后,可大大减轻农作物病害的发生。六是改善农产品品质。测土配方施肥可以改变偏施氮肥的习惯,降低蔬菜硝酸盐含量,防止水果变酸,改善皮厚、色淡以及内在品质指标,从而保障人民身体健康。

五、测土配方施肥技术提高肥效的原因

测土配方施肥考虑到作物、土壤、肥料体系的相互关系,是一项科学性强的综合性的施肥技术。测土配方施肥能够提高化肥使用效率的道理在于:

(一)测土配方施肥可以确定最经济的化肥使用量

由于肥料报酬递减率的客观存在,对某一作物品种的肥料投入量有一定的限度。在缺肥的中低产地区,施用肥料的增产幅度大,而在高产地区,施用肥料的技术要求则比较严格,肥料的过量投入,不论是哪类地区,都会导致肥效下降,以致减产。因此,确定最经济的肥料用量是配方施肥的核心。

(二)测土配方施肥可以有针对性地补充限制当地产量提高的短缺营养元素

测土配方施肥通过针对性地补充限制当地产量提高的短缺营养元素,协调作物生长所需的营养元素之间的比例,纠正过去单一施肥的倾向,使各养分之间相互促进,增产增收。这是测土配方施肥提高化肥使用效率的主要依据。

(三)测土配方施肥解决了作物施肥与土壤供肥之间的矛盾

作物的生长不仅消耗了土壤养分,也消耗了土壤有机质。因此,正确处理好有机肥、无机肥投入与作物产出,用地与养地之间的关系,是提高作物产量和改善产品品质,也是维持和提高土壤肥力的重要依据。

(四)测土配方施肥是一项综合性的技术体系

测土配方施肥虽然以确定不同养分的施肥总量为主要内容,但为了发挥肥料的最大施肥效率,施肥必须与选用良种、肥水管理、耕作制度、气候变化等影响肥效的因素相结合,形成一套完整的施肥技术体系。

六、测土配方施肥技术原理

测土配方施肥是以养分归还学说、最小养分律、同等重要律、不可代替律、肥料效应报酬递减律和因子综合作用律等为理论依据,以确定不同养分的施肥总量和配比为主要内容。为了充分发挥肥料的最大增产效益,施肥必须与选用良种、肥水管理、种植密度、耕作制度和气候变化等影响肥效的诸因素结合,形成一套完整的施肥技术体系。

(一)养分归还学说

作物产量的形成有40%~80%的养分来自土壤,但不能把土壤看作一个取之不尽、用之不竭的“养分库”。为保证土壤有足够的养分供应容量和强度,保持土壤养分的输出与输入间的平衡,必须通过施肥这一措施来实现。依靠施肥,可以把被作物吸收的养分“归还”土壤,确保土壤肥力。

(二)最小养分律

作物生长发育需要吸收各种养分,但严重影响作物生长,限制作物产量的是土壤中那

种相对含量最小的养分因素,也就是最缺的那种养分(最小养分)。如果忽视这个最小养分,即使继续增加其他养分,作物产量也难以再提高。只有增加最小养分的量,产量才能相应提高。经济合理的施肥方案,是将作物所缺的各种养分同时按作物所需比例相应提高,作物才会高产。

(三)同等重要律

对农作物来讲,不论大量元素或微量元素,都是同样重要,缺一不可的,即使缺少某一种微量元素,尽管它的需要量很少,仍会影响某种生理功能而导致减产。如玉米缺锌导致植株矮小而出现花白苗,棉花缺硼使得蕾而不花。微量元素与大量元素同等重要,不能因为需要量少而忽略。

(四)不可替代律

作物需要的各营养元素,在作物体内都有一定功效,相互之间不能替代。如缺磷不能用氮代替,缺钾不能用氮、磷配合代替。缺少什么营养元素,就必须施用含有该元素的肥料进行补充。

(五)报酬递减律

从一定土地上所得的报酬,随着向该土地投入的劳动和资本量的增大而有所增加,但达到一定水平后,随着投入的单位劳动和资本量的增加,报酬的增加却在逐渐减少。当施肥量超过适量时,作物产量与施肥量之间的关系就不再是曲线模式,而呈抛物线模式了,单位施肥量的增产会呈递减趋势。

(六)因子综合作用律

作物产量高低是由影响作物生长发育诸因子综合作用的结果,但其中必有一个起主导作用的限制因子,产量在一定程度上受该限制因子的制约。为了充分发挥肥料的增产作用和提高肥料的经济效益,一方面,施肥措施必须与其他农业技术措施密切配合,发挥生产体系的综合功能;另一方面,各种养分之间的配合施用,也是提高肥效不可忽视的问题。

七、配方施肥的技术内容

测土配方施肥的技术内容主要有九项:一是土壤测试,按照代表性、典型性原则进行土壤样品采集和土壤氮、磷、钾及中、微量元素养分测试,了解土壤供肥能力状况。二是田间试验,由农技人员在优势作物主推品种上布置田间小区试验,以了解作物需肥规律,获取肥料效应参数,确定各个施肥单元不同作物优化施肥量,基肥、追肥分配比例,施肥时期和施肥方法,构建作物施肥模型,为施肥分区和肥料配方提供依据。三是配方设计,根据测土和肥料试验结果,组织专家会商,提出不同地区、不同作物的施肥配方。四是校正试验,对上述肥料配方通过田间试验来校准施肥参数,验证并完善肥料配方,改进测土配方施肥参数。五是配方加工,根据相关的配方施肥参数,委托相关企业定向生产配方肥料。六是示范推广,建立测土配方施肥示范区,为农民创建窗口,树立样板,把该项技术落实到田头。七是宣传培训,对各级农技人员、肥料生产企业、肥料经销商、农民进行系统培训。八是效果评价,在测土配方施肥项目区进行动态调查并随机调查农民,征求农民的意见,检验其实际效果,以完善管理体系、技术体系和服务体系。九是技术创新,为保持这项技术的延续与发展，在田间试验方法、土壤测试、肥料配制方法、数据处理等方面开展创新研究，以不断提升测土配方施肥技术水平。

八、测土配方施肥的基本方法

基于田块的肥料配方设计，首先要确定氮、磷、钾养分的用量，然后确定相应的肥料组合，通过提供配方肥料或发放配肥通知单，推荐指导农民使用。肥料用量的确定方法主要包括土壤与植株测试推荐施肥方法、肥料效应函数法、土壤养分丰缺指标法和养分平衡法。

(一)土壤、植株测试推荐施肥方法

该技术综合了目标产量法、养分丰缺指标法和作物营养诊断法的优点。对于大田作物，在综合考虑有机肥、作物秸秆应用和管理措施的基础上，根据氮磷钾和中微量元素养分的不同特征，采取不同的养分优化调控与管理策略。其中，氮素推荐根据土壤供氮状况和作物需氮量，进行实时动态监测和精确调控，包括基肥和追肥的调控；磷、钾肥通过土壤测试和养分平衡进行监控；中微量元素采用因缺补缺的矫正施肥策略。该技术包括氮素实时监控、磷、钾养分恒量监控和中微量元素养分校正施肥技术。

(二)效应函数法

根据“3414”方案田间试验结果建立当地主要作物的肥料效应函数，直接获得某一区域、某种作物的氮、磷、钾肥料的最佳施用量，为肥料配方、施肥方法和数量提供依据。

(三)土壤养分丰缺指标法

通过土壤养分测试结果和田间肥效试验结果，建立不同作物、不同区域的土壤养分丰缺指标，提供肥料配方。

(四)养分平衡法

根据作物目标产量需肥量与土壤供肥量之差估算目标产量的施肥量，通过施肥补足土壤供应不足的那部分养分。养分平衡法涉及目标产量、作物需肥量、土壤供肥量、肥料利用率和肥料中有效养分含量五大参数。目标产量确定后因土壤供肥量确定方法不同，形成了地力差减法和土壤有效养分校正系数法两种。

(五)地力差减法

地力差减法是目标产量配方法中的一种。此法的原理是，从目标产量中减去不施肥的空白田的产量，其差值就是增施肥料所能得到的产量，然后用这一产量来算出作物的施肥量：

肥料需要量=[作物单位产量养分吸收量×(目标产量－空白田产量)]/(肥料中养分含量×肥料当季利用率)

九、测土配方施肥的步骤

测土配方施肥技术包括“测土、配方、配肥、供应、施肥指导”五个核心环节及十一项重点内容：开展野外调查、掌握耕地信息；田间试验；校正试验；土壤测试；配方设计；示范推广；宣传培训；配方加工；开展土壤动态监测，完善效果评价体系；技术创新；效果评价。农民需要了解的是：

(一)采集土样

土样采集一般在秋收后进行(蔬菜田在凉棚期)。采样的主要要求:采集的土样深度一般为20cm,如果作物的根系较深,可以适当增加采样深度。大田采样以20～33.3hm^2为一个采样单元。在采样单元中,按"S"形选择15个样点,去掉表土覆盖物,用不锈钢取土器,按土层均匀取土。然后,将采得的各点土样混匀后装入布袋内,布袋要挂标签,标明采样地点、日期、采样人等。

(二)化验土壤

土壤化验主要以五项基础化验为主,即碱解氮、有效磷、速效钾、有机质和pH。土壤化验要准确、及时。化验取得的数据要填入化验单,并登记造册,输入到相关软件系统,建立土壤数据库。

(三)确定配方

配方确定由土肥技术人员完成。根据农户种植的农作物种类及其预期产量指标,技术人员根据预期产量指标的农作物需肥量、土壤的供肥量,以及不同肥料的利用率,确定肥料配方,并将肥料配方按测试地块落实到农户,以便农民按方买肥。

(四)购肥配肥

农户根据配方选购优质肥料。

(五)科学施肥

农户按照专家建议的施肥方法、施肥时期、施肥品种、施肥数量对农作物进行施肥。用做追肥的肥料,要看天、看地、看作物,掌握追肥时机。

(六)跟踪调查,调整配方

技术人员要做好田间试验反馈的信息,对施肥进行调整。

第二节　作物与营养元素

植物正常生长发育所需要的营养元素有必需元素和有益元素之分;必需元素中又有大量元素和微量元素之分。

一、必需元素

必需元素指植物正常生长发育所必需而不能用其他元素代替的植物营养元素。根据植物需要量的多少,必需元素又分为必需大量元素和必需微量元素。必需大量元素有碳、氢、氧、氮、磷、硫、钾、镁、钙;必需微量元素有铁、锰、锌、铜、硼、钼、氯。大量元素与微量元素虽在需要量上有多少之别,但对植物的生命活动都具有重要功能,都是不可缺少的。

必需元素的生理功能可概括为构成植物体内有机结构的组成成分,参与酶促反应或能量代谢及生理调节。如纤维素、单糖和多糖中含有碳、氢、氧;蛋白质中含有碳、氢、氧、氮、磷、硫;某些酶中含有铁或锌;Mg^{2+}和K^+是两种不同的酶的活化剂;K^+和Cl^-对渗透调节具有重要作用等。

二、有益元素

有益元素指一些植物正常生长发育所必需而不是所有植物必需的元素，如硅、钴、镍、钠等。

硅是禾本科植物所必需的，对番茄、黄瓜、菜豆、草莓等也有一定作用。缺硅会使植物生殖生长期的受精能力减弱，降低果实数和果重。

钴是豆科植物固氮及根瘤生长所必需的；镍在豆科植物氮代谢中有重要功能。

除可促进某些植物的生长发育外，有的有益元素可代替某种必需元素的部分生理功能。Na^+可以在渗透调节等方面代替K^+的作用。当K^+供应不足时，Na^+可以取代K^+。

三、作物缺乏营养元素的形态特征

作物正常生长发育需要吸收各种必需的营养元素，如果作物生长期间严重缺乏某些营养元素，往往会破坏体内正常的物质代谢，使根、茎、叶等营养器官，或花、果实等生殖器官显现出特有的病态。这种由于营养失调所引起的生理病态，通常称“缺素症”。一般缺乏不同营养元素的外部形态特征有明显的差别。例如，由于氮、磷、钾、镁营养元素在作物体内具有再度利用的特点。因此，当作物缺乏这些元素时，它们可从下部老叶转移到上部新叶而被再度利用，缺素症往往首先从下部老叶上显现出来；而微量营养元素在作物体内没有再度利用的能力。因此，当缺乏微量营养元素时，缺素症状最易在上部新生组织（如幼芽、幼叶）上表现出来。

作物的缺素症状是作物内部营养状况失调的外部反映，因此可以从作物外部形态上直观地观察出来，同时，它在一定程度上反映了土壤中某些养分的亏缺情况。

现将作物缺乏营养元素的一般形态特征和主要作物缺乏某些元素的典型症状汇集整理后列入表10-1至表10-4。

表10-1　作物缺乏营养元素的一般形态特征

缺乏元素	植株变态	叶	根、茎	生殖器官
氮	生长受制，植株矮小、瘦弱。地上部受影响较地下部明显	叶片薄而小整个叶片呈黄绿色，严重时下部老叶几乎呈黄色，干枯死亡	茎细，多木质。根受抑制，较细小。分蘖少（禾本科作物）或分枝（双子叶作物）少	花、果穗发育迟缓。不正常地早熟。种子少而小，千粒重低
磷	植株矮小，生长缓慢。地下部严重受抑制	叶色暗绿，无光泽或呈紫红色。从下部叶子开始逐渐死亡脱落	茎细小，多木质。根不发育，主根瘦长，次生根量少或无	花少、果少，果实迟熟。易出现秃尖、脱荚落花蕾。种子小而不饱满，千粒重下降
钾	较正常植株小，叶片变褐枯死。植株较柔弱，易感染病虫害	开始从老叶尖端沿叶缘逐渐变黄，干枯死亡，叶缘似烧焦状，有时出现斑点状褐斑，叶卷曲、显皱纹	茎细小，柔弱，节间短、易倒伏	分蘖多而结穗少。种子瘦小，有时果实出现畸形

续表

缺乏元素	植株变态	叶	根、茎	生殖器官
钙	植株矮小，组织坚硬，病态先发生于根部	幼叶卷曲、脆弱，叶缘发黄，逐渐枯死	茎和根尖的分生组织受损，根系生长不好，茎软下垂，根尖细脆易腐烂、死亡	结实不好或很少结实
镁	变态发生在生长后期。黄化，植株大小没有显著变化	首先从下部老叶开始缺绿，但只有叶肉变黄，叶脉仍保持绿色。以后叶肉组织逐渐变褐而死亡	变化不大	开花受抑制，花的颜色变苍白
硫	植株普遍缺绿。后期生长受抑制	幼叶开始黄化，叶脉先缺绿，然后遍及全叶，严重时老叶变为黄白色，但叶肉仍呈绿色	茎细长，枝少，豆科植物根瘤少	开花结实期延迟，果实减少
硼	植株矮小，病态首先出现在幼嫩部分。植株尖端发白。茎及枝条的生长点死亡	新叶粗糙，淡绿色，常呈烧焦状斑点。叶脉变红，叶柄（脉）易折断	茎脆，分生组织退化或死亡。根粗短，根系不发达。生长点常有死亡	蕾、花或子房脱落。果实或种子不充实，甚至花而不实（油菜），果实畸形，果肉有木栓化现象
锰	植株矮小，缺绿病态	幼叶叶肉失绿，但叶脉保持绿色，显白条状，叶上常有杂色斑点	叶生长势衰弱，多木质	花少，果实重量减轻
铜	植株矮小，出现失绿现象，易感染病态	禾谷类作物叶尖失绿而黄化。以后干枯、脱落。果（梨）上部叶片畸形，变色，新梢萎缩	发育不良，果树茎上常排出树胶	谷类作物穗和芒发育不全，有时大量分蘖而不抽穗，种子不易形成
锌	植株矮小	果树除叶片失绿外，在枝条尖端常出现小叶、畸形，枝条节间缩短呈簇生状。玉米缺锌常出现白苗	严重时枝条死亡，根系生长差	果实小或变形，核果、浆果的果肉有紫斑

续表

缺乏元素	植株变态	叶	根、茎	生殖器官
钼	植株矮小，生长缓慢，易受病虫危害	幼叶黄绿，叶脉间出现缺绿。老叶变厚，呈蜡质，叶脉间肿大，并向下卷曲。严重时叶片枯萎以致坏死	豆科作物根瘤发育不良，瘤小而少	豆科作物有效分枝和豆荚减少，百粒重下降。棉花蕾铃脱落严重。小麦灌浆差，成熟延迟，籽粒不饱满

表 10-2　几种大田作物缺乏氮、磷、钾养分的典型症状

作物	缺 氮	缺 磷	缺 钾
小 麦	叶片窄小，叶色黄绿。植株细长，分蘖少，穗短小	植株细小，叶色暗绿，无光泽，分蘖少，前期生长停滞，茎基部呈紫红色。次生根极少，早春生长缓慢，抽穗成熟较迟。穗小、粒少。籽粒不饱满、千粒重低	老叶尖端及边缘逐渐黄焦。茎秆细软，易倒伏
玉 米	植株矮小，生长缓慢。叶片由上而下、从叶尖沿中部向基部逐渐黄枯	苗期叶尖和叶缘出现紫红色，老叶变黄。茎秆细小，生长缓慢。果穗秃尖，弯曲畸形，行列不齐，籽粒不饱满	老叶边缘枯焦发褐，直至枯死，幼叶变黄色。植株矮小软弱，易倒伏
大 豆	叶片出现青铜色斑块，逐渐变黄而干枯。植株矮小，分枝少，豆荚也少	出叶慢，叶色浓绿，叶片尖窄直立。植株矮小，生长缓慢。开花后叶片上有棕色斑点，易脱落。根部根瘤发育不良，根瘤小而且数量不多	叶色黄绿，叶面皱缩，叶尖及叶缘黄色部分逐渐变为棕色而干枯。种子不饱满，种皮皱缩
棉 花	幼龄叶片呈苍白的淡黄绿色，随着植株的生长而变为黄色，往后，常呈不同色度的红色，而最终呈褐色，叶片干枯，过早地脱落。植株上的叶片数目、叶片及叶柄的大小、以及色度的深度都遭到了减低。由于主茎（初生茎）的生长在早期便受到抑制，植株矮小，发育迟缓，很少或根本不具有叶枝。由于通常在形成初生棉铃后顶端生长的停止，果枝少而短。花的数目减少，因而在最下部果枝的初生节上，仅形成极少的棉铃	棉株生长发育停滞，棉株生长迟缓。由于细胞生长慢，细胞变小的程度大于叶绿素减少的程度，致使叶绿素含量相对提高，棉花叶片小，棉株茎秆细而脆弱，较正常植袜矮小，根系发育不良，根系生长量降低，结铃和成熟都延迟。严重缺磷，成铃少、产量低、品质差。棉花幼苗期缺磷，其株高比正常发育的棉株明显矮小，叶色暗绿。叶片较小，如果不十分严重，5～6 片真叶后，长相缓解，这与根系发育、根量增加，吸磷能力增强有关	主要表现为棉叶斑驳黄化，植株矮小，长势弱，参差不齐；缺钾且氮肥较多时，则表现为叶片焦枯干卷，提早脱落，有的还导致红叶茎枯病，症状由下而上、由叶缘到中央发展。缺钾植株下部果枝发育很差，结铃少而小，中部果枝略开展，果节仍较少，与正常的宝塔株型对比明显；前期结铃大幅度减少，迟发早衰，减产幅度大，棉纤维品质差

表 10-3　几种主要蔬菜缺乏氮、磷、钾养分的典型症状

蔬菜	缺　氮	缺　磷	缺　钾
大白菜	早期缺氮，植株矮小，叶片小而薄，叶色发黄，茎部细长，生长缓慢；中后期缺氮，叶球不充实，包心期延迟。叶片纤维增加，品质下降	植株生长不旺盛，矮化。叶片小，呈暗绿色，茎细，根系细弱	从下部叶缘变褐枯死，逐渐向内侧或上部叶片发展，下部叶片枯萎。抗软腐病和霜霉病的能力降低
番　茄	生长停滞，植株矮小，叶色淡绿或呈黄色，叶小而薄，叶脉由黄绿色变为深紫色。花芽变为黄色，易脱落，果小	早期叶片背部呈现红紫色。叶肉组织起初呈斑点状，随后则扩展到整个叶片，而叶脉逐渐变为红紫色。茎细长，富含纤维。叶片很小，结果延迟。由于缺磷影响氮素吸收，后期呈现卷叶	植株生长很慢，发育受阻。幼叶轻度皱缩。老叶最初变为灰棕色，而后在边缘处呈现黄绿色，最后变褐死亡。茎秆变硬，富含木质，细长。根系发育不良，细长，常呈褐色。果肉不饱满而显空隙，果实缺少红色素
黄　瓜	早期缺氮，生长停滞，植株细小。叶色逐渐变为黄绿色或黄色。茎细长，变硬，富含纤维。果实色浅，在距花瓣的一段呈浅黄色至褐色，变得尖削	植株矮小，细弱。叶脉间变褐坏死。缺磷影响花芽分化，雄花数量减少，果实呈畸形	叶缘附近呈现青绿色的腐烂组织。下部老叶首先变黄。果实的尖端膨大，果柄发育不良
茄　子	植株矮小，叶片小而薄，叶色淡绿。结果期缺氮，落花落果严重	叶呈深紫色，茎秆细长，纤维发达，花芽分化延迟，花芽分化、结实延迟	下部老叶叶缘变为黄褐死，逐渐枯死。抗病能力降低
萝　卜	生长停滞，叶片窄小而薄，叶片发黄。茎细弱。根系发育不良，根很小，多木质化。辣味增强	叶背呈现红紫色，叶小而皱缩	最初叶片中部呈深绿色，叶缘卷曲并呈浅黄至褐色，下部叶片和茎秆呈现深黄至青铜色，叶片增厚

表 10-4　主要果树缺乏硼、锌、锰养分的典型症状

果树	缺　硼	缺　锌	缺　锰
桃	枝条从顶端开始死亡，但在死亡顶端的下面，能形成许多不正常的新嫩枝。幼叶变厚、脆弱，严重皱缩或畸形。果实呈畸形，分泌树胶	早春顶端形成叶簇，最初簇叶出现褪绿的杂色。来年春季在褪绿叶片的叶脉间呈现黄绿色的区域，逐渐变为淡黄色或紫红色。簇叶过早地脱落。树的尖端生长受到抑制，梢间死亡，有徒长枝发生。花芽减少，结果很少。果实小，皮厚，品质极差	嫩叶和刚成熟的叶片叶脉间比主脉色浅，许多主脉仍为绿色，严重时，脉间有死斑，并出现早期落叶，新梢也可能死亡，整个树体叶片稀少。果实色泽不好，品质差。果实早落，有时出现裂皮

续表

果树	缺硼	缺锌	缺锰
葡萄	幼龄叶片呈现扩散的黄色或失去绿色。在顶端长匍匐茎上形成褐色的水浸区域。离叶枝顶端的第二或第四叶片呈杯状。新梢尖端节间较短，脆而易折。幼叶较小，常呈畸形，并向下弯曲，无籽小果增多	初夏，主副梢尖端首先受害。叶片变小，叶片斑状失绿，节间短。某些品种易发生果穗稀疏，大小粒不整齐和种子少的现象	症状出现较晚，最初在主脉与侧脉间出现淡绿色至黄色。黄化面积扩大时，大部分叶片在主脉之间失绿，而侧脉仍保持绿色
梨	不同品种对缺硼的耐受能力不同，不同品种上的缩果症状差异也很大。在鸭梨上，严重发生的单株自幼果期就显现症状，果实上形成的数个凹陷病斑，严重影响果实的发育，最终形成猴头果。凹陷部位皮下组织木栓化。中轻度发生的不影响果实的正常膨大，在果实生长的后期出现数个深绿色凹陷斑，随果实的发育凹陷加剧，最终导致果实表面凹凸不平。在砂梨和秋子梨的某些品种斑变褐色，斑下组织亦变褐木栓化甚至病斑龟裂	春季发芽晚，叶片狭小，呈淡绿色。病枝条节间短，其上着生许多细小簇生叶片。由于病枝生长停滞，其下部往往又长出新枝，但仍表现节间短，叶色淡绿，叶片细小。病树花芽减少，花小、色淡，坐果率低，明显影响梨树产量和果实品质	叶脉间失绿，叶脉为绿色，即呈现肋骨状失绿。这种失绿从基部到新梢都可发生(不包括新生叶)，一般多从新梢中部叶开始失绿，向上下两个方向扩展。叶片失绿后，沿中脉显示一条绿色带
苹果	茎、根生长点枯萎。叶绿素形成受阻，叶片黄化，早期脱落	新生枝条上部的叶片狭小，枝条纤细，节间缩短，形成簇生小叶，通称“小叶病”。发生严重时，叶片从新梢的基部逐渐向上脱落，只留顶端几簇小叶，形成光枝现象。所结果实小	叶肉失绿，叶脉仍为绿色，但叶脉呈绿色网状，叶脉间失绿小片为圆形，叶脉间的叶片突起，使叶子边缘起皱。缺锰严重时，失绿小片扩大相连，并出现褐色斑点，呈烧灼状，并停止生长

第三节 有机肥料

一、有机肥料的概念及特点

有机肥料又称农家肥，简称有机肥，是天然有机质经微生物分解或发酵而成的一类肥料。有机肥料的特点是：原料来源广，数量大；养分全，含量低；肥效迟而长，需经微生物分解转化后才能为植物所吸收;改土培肥效果好。

二、有机肥料在配方施肥中的作用

有机肥料含有丰富的有机物和各种营养元素,具有数量大、来源广、养分全面的优点,但也存在脏、臭、不卫生、养分含量低、肥效慢、使用不方便等缺点。化学肥料正好与之相反,具有养分含量高、肥效快、使用方便等优点,但也存在养分单一的不足。因此,施用有机肥通常需与化肥配合,才能充分发挥其效益。有机肥料与化学肥料相配合施用,可以取长补短、缓急相济。有机肥料本来就有改良土壤、培肥地力、增加产量和改善品质等作用,与化肥配合施用后,这些作用将得到进一步的提高。

施用有机肥料最重要的一点就是增加了土壤的有机物质。有机质的含量虽然只占耕层土壤总量的百分之零点几至百分之几,但它是土壤的核心成分,是土壤肥力的主要物质基础。有机肥料对土壤的结构、土壤中的养分、能量、酶、水分、通气和微生物活性等有十分重要的影响。

有机肥料含有植物需要的大量营养成分,对植物的养分供给比较平缓持久,有很长的后效。有机肥料还含有多种微量元素。由于有机肥料中各种营养元素比较完全,而且这些物质完全是无毒、无害、无污染的自然物质,这就为生产高产、优质、无污染的绿色食品提供了必需条件。有机肥料含有多种糖类,施用有机肥增加了土壤中各种糖类。有了糖类和有机物在降解中释放的大量能量,土壤微生物的生长、发育、繁殖活动就有了能源。

畜禽粪便中带有动物消化道分泌的各种活性酶,以及微生物产生的各种酶。施用有机肥大大提高了土壤的酶活性,有利于提高土壤的吸收性能、缓冲性能和抗逆性能。施用有机肥料增加了土壤中的有机胶体,把土壤颗粒胶结起来,变成稳定的团粒结构,改善了土壤的物理、化学和生物特性,提高了土壤保水、保肥和透气性能,为植物生长创造了良好的土壤环境。

有机肥在土壤中分解,转化形成各种腐殖酸物质。能促进植物体内的酶活性、物质的合成、运输和积累。腐殖酸是一种高分子物质,阳离子代换量高,具有很好的络合吸附性能,对重金属离子有很好的络合吸附作用,能有效地减轻重金属离子对作物的毒害,并阻止其进入植株中。这对生产无污染的安全、卫生的绿色食品十分有利。

三、有机肥料的缺点

有机肥料养分含量低,不易分解,不能及时满足作物高产的要求。传统的有机肥的积制和使用也很不方便。人畜禽粪便、垃圾等有机废物又是一类脏、烂、臭的物质,其中含有许多病原微生物,或混入某些毒物,是重要的污染源。尤其值得注意的是,随着现代畜牧业的发展,饲料添加剂应用越来越广泛,饲料添加剂往往含有一定量的重金属,这些重金属随畜粪便排出,会严重污染环境,影响人的身体健康。

四、常见的有机肥料

(一)人粪尿

这是指人体排泄的尿和粪的混合物。人粪含 70%～80%的水分,20%的有机质(纤维类、脂肪类、蛋白质和硅、磷、钙、镁、钾、钠等盐类及氯化物），少量粪臭质、粪胆质和色素等。人尿含水分和尿素、食盐、尿酸、马尿酸、磷酸盐、铵盐、微量元素及生长素等。人粪尿中常混有病菌和寄生虫卵，施前应进行无害化处理，以免污染环境。人粪尿碳氮比(C/N)较低，极易分解；含氮素较多，腐熟后可作速效氮肥用，作基肥或追肥均可，宜与磷、钾肥配合施用。但不能与碱性肥料(草木灰、石灰)混用；每次用量不宜过多；旱地应加水稀释，施后覆土；水田应结合耕田，浅水匀泼，以免挥发、流失和使作物徒长。忌氯作物不宜用，以免影响品质。

(二)厩肥

厩肥是家畜粪尿和垫圈材料、饲料残茬混合堆积并经微生物作用而成的肥料，富含有机质和各种营养元素。各种畜粪尿中，以羊粪的氮、磷、钾含量高，猪粪、马粪次之，牛粪最低；排泄量则牛粪最多，猪粪、马粪次之，羊粪最少。垫圈材料有秸秆、杂草、落叶、泥炭和干土等。厩肥分圈内积制(将垫圈材料直接撒入圈舍内吸收粪尿)和圈外积制(将牲畜粪尿清出圈舍外与垫圈材料逐层堆积)，经嫌气分解腐熟。在积制期间，其化学组分受微生物的作用而发生变化。

(三)堆肥

堆肥是作物茎秆、绿肥、杂草等植物性物质与泥土、人粪尿、垃圾等混合堆置，经好气微生物分解而成的肥料。多作基肥，施用量大，可提供营养元素和改良土壤性状，尤其对改良沙土、黏土和盐渍土有较好效果。按原料的不同，堆制方法分高温堆肥和普通堆肥。高温堆肥以纤维含量较高的植物物质为主要原料，在通气条件下堆制发酵，产生大量热量，堆内温度高(50℃～60℃)，因而腐熟快，堆制快，养分含量高。高温发酵过程中能杀死其中的病菌、虫卵和杂草种子。普通堆肥一般掺入较多泥土，发酵温度低，腐熟过程慢，堆制时间长。堆制中使养分化学组成改变，碳氮比值降低，能被植物直接吸收的矿质营养成分增多，并形成腐殖质。

(四)沤肥

沤肥是作物茎秆、绿肥、杂草等植物性物质与河塘泥及人粪尿同置于积水坑中，经微生物嫌气发酵而成的肥料。积制时因缺氧，使二价铁、锰和各种有机酸的中间产物大量积累，且碳氮比值过高和钙、镁养分不足，均不利于微生物活动。应翻塘和添加绿肥及适量人粪尿、石灰等，以补充氧气、降低碳氮比值、改善微生物的营养状况，加速腐熟。

(五)沼气肥

沼气肥是作物秸秆、青草和人粪尿等在沼气池中经微生物发酵制取沼气后的残留物。富含有机质和必需的营养元素。沼气发酵慢，有机质消耗较少，氮、磷、钾损失少，氮素回收率达95%，钾在90%以上。但是，沼气肥出池后应堆放数日后再用。

(六)绿肥

绿肥是用作肥料的绿色植物体，是一种养分完全的生物肥源。它多为豆科作物，其有机质含量一般为15%，含氮量为0.3%～0.6%。主要种植的绿肥有田箐、紫花苜蓿、苕子、草木樨等。种植绿肥能为土壤提供丰富的养分。各种绿肥的幼嫩茎叶，含有丰富的养分，一旦在土壤中腐解，能大量地增加土壤中的有机质和氮、磷、钾、钙、镁和各种微量元素。每1000kg绿肥鲜草，一般可供出氮素6.3kg，磷素1.3kg，钾素5kg，相当于13.7kg

尿素，6kg 过磷酸钙和 10kg 硫酸钾。种植绿肥能使土壤中难溶性养分转化，以利于作物的吸收利用。种植绿肥能改善土壤的物理化学性状。绿肥翻入土壤后，在微生物的作用下不断地分解，除释放出大量有效养分外，还形成腐殖质。种植绿肥能促进土壤微生物的活动。种植绿肥要注意绿肥作物的生长期和抗逆能力，以及对土壤条件的要求，并要开好排灌沟，要注意适时播种，也应按要求施一定的肥料。

(七)其他肥料

此外还有泥肥、熏土、坑土、糟渣和饼肥等。土肥类应经存放和晾干、糟渣和饼肥经腐熟后用作基肥。农作物秸秆也是很重要的有机肥源。其养分丰富，来源广，数量多，可直接还田，也是堆肥、沤肥和家畜饲料的重要原料。

第四节 化学肥料

化学肥料是用化学和(或)物理方法制成的含有一种或几种农作物生长需要的营养元素的肥料，简称化肥。只含有一种可标明含量的营养元素的化肥称为单元肥料，如氮肥、磷肥、钾肥以及次要常量元素肥料和微量元素肥料。含有氮、磷、钾三种营养元素中的两种或三种且可标明其含量的化肥，称为复合肥料或混合肥料。化肥的有效组分在水中的溶解度通常是度量化肥有效性的标准。

一、化学肥料的优点和缺点

(一)化学肥料的优点

从养分循环观点看，一切有机肥料所含的养分都是原来已经在农业循环之内的养分。而化学肥料最主要的优点是它可以增加农业循环中养分的总量。

1. 养分含量高。尿素含氮为 46%，硝酸铵含氮 34%，普通过磷酸钙含磷为 14%～18%。而纯马粪含氮只有 0.4%～0.5%，含磷为 0.2%～0.35%。1kg 硫酸铵相当于人粪尿 30～40kg，1kg 普通过磷酸钙相当于厩肥 60～80kg，1kg 硫酸钾相当于草木灰 10kg 左右。所以化肥的单位面积的使用量少，便于运输，节约劳力。

2. 肥效快。化肥都是水溶性或弱酸溶性，施入土壤后能迅速被作物吸收利用，肥效快而且显著，生长矮小的作物，施硫酸铵等氮肥后，就会长得茂盛起来。

3. 原料丰富。生产化肥都是用天然的矿物资源为原料，如石油、天然气、煤炭、磷矿石等，这些原料丰富，可以大量开采。

4. 采用工业化生产。由于生产化肥的原料丰富，可大规模工业化生产，不受季节限制，产量大、成本低。

5. 节省运输和劳力。化肥养分高，用量少，因而运输和施用所支出的费用和劳力都比较节省。

6. 保存容易并可久存。化肥较农家肥体积小，养分稳定，它们容易保存，保存期长，不易变质。

7. 多种效能。有些化肥不仅提供作物养分，而且还有提高抗逆作用和防病杀虫作用。碳氮化钙可作为棉花的脱叶剂；液氨可以杀除大田的蝼蛄等虫害。

(二)化学肥料的缺点

1. 养分不齐全。化肥的养分不如农家肥齐全。一般化肥不含有机质,成分比较单一,只含一种或两三种养分。即使复混肥料可以增加多种养分,也很难做到像农家肥料那样的全面性。

2. 有局限性。化肥对土壤、作物存在局限性,即适用性问题。使用化肥要有选择,才能获得满意的效果,不然会事与愿违。氯化铵不能用于马铃薯、甜菜等忌氯作物,铵态氮肥不能与草木灰、石灰等碱性肥料混合施用。

3. 施用化肥要讲究方法。化肥浓度高,溶解度大,使用方法如果不当,容易造成危害。倘若直接接触种子或根系,则易烧籽烧苗;如若使用时间不当,也会造成贪青倒伏。

二、常见的化学肥料种类

化肥种类很多,在生产上常用的主要有下面这些。

(一)氮素化肥

氮是蛋白质构成的主要元素,蛋白质是细胞原生质组成中的基本物质。氮肥增施能促进蛋白质和叶绿素的形成,使叶色深绿,叶面面积增大,促进碳的同化,有利于产量增加,品质改善。在生产上经常使用的氮素化肥有:

1. 硫酸铵。白色或淡褐色结晶体。含氮为20%~21%,易溶于水,吸湿性小,便于储存和使用。硫酸铵是一种酸性肥料,长期使用会增加土壤的酸性。最好作追肥使用。

2. 碳酸氢铵。白色细小结晶,含氮为17%,有强烈的刺激性臭味,易溶于水,易被作物吸收,易分解挥发。可作基肥或追肥使用,追肥时要埋施,及时覆土,以免氨气挥发烧伤秧苗。

3. 尿素。白色圆粒状,含氮量为46%。尿素不如硫酸铵肥效发挥迅速,追肥时要比硫酸铵提前几天施用。尿素是固体氮肥中含氮量最高的一种,尿素为中性肥料,不含副成分,连年施用也不致破坏土壤结构。

(二)磷素化肥

磷是形成细胞核蛋白、卵磷脂等不可缺少的元素。磷元素能加速细胞分裂,促使根系和地上部加快生长,促进花芽分化,提早成熟,提高果实品质。在生产上常用的磷肥有:

1. 过磷酸钙(普钙)。为灰白色或浅灰色粉末,也有颗粒状的,含五氧化二磷为12%~18%,具有吸湿性和腐蚀性,施入土壤后易被土壤固定而降低肥效,可作基肥和追肥使用。在施用时宜集中施用或和有机肥料混合施用,这样可以降低磷的固定,从而提高肥效。也可用作根外追肥,使作物直接吸收。

2. 重过磷酸钙(重钙)。含五氧化二磷约为45%,是一种高效磷肥。施用重钙的方法和过磷酸钙相同,重钙有效成分含量高,用量要相对减少。

(三)钾素化肥

钾元素的营养功效可以提高光合作用的强度,促进作物体内淀粉和糖的形成,增强作物的抗逆性和抗病能力,还能提高作物对氮的吸收利用。在生产上常用的钾肥有:

1. 氯化钾。是易溶于水的速效性钾肥,含氧化钾为60%左右,呈白色、淡黄色或紫红色结晶。物理性状好,可作为基肥和追肥使用。在酸性土壤上施用氯化钾应配合石灰和有机肥料。

2. 硫酸钾。为白色结晶，溶于水，含氧化钾为50%～52%。除可作基肥和追肥外，也可作根外追肥使用，根外追肥浓度以0.2%为宜。

(四)复混肥料

复混肥料是指氮、磷、钾三种养分中至少有两种养分由化学方法和(或)掺混方法制成的肥料，简称复混肥。含氮、磷、钾任何两种元素的肥料称为二元复混肥。同时含有氮、磷、钾三种元素的复混肥称为三元复混肥，并用N-P_2O_5-K_2O的配合式表示相应氮、磷、钾的百分比含量。复混肥料根据氮、磷、钾总养分含量不同，可分为低浓度(总养分≥25%)、中浓度(总养分≥30%)和高浓度(总养分≥40%)复混肥。

1. 复混肥料的分类。根据其制造工艺和加工方法不同，可分为复合肥料、复混肥料和掺混肥料。

(1)复合肥料。单独由化学反应而制成的，含有氮、磷、钾两种或两种以上元素的肥料，有固定的分子式的化合物，具有固定的养分含量和比例。如磷酸二氢钾、硝酸钾、磷酸一铵、磷酸二铵等。

(2)复混肥料。是以现成的单质肥料(如尿素、磷酸铵、氯化钾、硫酸钾、普钙、硫酸铵、氯化铵等)为原料，辅之以添加物，按一定的配方配制、混合、加工造粒而制成的肥料。目前市场上销售的复混肥料绝大部分都是这类肥料。

(3)掺混肥料。又称配方肥、BB肥，它是由两种以上粒径相近的单质肥料或复合肥料为原料，按一定比例，通过简单的机械掺混而成，是各种原料的混合物。这种肥料一般是农户根据土壤养分状况和作物需要随混随用。

2. 复混肥料的主要优点。复混肥料具有多种营养元素，养分配比比较合理，肥效和利用率都比较高。复混肥料的化学成分虽不及复合肥料均一，但同一种复合肥的养分配比是固定不变的，而复混肥料可以根据不同类型土壤的养分状况和作物的需肥特性，配制成系列专用肥，针对性强，肥效显著，肥料利用率和经济效益都比较高。复混肥具有一定的抗压强度和力度，物理性能好，施用方便。复混肥养分齐全，可促进土壤养分平衡。复混肥有利于科学施肥技术的普及。测土配方施肥是一项技术性强、要求高而又面广量大的工作，如何把这项技术送到千家万户，一直是难以解决的问题。尽管土肥部门通过测土可向农民提供配方，由农民自已购买单质肥料进行混配，但却费工费力，又受肥料供应条件的限制，难以大面积推广。将配方施肥技术通过专用复混肥这一物化载体，真正做到技物结合，能较好地解决上述难题，从而大大加速了配方施肥技术的推广应用。

3. 复混肥料的缺点。一是所含养分同时施用，有的养分可能与作物最大需肥时期不相吻合，易流失，难以满足作物某一时期对养分的特殊要求；二是养分比例固定的复混肥料，难以同时满足各类土壤和各种作物的要求。

复混肥料可作基肥和追肥，不同作物和不同土壤应选择不同类型的复混肥料。低浓度复混肥料一般用于生育期短、经济价值低的作物。中、高浓度复混肥料适宜于生育期长的多年生、需肥量大、经济价值高的作物。硫基型复混肥料一般适宜于旱地、对氯敏感的经济作物，含氯复混肥料一般在对氯不敏感的作物上施用。

4. 配制复混肥料。为了适应当地土壤及作物的要求，可以自行配制不同比例的复混肥料。配制方法是计算所需原料的数量：

一般应根据肥料分析式、配合式和三要素比例来计算。

分析式指肥料中三要素百分百含量；配合式是说明 1 吨混合肥中所含各种原料的肥料名称数量及其养分百分含量；三要素比例是将分析式简化为 10 以内的整数比，如分析式 10-10-10，比例则为 1∶1∶1。

例一：配制 10-10-10 混合肥 1000kg，需要尿素（含氮 46%）、过磷酸钙（含五氧化二磷 18%）和氯化钾（含氧化钾 60%）各多少？

解：先求出 1000kg 混合肥中应含有氮、磷、钾各多少。

氮　1000×10%＝100(kg)

五氧化二磷　1000×10%＝100(kg)

氧化钾　1000×10%＝100(kg)

再算出各原料肥料需要量

尿素　(100÷46)×100＝217.4(kg)

过磷酸钙　(100÷18)×100＝555.6(kg)

氯化钾　(100÷60)×100＝166.7(kg)

总量＝217.4＋555.6＋166.7＝939.7(kg)

总量不够 1000kg，可加入一些养分含量少和对肥料养分有效性影响不大的物质以补充够 1000kg。如加入泥炭粉、泥粉或有效磷低的磷矿粉。

填充料＝1000－939.7＝60.3(kg)

例二：现需配制 1∶2∶2 的混合肥，原料为硫酸铵（含氮 21%）、过磷酸钙（含五氧化二磷 16%）和氯化钾（含氧化钾 60%），试求这种混合肥的适宜分析式。

解：(1)求出每 1 千克养分相当于相应的原料肥多少。

每千克氮相当于硫酸铵　100÷21＝4.76(kg)

每千克五氧化二磷相当于过磷酸钙　100÷16＝0.25(kg)

每千克氧化钾相当于氯化钾　100÷60＝1.67

(2)按比例求出 1∶2∶2 的混合肥总量

硫酸铵　4.76×1＝4.76(kg)

过磷酸钙　6.25×2＝12.5(kg)

氯化钾　1.67×2＝3.34(kg)

总量＝4.76＋12.5＋3.34＝20.6(kg)

(3)求出 100kg 混合肥中各种原料肥的数量。

只需把上面的 20.6 混合肥中的各种原料肥乘上扩大到 100kg 混合肥的倍数即可。

扩大倍数　100÷20.6＝4.854

硫酸铵为　4.76×4.854＝23.1(kg)

过磷酸钙　12.5×4.854＝60.7(kg)

氯化钾　3.34×4.854＝16.2(kg)

三种肥料总和正好为 100kg。

(4)求出相应分析式，即求出各养分的百分含量。

氮　(23.1×21)÷100＝4.85

五氧化二磷　(60.7×16)÷100＝9.71

氧化钾　(16.2×60)÷100＝9.72

四舍五入取整数得氮为5%、五氧化二磷为10%、氧化钾为10%，因此，适宜的分析式为5-10-10。用这些肥料配制1∶2∶2的混合肥，最高含养分量只能是这个分析式。按上述数量配合的肥料则为1∶2∶2,10-10-10的复合肥。

混配方法：混合前需把大块肥料打碎过筛，如没有机械混合，可将肥料铺在硬地板上拌匀。如想造成颗粒，可加水调匀用手捏成团，以掉下地即散为度，再用滚筒旋转肥料即可成颗粒，或者有簸箕筛转即可成颗粒。

混配肥料注意事项：①要选用吸湿性小的肥料品种，否则造成储运和施用的困难。②肥料混合后不能有养分损失和有效性下降的现象。所以铵态氮肥不能与碱性肥料混合，过磷酸钙不能与石灰混合，过磷酸钙与硝酸盐混合放置过久也会发生氮的挥发。③所用肥料品种要适合当地土壤和所种作物的要求。例如石灰性土壤，就不应选用钙镁磷肥，应选用过磷酸钙，种马铃薯等不要选用氯化钾，而应选用硫酸钾。

(五)有机无机复混肥料

有机无机复混肥料是指含有有机物质和无机营养的复混肥料。有机物质大都采用加工过后的有机肥料(如畜禽粪便、城市垃圾有机物、污泥、秸秆、木屑、食品加工废料等)以及含有机质的物质(草炭、风化煤、褐煤、腐殖酸等)，还有的加入微生物菌剂和刺激生长的物质，称其为有机活性肥料或生物缓效肥，无机营养部分主要是化学肥料。由于有机无机复混肥料的成分复杂，在推广使用时要注意它的实际效果。特别要注意以下几点：

1. 有机无机复混肥料中的有机部分的肥效不会很高。目前大多数有机无机复混肥料的有机部分含量在50%左右。若以50%计算，单位面积施用200kg(折每公顷3t)有机无机复混肥料，施入的有机物质只有100kg。许多试验已经表明，每公顷施入有机肥22500kg才有效，若按30%水分计，单位面积施入的有机肥要达到1050kg才有效。由此可见，有机无机复混肥料施入的有机物质所能起到的肥效是有限的。有机物质在有机无机复混肥料中最大的作用可能是对无机养分的吸附，有机物质是分散的多孔体，会吸收一部分化肥养分。有机无机复混肥料施入土壤后，化肥部分被水溶解，一部分被作物吸收，一部分被有机物吸收，对化肥的供应强度起到一定的缓冲作用。许多有机无机复混肥料的肥效都表现出10%左右的增产效果(与等量无机养分相比)，可能就是这个原因。

2. 有机无机复混肥料中的微生物作用不会有多大。微生物在一定环境下才有活性，这个环境要求是很高的。化学肥料大多数是盐类，溶解度很高，对微生物的活性肯定会起杀灭或抑制作用。有机无机复混肥料加工过程中化肥采用的是干物料，不含或少含水分，对微生物的活性起抑制作用。这种肥料施入土壤后，水分充足，高浓度的肥料溶液不可能复活加入的微生物，可能将加入的微生物杀死，所以活性有机复混肥和生物有机复混肥的肥效不能肯定。

3. 有机无机复混肥料的肥效主要是无机化肥的作用。有机无机复混肥料是复混肥料的一个品种。根据国际规定，复混肥料中的总养分如果是氮＋五氧化二磷＋氧化钾＝10＋6＋9＝25，表明无机复混肥料中含有10％的氮素（氮）、6％的磷素（五氧化二磷）、9％的钾素（氧化钾）。可想而知，如果没有有机无机复混肥料中的化肥作用，有机部分是不起什么作用的。

所以在施用有机无机复混肥料时，首先要注意肥料中的实质含量和比例，同时要考虑价格以及施用效果。由于加入了有机物质，有机物质的费用及其加工量增加的费用都会附加到有机无机复混肥料的单位养分价格上，使这种肥料的单位养分价格高于一般复混肥料，这也是施用有机无机复混肥料时应当注意的。

（六）微量元素肥料

微量元素肥料的种类很多，目前应用的也有很多（表10-5）。

表10-5 微量元素肥料的种类和性质

肥料种类	名称	主要成分	含量（％）	性质
硼肥	硼酸	H_3BO_3	17.5	白色结晶，溶于水
	硼砂	$Na_2B_4O_7 \cdot 10H_2O$	11.3	白色结晶，溶于水
	硼镁肥	$H_2B_4O_7 \cdot MgSO_4$	1.5	灰色粉末，主要成分溶于水
	含硼普钙	$Ca(H_2PO_4)_2 \cdot H_3BO_3$	0.6	黄色粉末，主要成分深于水
钼肥	钼酸铵	$(NH_4)_2MoO_4$	49	青白色结晶，溶于水
	钼酸钠	Na_2MoO_4	39	青白色结晶，溶于水
	钼渣	—	9～18	杂色，不溶于水
锌肥	硫酸锌	$ZnSO_4 \cdot 7H_2O$	24	白色或淡橘红色结晶，溶于水
	氯化锌	$ZnCl_2$	48	白色结晶，溶于水
	氧化锌	ZnO	80	白色结晶，不溶于水
锰肥	硫酸锰	$MnSO_4 \cdot 3H_2O$	26～28	粉红色结晶，溶于水
	氯化锰	$MnCl_2$	19	粉红色结晶，溶于水
铁肥	硫酸亚铁	$FeSO_4 \cdot 7H_2O$	19	淡绿色结晶，溶于水
铜肥	硫酸铜	$CuSO_4 \cdot 5H_2O$	25	蓝色结晶，溶于水

作物需要微量元素数量少，因此，施量过多会阻碍作物生长，甚至毒害死亡；但用量过少又不起明显的作用。所以，微肥的施用，既要“准”，又要“稳”，“准”就是缺什么施什么，“稳”就是施用量、施用浓度要适宜，不能盲目施用。由于微量元素易被土壤固定，有效性低，土壤施肥肥效不易充分发挥。所以微肥的施用方法，除了作基肥施用外，常用作种肥（包括浸种、拌种、沾秧根）和根外施肥（表10-6）。

表 10-6 常用微肥使用方法及其使用量

名 称	浸种浓度(%)	拌种用量(g/kg 种子)	根外喷施浓度(%)
硼 酸	0.01～0.05	1～2	0.04～0.1
硼 砂	0.05～0.1	1～4	0.05～0.2
硫酸锌	0.02～0.1	2～6	0.05～0.2
钼酸铵	0.05～0.1	2～6	0.05～0.1
硫酸锰	0.05～0.1	4～8	0.05～0.1
硫酸铜	0.01～0.05	1～2	0.02～0.04
硫酸亚铁	—	—	0.75～1
硫酸亚铁铵	—	—	0.75～1

浸种时间一般为 6～12h,种子与溶液重量比为 1∶1～1∶2。拌种时需将肥料粉碎与少量细土混匀,然后再与种子拌匀。如果肥料用量太少不易拌匀,可先用少量温水溶解肥料,再用水稀释到相当于浸种浓度,然后与种子拌匀。

由于作物对微量元素的需要量少,所以在土壤施过微量元素肥料或果树喷施微量元素连续 2 年后,可以隔 1～2 年再施,但对大田作物如、小麦、玉米、豆类作物等喷施后不秸秆还田的可继续喷至增产不显著为止。微量元素施多了会妨碍作物生长,降低产量。许多微量元素施用过量后,会造成植物发生退绿症,叶片枯萎,植株死亡。

(七)稀土肥料

稀土肥料就是指含有稀土元素的肥料。科学家们发现,稀土对很多农作物的生长具有较大的促进作用。因此稀土元素在农业中的应用已引起了广泛地重视。开始人工制造含有一定量稀土元素的肥料,也就是稀土肥料,用于农业生产。

农用稀土是以水溶性稀土化合物为主体的复合产品,通常以硝酸镧、硝酸铈为主要成分,有固体和粉末两种剂型。农作物应用稀土的效果主要表现在提高产量、改善品质和提高抗逆能力。

农用稀土的关键技术是根据作物的种类和土壤的特点,及时地、适量地把稀土化合物通过作物的种子(浸种、拌种)、茎(涂抹)和叶(喷施)供给作物吸收利用。稀土可以与氮、磷、钾等肥料以及农药、除草剂配合施用,它不能代替常量化肥和微量元素肥料,而只是在各种肥料供给比较充分、配比比较合理的情况下,才能发挥作用。

要提高稀土的应用效果,必须考虑:一是土壤环境。一般黏性土壤稀土含量高,沙性土壤稀土含量低,故沙性土使用稀土的效果好。在偏碱性的土壤中,稀土的溶解性下降,不易被作物吸收,所以施用效果好于偏酸性的土壤,尤其是石灰性反应比较强烈的土壤,施用稀土能够解除过量石灰给作物带来的危害。土壤肥力(尤其是氮肥)偏高的土壤,稀土的应用剂量要大一些,反之,用量相应地减少。二是光温条件。在寒冷的季节喷施,剂量可适当大些;在炎热的夏季施用,浓度相应小些。

大量的试验结果表明,施用稀土肥料不仅能提高作物的产量,而且能在一定程度上改良品质。特别是对小麦、花生、黄豆以及西瓜等,增产的幅度比较大,而且可提高西瓜等的含糖量。施用稀土肥料可促进作物对其他营养物质的吸收利用率，并能在很大程度上增加作物的抗病抗寒能力。稀土肥料可根据不同作物，采取不同浓度，对作物进行叶面喷施或根部施肥，可以拌种或浸种，可作基肥或追肥。可促进作物生长、发芽和增加叶绿素，提高产量，同时对大部分农产品有改善品质的作用。

在农业生产过程中，一般50kg肥料添加150g肥料专用稀土添加剂。其施用方法有：

1. 浸种：用稀土肥料浸种，其水溶液浓度因作物而异，如玉米、小麦用0.08%的浓度浸种4～6h；辣椒用0.01%～0.1%浸种4h，捞出晾干即可播种。

2. 拌种：拌种一般每千克种子用稀土肥料2g，加少量水溶解后，喷洒于种子上，边喷边拌，力求拌匀，随拌随用。

3. 叶面喷施：不同作物适宜的喷施时期和浓度不同，如小麦在苗期，稀土肥料浓度为0.03%；玉米在拔节到抽雄期喷2次，稀土肥料浓度为0.03%；大豆在花期，稀土肥料浓度为0.03%；番茄、西瓜在初花和幼果期喷2次，其浓度为0.04%～0.05%。一般在配制时每10kg溶液加入25g左右的食醋效果较好。一般作物喷1～2次，2次之间间隔为20～25天。

第五节　生物肥料

一、生物肥料的概念

狭义的生物肥料指微生物（细菌）肥料，简称菌肥，又称微生物接种剂。它是由具有特殊效能的微生物经过发酵（人工培制）而成的，含有大量有益微生物，施入土壤后，或能固定空气中的氮素，或能活化土壤中的养分，改善植物的营养环境，或在微生物的生命活动过程中，产生活性物质，刺激植物生长的特定微生物制品。

广义的生物肥料泛指利用生物技术制造的、对作物具有特定肥效（或有肥效又有刺激作用）的生物制剂，其有效成分可以是特定的活生物体、生物体的代谢物或基质的转化物等，这种生物体既可以是微生物，也可以是动、植物组织和细胞。生物肥料与化学肥料、有机肥料一样，是农业生产中的重要肥源。近年来，由于化学肥料和化学农药的大量不合理施用，不仅耗费了大量不可再生的资源，而且破坏了土壤结构，污染了农产品品质和环境，影响了人类的健康生存。因此，从现代农业生产中倡导的绿色农业、生态农业的发展趋势看，不污染环境的无公害生物肥料，必将会在未来农业生产中发挥重要作用。

过去的生物肥料只是一种辅助性肥料，它本身并不含有作物生长所需要的营养元素，而是通过自身微生物的生命活动，改善作物营养条件，如固定空气中的氮素，参与养分的转化，促进作物对养分的吸收，分泌各种激素刺激作物根系发育，抑制有害微生物的活动等，以达到促进作物生长的目的。目前发展的生物肥料，已不仅仅是一种辅助性肥料，还可以提供给作物各种营养，如将活的微生物特定种或菌株与微量元素复（混）合而成的生物微肥等。

生物肥料的种类很多，按其制品中特定的微生物种类分为细菌肥料、放射菌肥料（如抗生菌类）、真菌类肥料（如菌根真菌类）、固氮肥料等。根据其作用不同，生物肥料可分为五大类。

1. 有固氮作用的菌肥,包括根瘤菌肥料、固氮菌肥料等。

2. 分解土壤有机物的菌肥,包括有机磷细菌肥料和复合细菌肥料。

3. 分解土壤中难溶性矿物的菌肥,包括硅酸盐细菌肥料、无机磷细菌肥料等。

4. 促进作物对土壤养分利用的菌肥,包括菌根真菌肥料等。

5. 抗病及刺激作物生长的菌肥,包括抗生菌肥、增产菌肥等。

二、生物肥料的作用

(一)提高土壤肥力

这是生物肥料的主要功效,例如各种自生、联合或共生的固氮生物肥料,可以固定空气中的氮素,增加土壤中的含氮量;多种分解磷、钾矿物的微生物,如硅酸盐细菌能分解土壤中的钾长石、云母及磷矿石,使其中难溶的磷、钾有效化。

(二)制造和协助农作物吸收营养

有些菌肥如“5406”抗生菌肥施用后,由于微生物的活动,不仅能增加土壤有效养分,还能产生多种激素类物质和各种维生素,从而促进作物的生长;根瘤菌肥中的根瘤菌向豆科植物一生提供的氮素,占其一生需要量的30%～80%;VA菌根是一种土壤真菌,它可以与多种植物根共生,其菌丝伸出根部很远,可以吸收更多的营养供植物利用,其中以对磷的吸收最为明显。

(三)增强植物的抗逆性

有些生物肥料的菌种接种后,由于在作物根部大量生长繁殖,成为作物根际的优势菌,它们可分泌抗真菌和细菌的抗生素,从而抑制多种病菌的生长。VA菌根的菌丝则由于在作物根部的大量生长,除了可以吸收有益于作物生长的营养元素外,还可以增加作物对水分的吸收,提高作物的抗旱能力。

三、生物肥料的合理施用

生物肥料是靠微生物的作用发挥增产作用的,其有效性取决于优良菌种、优质菌剂和有效的施用方法。因此,生物肥料合理施用的原则是:第一,要保证菌肥有足够数量的有效微生物;第二,要创造适合于有益微生物生长的环境条件。

生物肥料必须选用质量合格的,质量低劣、过期的不能使用。菌肥必须保存在低温(最适温度为4℃～10℃)、阴凉、通风、避光处,以免失效。

为尽量减少微生物死亡,施用过程中应避免阳光直射;拌种时加水要适量,使种子完全吸附。拌种后要及时播种、覆土,且不可与农药、化肥混合施用。

一般菌肥在酸性土壤中直接施用效果较差,要配合施用草木灰等,以加强微生物的活动。

微生物生长需要足够的水分,但水分过多又会造成通气不良,影响好气性微生物的活动。因此,必须注意及时排灌,以保持土壤中适量的水分。

生物肥料中的微生物大多是好气性的,如根瘤菌、自生固氮菌、磷细菌等。因此,施用菌肥必须配合改良土壤和合理耕作,以保持土壤疏松、通气良好。

微生物活动需要消耗能量。有机质是微生物的主要能源，有机质分解还能供应微生物养分。因此，施用生物肥料时必须配合施用有机肥料。

微生物生长需要多种养分。因此，必须供应充足的氮磷钾及微量元素。例如豆科作物生长的早期，必须供应适量的氮素，以促进作物生长和根瘤的发育，提高固氮量；施磷肥能发挥“以磷增氮”的作用；适量的钾钙营养有利于微生物的大量繁殖；钼是根瘤菌合成固氮酶必不可少的元素，钼肥与根瘤菌肥配合施用，可明显提高固氮效率。

第六节　叶面肥料

一、叶面肥料及功能特点

叶面肥料是通过作物叶片为作物提供营养物质的肥料的统称，它分为材料营养叶面肥料和功能营养叶面肥料。叶面肥料包括的品种很多，归纳起来有两大类：一是以肥料为主，含几种或十几种不同的营养元素，这些营养元素包括氮、磷、钾、微量元素、氨基酸、腐殖酸等；二是纯植物生长调节剂或在以上肥料中加入植物生长调节剂。叶面肥料是供植物叶部吸收的肥料，其使用方法以叶面喷施为主，有的也可以用来浸种、灌根。叶面肥料的功能特点主要有：

(一)吸收快

土壤施肥后，各种营养元素首先被土壤吸附，有的肥料还必须在土壤中经过一个转化过程，然后通过离子交换或扩散作用被作物根系吸收，通过根、茎的维管束，再到达叶片。养分输送距离远，速度慢。采用叶面施肥，各种养分能够很快地被作物叶片吸收，直接从叶片进入植物体，参与作物的新陈代谢。因此，其速度和效果都比土壤施肥的作用来的快。据研究，叶片吸肥的速度要比根部吸肥的速度快1倍左右。

(二)作用强

叶面施肥由于养分直接由叶片进入作物体，吸收速度快，可在短时间内使作物体内的营养元素大大增加，迅速缓解作物的缺肥状况，发挥肥料最大的效益。通过叶面施肥能够有力地促进作物体内各种生理过程的进展，显著提高光合作用强度，提高酶的活性，促进有机物的合成、转化和运输，有利于物质的积累，可提高产量，改善品质。

(三)用量省

叶面施肥一般用量较少，特别是对于硼、锰、钼、铁等微量元素肥料，采用根部施肥通常需要较大的用量，才能满足作物的需要。而叶面施肥集中喷施在作物叶片上，通常用土壤施肥的几分之一或十几分之一的用量就可以达到满意的效果。

(四)效率高

施用叶面肥料，可高效利用肥料，是经济用肥的最有效的手段之一。采用土壤施肥，由于肥料挥发、流失、渗漏等原因，肥料损失严重。由于土壤的固定作用，一部分养分被土壤固定，成为无效养分，同时还有部分养分被田间杂草吸收。叶面施肥则减少了肥料的吸收和运输过程，减少了肥料浪费损失，肥料利用率高。尤其是当作物根部施肥不能及时满足需要时，可以采用叶面喷施的方法迅速补充作物所需的营养。如作物生长后期，根系活力衰退，吸肥能力下降时；在作物生长过程中，表现出某些营养元素缺乏症时；当土壤环境对作物生长不利，作物根系吸收养分受阻时，喷施叶面肥料会同样起到补充养分的作用。

二、叶面肥料喷施技术

（一）不同的叶面肥料有不同的使用浓度，不是浓度越高越好

如含生长调节剂的叶面肥料使用浓度适宜，会对作物生长起到促进作用，但浓度过高会抑制作物的生长；含有营养成分的叶面肥料，使用浓度过高会出现烧苗现象。一方面要根据产品说明书的要求进行浓度配制；另一方面要进行小面积试验，确定有效的施用浓度。另外，在配制叶面肥料时应注意将喷雾器清洗干净，有些叶面肥料可以与农药混合喷施，而有些则要求单独喷施。因此，要首先看清说明书上的要求。

（二）不同作物、不同生育期，叶面肥料的使用效果也不一样

有的叶面肥料适合于生育前期喷，有的适合于生育后期喷，有的前后期都要喷。从多数试验结果看，前、中期喷施的效果要好于后期。另外，叶面肥料的施用时期还与肥料品种有关，如增加植株的细胞分裂数量，从而达到提高作物产量的植物生长调节剂，应在生长前期喷施。而在油菜等作物花蕾期和始花期喷施含硼的微量元素肥料，可防止“花而不实”，提高结荚率。豆科作物在始花期和始荚期喷施钼肥，可增加产量和品质。

（三）不同作物对叶面肥料的反应不同

一般来说，双子叶植物如棉花、甘薯、马铃薯、油菜等叶面较大，角质层较薄，肥液容易渗透进去，因此，这类作物叶面施肥的效果较好。单子叶植物如小麦、玉米等，叶面较小，角质层较厚，肥液渗透比较困难。

（四）叶面肥料溶解的好坏和稀释浓度对喷施效果影响很大

叶面肥料的剂型有两种，即固体和液体。特别是固体粉状的叶面肥料溶解的较慢，放入喷雾器中，加水后，要充分搅拌，使它完全溶解后才喷，否则溶解不完全，一会儿喷得浓度低，一会儿喷得浓度高。浓度低了效果差，浓度高了有时会烧苗。液体肥料在稀释时也应严格按照说明书上的要求操作。

（五）喷施叶面肥料时要注意天气、温度和湿度

应尽量使肥液有较长的时间附着在叶面上，供作物充分吸收。应选择在不刮风的天气，日照弱，温度较低时喷，一般在上午 9 时以前，下午 4 时以后，水分蒸发减弱，有利于作物吸收。空气湿度大的时候，叶面肥料喷了以后不容易干，作物吸收得好，但下雨之前不要喷，以免喷施后被雨水冲洗掉。

（六）叶面肥料喷施要均匀、细致

叶部吸收的养分是从叶片角质层和气孔进入，最后通过质膜进入细胞内。因此，喷施叶面肥料时要注意叶片的正反面都要喷到，喷均匀。因为，叶片的气孔分布在叶片的正反两面，而有的作物背面的气孔数量比正面还多，吸收得更好。植株的上、中、下部叶片和茎秆由于新陈代谢活力不同，吸收外界营养的能力也不同，上、中部叶片生命力最旺盛，吸收营养物质的能力也最强；同时，它们的光合作用能力也最强，通过光合作用制造的养分也最多。

（七）叶面施肥与正常施肥相结合

叶面施肥与土壤施用有机肥相结合，且注意氮、磷、钾肥配合，将有利于满足作物全生育期多种营养元素的需要，效果会更好。

三、选购和使用叶面肥料注意事项

（一）叶面肥料只是根部施肥的一种辅助方式，它代替不了根部施肥

氮、磷、钾等大量元素肥料主要是通过根部施肥，也就是土壤施肥提供的。因此，使用叶面肥料时不能忽视土壤施肥，只有在做好土壤施肥的基础上，才能充分发挥叶面肥料的效果。目前，许多叶面肥料中加入了植物生长调节剂，具有促进作物细胞分裂等作用，这就更需要加强水肥管理，以保证作物的需要，才能使叶面肥料的作用得以充分的发挥。

（二）要因土、因作物选购叶面肥料

叶面肥料中的不同成分有着不同的功效，虽然说明书上都写着具有增产的作用，但其成分不同，使用后的效果不同，达到增产目的的方式也不同。如含有氨基酸的肥料具有改善作物品质的突出特点；含有黄腐酸的肥料则具有抗旱的效果；在石灰性土壤或碱性土壤上，铁多呈不溶性的三价铁，植物难以吸收，常患缺绿症；在红黄土壤上栽培果树，常发生某些微量元素不足，如缺锌，采取根外追肥可直接供给养分，避免养分被土壤吸附或转化，提高肥料效果。如果在不缺少微量元素的作物上喷施只含有微量元素的叶面肥料或施的微量元素不对路，就起不到原有的作用，且造成浪费。因此，在选购叶面肥料时应注意其成分，根据需要购买。

（三）购买正规厂商的叶面肥料

购买叶面肥料时首先要看有没有农业部颁发的登记证号，凡是获得了农业部登记证的产品，都经过了严格的田间试验和产品检验，质量有所保障。

第十一章　临清市测土配方施肥技术各论

第一节　棉花测土配方施肥技术

棉花一生吸收的养分，有三分之二来自土壤，三分之一来自当季施用的化肥。棉花是高产作物，对氮磷钾的需求量较大，一般每生产100kg籽棉，需从土壤中吸收纯氮5kg，五氧化二磷1.8kg，氧化钾4.6kg，苗期吸收氮、磷、钾的数量分别占全期总量的5%、3%、3%，从现蕾到初花期分别占全期总量的11%、7%、9%，从初花期到盛花期分别占全期总量的56%、24%、36%，从盛花期到始絮期分别占全期总量的23%、52%、42%，始絮期后分别占全期总量的5%、14%、10%。根据对临清市示范区土壤养分测定和农户施肥调查结果，棉花施肥原则应以有机肥为主、化肥为辅；基肥为主、追肥为辅；稳氮肥、增磷肥、补钾肥、配微肥；分期追肥，轻施苗肥、稳施蕾肥、重施花铃肥和补施桃肥，适时叶面喷施硼肥。

根据棉农施肥习惯，确定肥料配方为18-12-15、15-15-10、20-5-15，一般施用上述配方肥45%含量的600～750kg/hm^{2}作基肥或51%～55%含量的600～675kg/hm^{2}作基肥，同时施锌肥15～30kg/hm^{2}作基肥(表11-1)。

表11-1　　棉花配方肥配方表

序号	配比式	目标产量(kg/hm^2)	建议基肥用量(kg/hm^2)	备　注
1	18-12-15	>4500	600～750	土壤有效磷15～30mg/kg，土壤速效钾80～120mg/kg，魏湾镇、戴湾镇
2	18-8-18		600～750	
3	20-5-15	3750～4500	600～750	壤有效磷15～30mg/kg，土壤速效钾大于120mg/kg，老赵庄镇、松林镇、金郝庄镇
4	15-20-10	<3750	600～675	

一、增加有机肥的投入

有机肥养分齐全，肥效长，在整个生育期为棉花提供养分。足量的有机肥是实现壮苗早发，壮秆抗病，降低脱落率，多结桃，不早衰，优质高产的基础。每公顷施用量为 30000～45000kg。

二、加大钾肥投入

棉花是喜钾作物，施用钾肥能提高抗逆性，壮秆抗病。据临清市土肥站多年、多点试验，每公顷施氧化钾为 90～120kg(折氯化钾 150～225kg)，后期黄枯萎病病株率减少 75%以上，高者增产籽棉为 750～1125kg，增产率达 20%～28%。

三、种肥

棉花出苗后，初生根较少，吸收养分的能力弱，用速效性化肥作种肥对幼苗的生长发育有良好作用，尤其是施基肥较少的地块。适合于作种肥的化肥很多，如：①氮素化肥。在基肥施用量少或土壤瘠薄的条件下，用氮素化肥作种肥有显著的增产效果。在氮素化肥中，硫酸铵、氯化铵均可作种肥施用，但应注意用量。②磷钾化肥。棉花幼苗期磷钾肥充足时，对生长有良好作用，苗高、叶大、生长健壮。施用各种磷肥作种肥均有效果，速效性的过磷酸钙和重过磷酸钙最适合做棉花种肥；在缺钾地区，棉花种肥中加入钾肥是必要的，最好用氯化钾或硫酸钾。③氮、磷、钾肥配合施用：氮、磷、钾肥配合做种肥施用比单独施用时肥效高。种肥的施用方法采用条施、穴施。穴施种肥时，要使肥料和种子离开 2～3cm，把肥料施在穴的一侧，种子播在另一侧，或者用有机肥料和土把种子与肥料隔开，以免影响种子发芽，降低出苗率。

四、氮、磷、钾、微肥施肥标准

(一)高肥力田

每公顷产皮棉为 1125～1500kg，土壤有机质含量大于 13.5g/kg 以上，碱解氮含量大于 75mg/kg，速效磷含量大于 25mg/kg，速效钾含量大于 140mg/kg。在施用足量有机肥的基础上，每公顷施尿素为 390～450kg，磷酸二铵为 300～375kg，氯化钾为 150～225kg，硼砂为 7.5～15kg。

(二)中低肥力田

每公顷产皮棉为 750～1125kg，土壤有机质含量为 11.0～13.5g/kg，碱解氮含量为 50～75mg/kg，速效磷含量小于 15～25mg/kg，速效钾含量为 100～120mg/kg。在施用足量有机肥的基础上，每公顷施尿素为 330～390kg，磷酸二铵为 270～330kg，氯化钾为 150～225kg，硼砂为 7.5～15kg。

五、施肥方法

有机肥、磷肥、钾肥全部做底肥，氮肥 35%底施，65%做追肥。追肥分 2 次施用，苗期追施 15%，盛花期追施 50%。硼砂与有机肥混匀施入，避免直接与种子接触，以免烧芽。

六、因地制宜推广应用缓释肥

在壤土棉田适当推广缓释肥。缓释肥也称控释肥，就是在化肥颗粒表面包上一层很薄的疏水物质制成包膜化肥，对肥料养分释放速度进行调整，根据作物需求释放养分，达到元素供肥强度与作物生理需求的动态平衡。缓释肥有以下优点：

(一)用量小，利用率提高

缓释肥肥效比一般未包膜的长30天以上，淋溶挥发损失减少，肥料用量比常规施肥可以减少10%～20%，达到节约成本的目的。

(二)施用方便，省工安全

缓释肥可以与速效肥料配合作基肥一次性施入，可减少用工三分之一左右，并且施用安全，避免肥害。

(三)增产增收

施用后表现肥效稳、肥效长，后期不脱肥，抗病抗倒，据调查，增产5%以上。

七、科学喷施叶面肥料

(一)缺肥早衰地块

底肥不足或追肥较少棉田，植株在吐絮期出现黄、弱等早衰现象的地块，可叶面喷施2%的尿素或2%～3%的磷酸二氢钾溶液450～750kg/hm^2。

(二)病害较重的地块

据临清市土肥站试验，棉花蕾期至结铃期喷施含氨基酸的叶面肥能有效的控制棉花炭疽病、枯黄萎病，产量提高20%以上。效果较好的叶面肥料有含氨基酸叶面肥料、含微量元素叶面肥料等，喷施时期一般掌握现蕾期开始每20天喷1次，连喷3次，喷施浓度为800倍。喷施时间应在上午10点以前，下午4点以后，棉花全株叶子正反面均匀喷洒。

第二节　小麦测土配方施肥技术

小麦一生需氮、钾多，需磷相对较少，同时需要钙、镁、硫等中量元素和锌、硼、锰等微量元素。每生产100kg小麦需吸收氮2.83kg，五氧化二磷1.25kg，氧化钾2.92kg。小麦一生吸收氮肥有两个高峰期，一是年前分蘖盛期，占总吸收量的12%～14%，另一个是拔节孕穗期，占总吸收量的35%～40%；小麦对磷肥吸收高峰期出现在拔节扬花期，占磷总吸收量的60%～70%；小麦对钾的吸收在拔节前较少，一般不超过总量的10%，拔节孕穗期吸收钾最多，可达60%～70%。

一、科学确定配方

秋种前，根据土壤测试结果和每公顷的7500～9000kg的目标产量，制定底肥配方方案，坚持有机肥为主，化肥为辅，氮、磷、钾配合的施肥原则。增施有机肥，大力推广秸秆直接还田，每公顷施配方肥600～750kg，同时增施微量元素硼、锌等，提倡钼肥拌种。

(一)高产田

高产田由于肥水条件较好，产量的高低取决于肥水施用是否得当，针对当前高产田氮肥施用较足或过量，而磷钾相对不足的状况，采用施足有机肥、控制氮肥、增施磷钾肥及巧施微肥的原则。一般每公顷产9000kg以上的示范田，每公顷施有机肥30000～45000kg，或进行秸秆还田。一般氮肥30%～40%、全部磷肥及钾肥作底肥基施，氮肥60%～70%年后作返青肥追施。调控氮肥用量，优化分配模式。每公顷产9000kg以上的高产田，施纯氮225kg左右，施氮过量，易导致小麦贪青晚熟，倒伏，产量和品质下降。在肥料分配上，高产田，基追比例控制在3∶7。延迟播种的地块，适当增加基肥比例，促早发壮苗。稳定磷肥用量，增施钾肥。高产麦田每公顷施五氧化二磷120～150kg。钾中等肥力水平示范方，高产麦田每公顷施钾(氧化钾)120kg；土壤速效钾含量相对较高地区，建议高产田每公顷施钾(氧化钾)90kg或不施。根据全市施肥习惯确定高产地块肥料配方为15-18-12、16-25-10和18-22-15。施用小麦专用肥做基肥，配比比较合理，同时含氮、磷、钾养分，建议根据具体情况选择使用。一般施用上述配方肥45%含量的600～750kg/hm^{2}作基肥或51%～55%含量的600～675kg/hm^{2}作基肥，同时施锌肥15～30kg/hm^{2}作基肥。

(二)中产田

针对临清市大部分中产麦田肥料施用不足、肥料品种单一的情况，采用施足基肥(有机肥与化肥配合，适当带些种肥)、轻施或不施越冬肥、重施起身拔节肥的“两头重，中间轻”的施肥方法，一般中低产田每公顷建议施纯氮225kg，施五氧化二磷90～120kg，建议施氧化钾90kg，建议氮肥基追比例控制在4∶6，土壤速效钾含量相对较高地区，建议施钾45～60kg。一般要求每公顷施有机肥30000kg以上。根据全市施肥习惯可确定中产地块肥料配方为12-18-15、15-18-18、15-15-15，一般施用上述配方肥45%含量的600～750kg/hm^{2}作基肥或51%～55%含量的600～675kg/hm^{2}作基肥，同时施锌肥15～30kg/hm^{2}作基肥(表11-2)。

表11-2　小麦配方肥配方表

序号	配比式	目标产量(kg/hm^2)	建议用量(kg/hm^2)	备注
1	15-18-12	>7500	600～750	土壤有效磷15～30mg/kg，土壤速效钾80～120 mg/kg
2	18-22-15		600～675	
3	16-25-10		600～675	土壤有效磷15～30mg/kg，土壤速效钾大于120 mg/kg
4	12-18-15	<7500	600～675	土壤有效磷15～30mg/kg，土壤速效钾小于100 mg/kg
5	15-18-18		600～675	
6	15-15-15		600～675	

二、春季分类指导，科学运筹肥水，以水促肥

群体750万/hm^{2}以下的，属弱苗类，以促为主。对于墒情较差、群体偏小的地块，墒情差是主要矛盾，返青期进行肥水管理；对于地力水平较高、群体偏小、墒情较好地块，群体小是主要矛盾，早春抓紧划锄，增温促苗促早发，起身期根据苗情转化进行追肥，每公顷

追尿素 225kg；对地力一般、群体较小、墒情较好地块，肥料、群体是主要矛盾，分 2 次追肥：第 1 次返青期借墒追 40%氮素化肥和适量磷酸二铵，促分蘖和根系生长，提高分蘖成穗率；剩余的 60%氮素化肥待拔节期结合浇水追施，促进小麦发育，提高穗粒数。群体为 750 万～900 万/hm^2 的麦田，属弱苗和壮苗之间的过渡类型。春季管理的重点是促进春季分蘖，巩固冬前分蘖，提高分蘖成穗率。地力水平较高，群体为 825 万～900 万/hm^2 的二类麦田，小麦起身以后、拔节以前追肥浇水；地力水平一般，群体为 750 万～825 万/hm^2 的二类麦田，起身期的肥水管理为结合浇水，每公顷追尿素 225kg，墒情较差地块，追肥、浇水时间酌情提前。群体为 900 万～1200 万/hm^2 属壮苗麦田要促控结合，提高分蘖成穗率，促穗大粒多。肥力较高，浇过冬水，群体为 975 万～1200 万/hm^2 的一类麦田，起身期喷施壮丰安防倒伏，氮肥后移，于拔节中末期追肥浇水；地力一般，浇过冬水，群体为 900 万～975 万/hm^2 的一类麦田，于拔节初期进行肥水管理；对没浇冬水地块，根据墒情和地力，于起身至拔节期追肥浇水。追肥数量每公顷施尿素 225kg 每公顷茎数 1200 万以上、植株较高、叶片较长的过旺苗麦田，控促结合。一是起身期喷施烯效唑、壮丰安调节剂，控旺防倒；二是无脱肥现象的旺苗麦田，早春镇压蹲苗，拔节期结合浇水，每公顷追尿素 150～225kg；三是有脱肥现象的麦田起身期每公顷追尿素 150～225kg，防止旺苗转弱苗。遭受冬季冻害的麦田不能轻易毁改其他作物，在一株小麦中小分蘖和小分蘖的蘖芽可以通过肥水促进发育成有效分蘖。一般受冻麦田，仅叶片冻枯，无死蘖现象，早春及早划锄，提高低温，促进小麦返青；起身期追肥浇水，提高分蘖成穗率。对主茎和大分蘖已冻死的麦田，于土壤解冻后借墒或结合浇水每公顷追尿素 150kg。对受冻小麦要注意根系养护，提高根系吸收能力；喷施雷力 2000、海生素、天达 2116 等叶面肥，促进受冻小麦快速恢复生长；加强受冻麦田中后期肥水管理，防止早衰，促穗大粒多，提高粒重，提高小麦产量，争取把灾害损失降到最低限度。

三、小麦后期推广“一喷三防”技术

针对临清市有些年份春季持续低温天气导致小麦抽穗、开花期较常年同期普遍推迟的实际，积极推广“一喷三防”措施。“一喷三防”就是将杀虫剂、杀菌剂以及叶面肥、生长调节剂等混合起来进行喷施。搞好“一喷三防”是小麦防病、防虫、防干热风等的关键措施，能够达到改善田间小气候、减少干热风危害、延缓衰老、提高粒重等多重效果。在孕穗期至灌浆初期喷 1%～3%的尿素溶液（加上 0.2%～0.3%的磷酸二氢钾溶液更好），每公顷喷750～900kg。叶面追肥最好在晴天下午 4 点以后进行，间隔 7～10 天再喷 1 次。喷后 24h 内如遇到降雨应补喷 1 次。为了简化操作，推广与其他田间管理措施结合进行方法。如每公顷用 40%多菌灵乳剂 750～1200mL、50%辛硫磷乳油 750～1125mL、磷酸二氢钾 2250g，兑水 750kg 配成混合液，进行叶面喷施，可起到同时防病、防虫、防干热风等“一喷三防”效果。

第三节 玉米测土配方施肥技术

玉米全生育期所吸收的养分，一般每生产 100kg 的玉米籽粒，需从土壤中吸收纯氮

2.57kg，五氧化二磷 0.86kg，氧化钾 2.14kg。氮、磷、钾的比例大约为 3∶1∶2.5。玉米是对锌敏感的作物。玉米对营养元素吸收的速度和数量各生育期差别很大，一般规律是随着玉米植株的生长对养分的吸收速度加快，到灌浆期、成熟期逐渐减慢。夏玉米苗期植株小，生长慢，需肥较少，以后逐渐加快。从拔节到孕穗吸收速度达到高峰，在 20～30 天中吸收氮、磷分别占吸收总量的 76%和 63%，而后吸收减慢，到抽雄期，氮、磷的吸收量已达 90%。所以夏玉米需氮、磷的关键时期是拔节孕穗期。

按照测土配方施肥技术要求，根据临清市土壤营养状况，结合玉米需肥特点，夏玉米施肥须注重增施有机肥，继续推广了小麦秸秆还田，提高土壤有机质含量，培肥地力；合理施用化肥，改一次施肥为多次施肥，氮、磷、钾科学配比，补施中微量元素肥。

一、高产田

每公顷产 9000kg 以上的高产田，一般雷纯氮 240～270kg，五氧化二磷 75～105kg，氧化钾225～255kg，根据全市实际，提倡每公顷施有机肥 45000kg 以上，锌肥 30kg，施用无机肥料，在拔节初期和大喇叭口期两次追施或大喇叭口初期 1 次性追施。一般 $1hm^2$ 追施无机肥料纯氮 240～270kg，五氧化二磷 45～75kg，氧化钾 90～120kg。根据全市施肥习惯，确定高产地块肥料配方为 25-5-10、26-5-9（土壤有效磷 15～30mg/kg，土壤速效钾小于 120 mg/kg）、30-10-15（土壤有效磷小于 15mg/kg，土壤速效钾小于 120 mg/kg）、30-5-5（土壤有效磷大于15mg/kg，土壤速效钾大于 120 mg/kg）。一般施用 40%含量上述配方肥 900～1125kg/hm^2 或 55%含量上述配方肥 675～825kg/hm^2。

二、中产田

每公顷产 7500～9000kg 的中产地块，一般需纯氮 180～240kg，五氧化二磷 45～75kg，氧化钾165～225kg，根据全市实际，提倡每公顷施有机肥 37500kg 以上，锌肥 30kg，施用无机肥料，在拔节初期和大喇叭口期 2 次追施或大喇叭口初期 1 次性追施。一般每公顷追施纯氮 180～240kg，五氧化二磷 15～40kg，氧化钾 60～90kg。根据全市施肥习惯可确定中产地块肥料配方为 25-5-10、26-5-9（土壤有效磷 15～30mg/kg，土壤速效钾小于 120 mg/kg）、30-10-15、28-4-8（土壤有效磷大于 15mg/kg，土壤速效钾大于 90 mg/kg）。一般施用 40%含量上述配方肥 750～900kg/hm^2 或 55%含量上述配方肥 600～675kg/hm^2（表 11-3）。

表 11-3　玉米配方肥配方表

序号	配比式	目标产量（kg/hm^2）	建议用量（kg/hm^2）	备注
1	26-5-9	>9000	900～1125	土壤有效磷 15～30mg/kg，土壤速效钾小于 120 mg/kg
	25-5-10	7500～9000	750～900	
2	30-10-15	>9000	675～825	土壤有效磷大于 15mg/kg，土壤速效钾大于 90 mg/kg
		7500～9000	675～750	

续表

序号	配比式	目标产量 (kg/hm²)	建议用量 (kg/hm²)	备 注
3	30-5-5	＞9000	750～825	土壤有效磷大于15mg/kg,土壤速效钾大于120 mg/kg
		7500～9000	750	土壤速效钾大于90 mg/kg
		＜5520	600～750	

三、大力推广玉米种肥施肥技术

玉米施用种肥,增产效果明显,一般可增产10%。玉米出苗后,初生根较少,吸收养分的能力弱,用速效性化肥作种肥对幼苗的生长发育有良好作用,尤其是施基肥较少的地块。玉米种肥以速效氮肥为主,酌情配合适量的磷、钾肥。腐肥的优质农家肥也可以作中肥,在夏播玉米来不及施基肥的情况下,它可以补充和代替部分基肥。氮肥作种肥用以硫酸铵硝酸铵较好,每公顷用37.5～75kg硫酸铵或22.5～45kg硝酸铵均可,如配合过磷酸钙则氮、磷配合比2∶1或1∶1为好。种肥的施用方法:采用条施、穴施。穴施种肥时要使肥料和种子离开2～3cm,把肥料施在穴的一侧,种子播在另一侧,或者用有机肥料和土把种子与肥料隔开,以免影响种子发芽,降低出苗率。

四、轻施苗肥

玉米出苗至拔节前追施的肥料为苗肥,其主要作用是促进发根壮苗,奠定良好的生育基础。苗肥掌握早施、轻施和偏施的原则。早施,在未施基肥或种肥情况下,定苗后抓紧追施速效性氮肥,有利于促进玉米壮苗早发。轻施,玉米苗期吸收养分不多,一般只占总需肥量的10%左右。玉米苗期施肥多,不利于根系向纵深发展,茎叶生长过快,茎基部节间细长,容易造成倒伏。偏施,偏施的目的是提小苗、赶大苗,促弱苗变壮苗,达到幼苗齐、匀、壮的目的。玉米苗期一般每公顷施用尿素45～60kg,集中开沟条施或穴施在幼苗附近,施后立即覆土。若土壤墒情不足,追肥后必须浇水。

五、稳施拔节肥

稳施既可满足拔节阶段生长快,对营养吸收多的要求,达到叶片繁茂、茎秆粗壮的目的,又不会引起茎叶生长过旺而发生倒伏。对基肥不足,苗势较弱的玉米,应增加化肥用量,一般每公顷可追施225kg尿素。拔节肥通常在玉米拔节前后出7～9片叶时开穴追施,地肥苗壮的应适当迟追、少追,地瘦苗弱的应早施、重施。

六、重施穗肥、粒肥

在玉米大喇叭口期(第11～12叶展开),将剩余全部氮肥(或复合肥)总量的60%～70%作为攻穗、攻粒肥,一次性全部追施。但高产地块用肥总量大或土壤保肥能力差的地块,留出全部施肥量的10%～20%专门作为攻粒肥,于玉米开花授粉后施用。使用缓控释肥的田块可于播种后或幼苗期一次性施入。

七、推广施用锌肥或含锌复合肥

玉米缺锌，叶缘扭曲或皱缩，叶脉两侧由绿变黄发白，叶片黄白绿相间呈条纹状，俗称“花白苗”，抽穗迟，穗小粒少。用硫酸锌做底肥，每公顷用量为22.5～30kg；硫酸锌做追肥，每公顷用量为15kg，与氮、磷、钾混施；叶面追肥用0.3%～0.4%硫酸锌溶液，连续喷2～3次。

第四节　花生测土配方施肥技术

每生产1000kg花生荚果需要吸收纯氮68kg，五氧化二磷13kg，氧化钾38kg，钙素1.5～3.5kg，氮磷钾吸肥比例约为5.54∶1∶2.65。花生具有固氮作用，但苗期根瘤没有形成前不能固氮，因此氮素在苗期应供给充足，以促进幼苗生长。磷素可以促进花生成熟，籽粒饱满，提高结荚率、出仁率及含油量，同时还对根瘤的形成和发育有促进作用。钾素的吸收量很大，钾素对茎蔓、果壳及果仁的生长有促进作用，在保肥较差的沙土地，增施钾肥效果明显。花生是喜钙作物，钙素能加强氮的代谢，有利于根系和根瘤的形成和发育。钼是根瘤固氮过程中不可缺少的元素，钼能促进蛋白质合成，增加固氮能力。

花生施肥总体上应把握以下原则：重施基肥，适量追肥，有机肥为主，化肥为辅，大量、中量及微量元素相结合。

一、基肥

用量一般占施肥量的80%左右，中等地力地块一般每公顷施优质农家肥30000～45000kg，硫酸铵150kg，过磷酸钙300～375kg，硫酸钾225kg。有机肥施用量少时，把有机肥和化肥混合均匀，再集中条施在垄下；有机肥施用量多时，可以在整地起垄前撒施耙匀，然后起垄；也可以把2/3的有机肥撒施，1/3有机肥与化肥混匀，再集中条施在垄下。如检测钙不足，每公顷施75～90kg石膏粉。

二、种肥

根据基肥情况，可每1hm^{2}用150kg磷酸二铵作种肥。一定注意种、肥隔离。

三、追肥

苗期追肥以氮为主，出苗后15～20天，结合中耕每公顷追施尿素45～75kg；花针期重追一次肥，每公顷施尿素45～75kg，过磷酸钙150～225kg，硫酸钾45～75kg。

四、微量元素肥料

花生对钼较敏感，在苗期和盛花期喷施0.1%～0.2%的钼酸铵溶液，可促进增产和根瘤固氮；也可以每公顷用30g钼酸铵（配成0.1%～0.2%的溶液）拌种。此外，花生对硼肥也较敏感，可在起垄时每公顷施7.5kg的硼砂；也可以用0.2%的硼砂溶液喷施。

第五节 甘薯测土配方施肥技术

甘薯对氮、磷、钾三要素的需求量，以钾最多、氮次之、磷又次之。甘薯喜钾，增施钾肥对产量和品质均有明显作用。甘薯苗期吸收养分少，从分枝结薯期到茎叶旺盛生长期，吸收养分速度加快，吸收数量增多，接近后期逐渐减少，至薯块迅速膨大期，氮、磷的吸收量下降，而钾的吸收量保持较高水平。缺氮时老叶首先呈现缺绿，叶片数、分枝数减少，叶片缩小，节间缩短，叶片容易发黄早衰，严重影响产量。缺磷时会造成叶片变小，呈暗绿色，失去光泽，茎蔓伸长受阻，老叶出现大片黄斑，变紫色，不久即会脱落。缺钾则表现为叶小，节间和叶柄变短，叶色暗绿，后期叶的背面出现褐色斑点。甘薯忌氯，施用含氯化肥超过一定量时，会使薯块淀粉含量降低，而且薯块不耐储藏。临清市每公顷产37500～45000kg的中产薯田，每公顷施纯氮 75～112.5kg，五氧化二磷 112.5～150kg，氧化钾 150～225kg。

一、基肥

应占施肥总量的 70％～80％，基肥一般每公顷施堆肥 22500～30000kg，尿素 37.5～75kg(或碳铵 112.5～180kg)，磷肥 150～225kg，草木灰 750～1125kg(或硫酸钾 37.5～150kg)。施底肥应采用粗肥打底、精肥浅施的分层施肥法，用量多的可条施，一般可穴施。即在起垄后栽苗前，按行、穴距开沟或挖穴，将底肥施入沟内或穴中，使土肥混匀。也可采用包厢肥的集中施肥法，即在包厢时，顺厢施肥，再刨厢，把肥料包在厢内。采取这些集中施肥法，可减少肥料损失，达到经济用肥的目的。

二、追肥

追肥宜分 3 次。第 1 次攻苗肥，在插植后 10 天左右，每公顷施人畜粪尿7500～11250kg，兑水穴施。苗肥应根据底肥多少、天气和苗长势适量施用，防止施用过多造成苗徒长。也可采取弱苗多施、旺苗少施的方法，促进全田平衡生长。第 2 次在插植后 60 天左右，茎叶旺盛生长，块根逐渐膨大，需肥较多。长势好和施过苗肥的以钾肥为主，氮肥少施；长势差的适当多施氮肥，配合钾肥。一般每公顷施人粪尿 15000kg 和草木灰 1500kg，或尿素 150kg，过磷酸钙 150～225kg，硫酸钾 37.5kg，兑水穴施，并与中耕、除草、培土等管理措施相结合。第 3 次在插植后 80～100 天进行，每公顷施尿素37.5kg，在收获前 30～50 天也可用 2％的过磷酸钙液或 5％～10％的草木灰浸泡澄清液 1125～1500kg，每隔 10～15 天喷 1 次，共喷 2～3 次，对茎叶长势差的可喷 1％的尿素溶液。喷施时间以晴天下午 4～5 时为宜。

第六节 番茄测土配方施肥技术

生产 1000kg 番茄需纯氮 4.5kg，五氧化二磷 5.0kg，氧化钾 5.0kg。番茄对养分的吸收是随着生育期的推进而增加的，在生育前期吸收养分量小，从第一花序开始结果，养分吸收量迅速增加，到盛果期养分吸收量可占总吸收量的70%～90%。番茄对氮、钾的吸收在整个生育期中呈直线上升趋势，钾的吸收率比氮大，吸收量接近氮的两倍。钙的吸收量和氮近似，在果实膨大后，累积吸收量增加快，可是钙在番茄植株体内转移很差，若土壤供钙能力低，常导致果实缺钙，出现蒂腐病。磷和镁两者吸收量近似，也是随着生育期进展吸收量增多，但积累量较低。磷对番茄苗期生长发育影响大，苗期供磷不足，严重影响花芽分化。

一、苗床土的配制

一种方法是大田土壤4份(最好是葱蒜类菜地土壤)，加腐熟猪粪或鸡粪3份，再加腐熟马粪3份，混合后过筛，育苗前每100kg床土再加人20g氮磷钾复合肥。另一种方法是在每公顷床土加入混合粪(由7成马粪加3成大粪腐熟)90000～112500kg，过磷酸钙900～1125kg，硫酸钾270kg充分拌匀即成。用60～70%熟土(疏松肥沃砂质土)，30%～40%腐熟猪粪、牛粪、鸡粪和木屑混合物。

二、基肥

番茄露地栽培要重施基肥，一般以优质的有机肥为主，每公顷施60000～75000kg，施用前掺入375～750kg过磷酸钙，撒于地表，然后翻地。起垄时，沟施硫酸钾150kg，定植时每公顷施硫酸锌肥料15kg；也可在施有机肥的基础上，每公顷沟施过磷酸钙300～450kg，磷酸二铵300kg，尿素150kg，硫酸钾450kg。保护地栽培番茄更应重视施用基肥，由于保护地番茄产量高，要求的水肥条件也高，基肥用量有机肥比露地高20%～30%，磷、钾肥用量比露地多30%。对早熟品种施肥量全部1次作基肥施入，基本上不追肥；中晚熟品种酌情考虑追肥。

三、催苗肥

在土壤地力不足时，为促进秧苗生长，每公顷可追施尿素120～150kg或硫酸铵225～300kg，也可穴施粪肥6000～7500kg或追稀薄粪水7500kg。

四、催果肥

在第一果穗膨大时，可以结合浇水进行追肥，这次追肥量应占整个追肥量的30%～40%。在离根部10cm处每公顷穴施尿素150～187kg和过磷酸钙300～375kg，也可每公顷施腐熟粪肥7500～15000kg。

五、盛果肥

在第一穗果开始采收后，进入盛果期进行追肥，以满足大量果实对营养的需要，避免番茄植株早衰。此时，每公顷可追施硫酸铵225kg，过磷酸钙150～225kg或磷酸二铵150kg，也可追施腐熟人粪尿11250～15000kg。追肥后一定要浇足水，以促进肥效的充分发挥。

六、根外追肥

无论是保护地栽培还是露地栽培，都可进行根外追肥。一般在盛果期每隔7～10天喷一次叶面肥。用尿素0.3%～0.5%、磷酸二氢钾0.5%～1.0%、硫酸锌0.1%、硫酸锰0.1%、硼酸0.2%的混合液进行喷洒。这些多种元素的混合液不仅有利于提高产量，还能增加蔬菜维生素C和可溶性糖的含量。为了防止番茄蒂腐病的发生，可在果实开始膨大时，向果表面或果枝的功能叶上喷施0.3%～0.5%的氯化钙或硝酸钙溶液。

如果施肥不当也会给番茄生长带来不良的影响。果实接近着色期时，如用磷肥过多，植株对养分吸收会急剧增加，果实迅速膨大，易出现网纹果；氮肥施用过多、钾肥不足，植株生长过旺，或是苗期高温、光弱、营养不足，易造成子房心室数过少，产生空洞果；黑筋腐病是亚硝酸盐中毒和缺钾造成的，在保护地栽培条件下，氮肥施用过量和光照不足易发生此病；蒂腐病在很多情况下是由于过量吸收氮、磷、钾而使得番茄体内钙不足引起的。

第七节　花椰菜测土配方施肥技术

花椰菜由于生长期长，对养分需求量大，需要量最多的是氮和钾，花球形成期需磷比较多。另外对硼、镁、钙、钼的需要量也较大。花椰菜每生产1000kg花球需纯氮约7.70～10.80kg，五氧化二磷2.10～3.20kg，氧化钾9.20～12kg。现蕾前，养分吸收少，现蕾后对养分的需求逐渐加大，至花球膨大盛期，对养分需要最多，吸收速度最快，因此在花芽分化和花球发育过程中，要保证磷、钾营养的充分供应。

一、施肥原则

(一)有机肥为主，化肥为辅

花椰菜田单施化肥比单施有机肥中的硝酸盐残留高。因此无公害花椰菜生产用肥必须以有机肥为主、矿质化学肥料和微量元素肥为辅，大力加强配方施肥。

(二)限量使用氮肥

氮素肥料是花椰菜生产中使用量较大，而且整个生长期间都必需的品种。当氮肥充足时，植株生长茂盛，叶色浓绿，高产。如果缺乏氮肥，则植株茎叶窄小，叶色发黄，产量和品质都会下降。但是，超量施用氮肥，也会引起菜体内硝酸盐含量剧增，容易发生病虫害。

(三)禁止花椰菜施氮肥后立即上市

花椰菜最后一次追施氮肥后，至产品采收上市必须有一段安全间隔期，应该在最后一次追施氮肥后的第8天才可以上市。

(四)大力提倡根外追肥

植物主要依靠根部吸收养分，叶片和嫩茎也能直接从喷洒在其表面的溶液中吸收养分，故应大力提倡。尿素和过磷酸钙以及磷酸二氢钾，还有一些微量元素，作为根外追肥都是适宜的。

(五)根据花椰菜的生理特点确定施肥期

花椰菜苗期需要养分不多，在旺盛生长和产品形成期需要养分较多。有机肥和磷肥一般在花椰菜播种和定植前做基肥，速效氮钾肥可在花椰菜生育中期做追肥。追肥的次数可根据花椰菜生长发育情况确定，一般每15～20天追1～2次肥。

二、花椰菜使用肥料种类

(一)有机肥

有机肥包括人畜粪尿、堆肥、沤肥、沼气肥、绿肥、作物秸秆、泥肥、饼肥、草木灰、炉渣等。除草木灰、炉渣外，其余均在施用前应充分腐熟。经过高温发酵后有机粪肥可100%杀死大肠杆菌等病原微生物，可以减少体积和1/2～1/3重量，便于田间运输使用。另外，未腐熟的有机肥在施到田间后再进行发酵，容易烧伤菜根。

(二)生物菌肥

生物菌肥包括腐殖酸类肥料、根瘤菌肥料、磷细菌肥料、复合微生物肥。

(三)无机肥料

如硫酸铵、尿素、过磷酸钙、硫酸钾等既不含氯又不含硝态氮的氮磷钾化肥，以及各地生产的花椰菜专用肥。

(四)微量元素肥料

此即以铜、铁、硼、锌、钼等微量元素及有益元素为主配制的肥料。

三、施肥技术

(一)施足基肥

每公顷施优质农家肥45000～75000kg，硫酸铵300～450kg，过磷酸钙525～600kg，钾镁肥375kg，硼砂30kg，硫酸钾225～375kg。可把化肥与农家肥混合后，将60%施在畦中，余下40%待移栽时施在沟或穴中。

(二)追肥

花椰菜从移栽到收获需追肥2～3次。第1次追肥应在花球直径长到3～5cm时，及时施肥浇水，每公顷追施硫酸铵225kg。第2次追肥应在花球直径为5～8cm时，追施腐熟粪干或鸡粪6000kg左右，并浇水。在花蕾直径达12～13cm时进行第3次追肥，如果遇雨水过多，则应配合钾肥施入，每公顷施用硫酸钾225kg或45%复混肥300～375kg。

(三)叶面喷肥

植物主要依靠根部吸收养分，叶片和嫩茎也能直接从喷洒在其表面的溶液中吸收养分。在花椰菜的花球期间适当喷施0.3%磷酸二氢钾和0.1%硼砂溶液，隔7～10天喷1次，连喷3次，增产效果显著；或者在花球形成初期进行追肥、培土、除草和剥去黄叶病叶后，用0.5%的硼酸溶液喷施整个植株1～2次，以提高花球品质。当50%～60%的植株形成花球，直径达到5cm以上时，用0.5%尿素溶液叶面喷施1次，间隔7～10天再喷1次。

第八节　马铃薯测土配方施肥技术

马铃薯是一种以块茎为经济产品的作物，需钾量大，属典型的喜钾作物。每生产1000kg鲜薯需纯氮4.4～5.5kg，五氧化二磷1.8～2.2kg，氧化钾7.9～10.2kg，氮、磷、钾之比为1：0.4：2。马铃薯吸收氮、磷、钾的数量和比例随生育期的不同而变化。苗期是马铃薯的营养生长期，吸收的氮、磷、钾分别为全生育总量的18%、14%、14%。块茎形成期(孕薯至开花初期)，植株营养生长和生殖生长并进，对养分的需求明显增多，吸收的氮、磷、钾已分别占到总量的35%、30%、29%，而且吸收速度快，此期供肥好坏将影响结薯多少。块茎增长期茎叶生长减慢或停止，主要以块茎生长为主。植株吸收的氮、磷、钾分别占总量的35%、35%、43%，养分需要量最大，吸收速率仅次于块茎形成期。淀粉积累期，此期茎叶中的养分向块茎转移，茎叶逐渐枯萎，养分吸收减少，植株吸收氮、磷、钾养分分别占总量的12%、21%、14%，此时，供应一定的养分，防止茎叶早衰，适当延长绿色体寿命，对块茎的形成与淀粉积累有着重要意义。

临清市一般每公顷产马铃薯22500～30000kg，需施肥量为有机肥15000～22500kg，纯氮187～240kg，五氧化二磷105～145kg，氧化钾375～450kg。

一、基肥

氮肥占总施肥量的60%、钾肥占总施肥量的40%、有机肥、磷肥占总施肥量的100%，一般每公顷施尿素270～330kg，磷肥600～750kg，钾肥300～375kg，或中低浓度复混肥750～900kg。

二、追肥

出苗至现蕾结合中耕除草追肥1次，每公顷施尿素75kg左右。现蕾期，马铃薯茎叶生长迅速，地下块茎形成膨大期，养分需要多，应重施1次肥，此时施肥以钾、氮为主，每公顷施尿素150～225kg，硫酸钾300kg，或每公顷施中低浓度复合肥600～750kg，硫酸钾225kg。

三、根外追肥

开花后不再进行根际施肥，若有早衰现象可用0.5%尿素和0.2%磷酸二氢钾溶液作根外追肥。后期对镁元素需要量也比较大，若前期施用高浓度复合肥或有机肥施用量较少时，会发生镁供给不足，应注意矫正。

第九节　大白菜测土配方施肥技术

大白菜生育期长、生长量大、需肥量较多。其总的需肥特征是：苗期需肥量少，氮、磷、钾吸收量不足总需肥量的10%；莲座期明显增多，约占总量的30%；包心期吸收养分最多，可达总量的60%左右。一般每公顷产75000kg大白菜，需要从土壤中吸收纯氮

165kg，五氧化二磷 84kg，氧化钾 187kg，氮、磷、钾比为 1∶0.4∶1.1。临清市大白菜配方施肥，应坚持有机肥、无机肥相结合，控氮、稳磷、增钾、补微的施肥原则。

一、施足底肥

底肥应以优质腐熟的农家肥为主，一般定植前结合整地每公顷施优质农家肥 90000kg，45％三元复合肥 300kg，硼、锌肥各 15kg 做底肥。造墒，撒肥，翻耕，平整地块，做畦。

二、适期追肥

一是苗期施肥，一般可在定苗后施“发棵肥”，每公顷结合灌水施用尿素 150kg，土壤见干后宜中耕破土保墒。二是莲座期追肥，一般每公顷追施尿素 150kg，45％三元复合肥 300kg。此时因菜田尚未封垄，追肥采取埋施以提高肥效，并应结合灌水进行。三是结球期追肥，此期可持续一个半月左右，一般可于白菜结球前期、中期分两次进行，结合灌水每公顷追施 45％三元复合肥 150kg，以促进植株营养生长。大白菜收获前 20 天切忌追施氮肥，以防硝酸盐积累。

三、巧施微肥

大白菜结球期，可结合病虫害防治，每公顷喷施 0.5％～1％尿素和 0.2％磷酸二氢钾溶液 1500kg，以延长叶片功能期和防止早衰，从而提高大白菜的净菜率和商品价值。秋冬大白菜缺钙会出现干烧心病，影响产量和品质，可在生长期喷施 0.3％氯化钙溶液或 0.25％～0.5％硝酸钙溶液来降低发病率。

四、配施沼肥

沼肥是制取沼气厌氧发酵后的残留物，养分全且速效、缓效养分兼备，可细分为沼渣肥和沼液肥。其中沼渣肥可用作秋冬大白菜基肥，每公顷施 37500～45000kg，结合整地施用；沼液除可用作前期追肥外，还可作为植株叶面喷肥，分别于大白菜莲座期对水稀释 2～3 倍、结球期对水稀释 1 倍喷施，一般每公顷用 750～1500kg 稀释液，每隔 7～10 天喷 1 次。

第十节 甘蓝测土配方施肥技术

生产 1000kg 甘蓝需纯氮 2.0～4.1kg，五氧化二磷 0.5～0.72kg，氧化钾 2.2～3.8kg；每公顷产甘蓝 45000～60000kg，需纯氮 90～150kg，五氧化二磷 33～54kg，氧化钾 99～165kg。甘蓝属浅根系作物。根系有主根、侧根和发达的根毛。整个根系绝大部分伸展于 25cm 以上的表土层中。甘蓝对土壤适应性较强，但要求肥沃、通气排水、保肥、保水性好的壤土，适合中性土壤，对微酸性、微碱性土壤也有一定适应能力。甘蓝耐盐力强，在含盐量0.75％～1.2％的盐碱土上尚能正常结球。在生长前期以氮肥为主，生长后期需配合一定量的磷钾肥。甘蓝应与瓜类、豆类、茄果类蔬菜轮作，切不可与十字花科蔬菜连作，以防病害发生严重。结球甘蓝是喜肥耐肥作物，对土壤养分的吸收大于一般蔬菜。在幼苗期、莲座期和结球期吸肥动态与大白菜相同。生长前半期，对氮的吸收较多，至莲座期达到高峰。叶球形成对磷、钾、钙的吸收较多。结球期是大量吸收养分的时期，此期吸收氮、磷、钾、钙可占全生育吸收总量的80%。定植35天前后，对氮、磷、钙元素的吸收量达到高峰，而50天前后，对钾的吸收量达高峰。一般吸收氮、钾、钙较多，磷较少。

一、重施基肥

一是增施有机肥，特别是施用腐熟的、用酵素菌沤制的有机肥，可大大降低甘蓝中硝酸盐的含量。二是施用长效有机无机复合肥。近年来研制的控释、缓效无机有机复合肥，在土壤中不易淋失，肥效长而稳，可减少施用量，提高利用率，降低对甘蓝等的硝酸盐污染。三是增施生物肥料。菜田长期施用化肥，使微生物逐年降低。因此，有机质的腐解受阻，养分有效利用率低。施用固氮菌、磷细菌、钾细菌、菌根等生物肥料，对提高土壤微生物活性，促进土壤养分的生物有效性，降低蔬菜硝酸盐含量有显著的作用。四是优化配方施肥。根据土壤供肥能力和甘蓝需肥量，按比例增施肥料，既可增产增质，又不会造成硝酸盐污染。一般产量为75000kg/hm^2，施圈肥90000kg/hm^2，追施尿素600kg/hm^2，三元复合肥300kg/hm^2，能够充分供应甘蓝氮、磷所需，并稍有余富，而钾略有不足。有条件时，补施300kg/hm^{2}钾肥，可起到显著的增质效果。基肥可撒施、沟施或穴施。沟施和穴施是在基肥量少的情况下，必须施用腐熟的有机肥料，施后即可定植。

二、巧施追肥

定植后及时浇水，在施足基肥的基础上，随定植水早期追施少量速效氮肥，每公顷施硫酸铵225kg，可加速缓苗，增强幼苗抗寒能力，促进早熟高产。适时中耕、蹲苗。当植株旺盛生长、叶片明显生有蜡粉、心叶开始抱合时，应及时结束蹲苗，再行浇水追肥，每公顷追施稀人粪尿1125kg左右。进入结球期，需加强肥水管理。此期是甘蓝生长最快的时期，生长量最大，需肥量也大，应及早追肥。从开始卷心到结球前期，连续追肥2次。每次每1hm^{2}随水施入沤制好的饼肥液11250kg或有机无机复合肥450kg。采收前30天左右停止追肥。

第十一节 黄瓜测土配方施肥技术

黄瓜的需肥规律大约是每生产1000kg要吸收纯氮2.80～4kg，五氧化二磷2～4kg，氧化钾9.9～5.5kg，氧化钙3.1kg，氧化镁0.7kg。根据黄瓜的需肥规律、黄瓜种植地的肥力状况及目前施肥水平，确定配方施肥的推荐量。比较肥沃的菜园土壤肥力一般有机质含量为15～30g/kg，全氮为0.1～0.15mg/kg，速效磷为20～46mg/kg，速效钾为80～150mg/kg。黄瓜目标产量为90000kg/hm^2。首先选用产量较高的早熟、中熟、中晚熟品种，每公顷施优质骡马粪或其他优质农家肥150000～225000kg。每公顷施纯氮255～345kg，五氧化二磷150～200kg，氧化钾150～185kg，不施钙镁肥。肥力较低的新菜园土壤肥力一般是有机质含量为15%～35%，全氮含量0.9%左右，速效磷10

～30 mg/kg，速效钾 80～130mg/kg。黄瓜目标产量 75000kg。选择高产适宜品种，要求每公顷施优质农家肥 112500～225000kg，每公顷施纯氮 255kg，五氧化二磷 160kg，氧化钾 180kg。

黄瓜定植后 30 天内对氮的吸收量猛增，70 天后吸收量开始变小。氮在各器官的吸收比例为定植后的 30 天内，叶比果实吸收多，而茎最少；至 50 天，果实吸收量与叶接近；70～90 天，果实吸收量均超过叶部，而茎增长最慢，吸收量也最少。黄瓜的全生育期不可缺磷，特别在后 20～40 天之间磷的效果格外显著，此时绝对不可忽视磷肥的施用。黄瓜全生育期不能缺钾，不论是营养生长还是生殖生长，缺钾都会使黄瓜减产，前半期缺钾较后期缺钾后果更为严重，将使黄瓜大幅度减产。黄瓜在收瓜期间对营养元素吸收量以钾最多，氮次之，再次为钙、磷，以镁最少。吸收量都是在摘瓜开始时显著地减少，摘瓜期间又明显增加，到收获末期，增长量又变小，这和果实吸收量以及植株生育过程完全一致。氮、磷、钾各元素的 50%～60%在收获期吸收，叶和果实内三要素的含量差不多是各半，也就是说，其中一半是随果实被采收。所以说产量越高对养分的吸收就越多，对地力的消耗就越大，故黄瓜结果期的追肥也是很重要的。黄瓜对养分的吸收很快，一般夜间比白天吸收多。

一、施足基肥

黄瓜根系浅，吸收能力比较弱，但生长快，结果多，加之栽培密度大，故必须大量供应水肥，使之充分吸收。基肥多施热性的有机肥料（如骡马粪、堆肥等），使土壤温暖、疏松、透气、保水、保肥，以满足根系对环境条件的要求，使根生长茂密，从而扩大其吸收面和吸收量；基肥普施与集中施用相结合，畦面施与畦埂施相结合，使根系吸收面深广，以满足对水肥条件的要求。一般黄瓜丰产田每公顷施优质厩肥或堆肥等 75000kg；保护地（拱棚温室、地膜覆盖）每公顷施腐熟的优质农家肥 90000kg 以上，同时配施过磷酸钙 500～750kg，硫酸钾 225kg，三要素的大致比例是 1：0.6：0.8。基肥的施用方法是大部分基施，随深耕翻入土内，留少部分定植时集中条施于沟内。鉴于黄瓜不能忍耐 0.05%以上的土壤溶液浓度，所以未腐熟的有机肥料不宜施用过多，应留在追肥分期施用，以防烧根。

二、追肥

初花期黄瓜的水肥管理主要在于“控”，目的是防止茎叶徒长引起“化瓜”，加强中耕蹲苗，促进根系生长，但控制要适当。结瓜期总的管理特点在于“促”，目的是促进生殖生长，提高产量。促的原则是“先轻促，中大促，后小促”。具体说，根瓜生育期植株生长量和结瓜数还不多，水肥需要不太多，浇水保持地面见干见湿即可；腰瓜生育期气温升高，植株生长和结瓜均逐渐达到极盛阶段，需要水肥的数量大大增加，故必须大量追肥浇水，每 1～2 天 1 次；顶瓜生育期植株进入衰老阶段，仍需加强肥水的供应管理，争取茎叶不早衰，延长结瓜期，增加产量。追肥的原则是薄施、勤施，少量多施。一般结合浇催瓜水，大量施用有机肥料（如粪稀、粪干、厩肥、堆肥等），兼施一些肥料。一般每公顷施人粪尿或优质腐熟厩肥 15000kg，硝酸铵 120～150kg，过磷酸钙 150～225kg，氯化钾 75～150kg。根瓜收摘后，瓜秧逐渐繁茂，一般采用顺水追肥。原则上每隔 1 次浇水，顺水追肥 1 次，也就是菜农常说的“一清一浑”交替进行。每次浇水不宜过大，大水灌溉会引起枯萎病的发生。追肥时最好是化肥与人粪尿相间施用，并增加磷、钾成分。化肥量尿素每次 150～200kg/hm^2 或碳酸氢铵 375～450kg/hm^2，人粪尿每次 12000～15000kg/hm^2，过磷酸钙 150～225kg/hm^2，氯化钾每次 75～150kg/hm^2。伴随结瓜期的旺盛生育，逐渐增加浇水和追肥次数。采取这种少量多次的追肥方法，能满足黄瓜营养生长和生殖生长对养分的需要，使之生长协调，避免“化瓜”，获得较高的产量。

第十二节　甜椒测土配方施肥技术

甜椒对养分的吸收主要集中在结果期。对氮的吸收随生育进程逐步提高，在结果期以前，主要分布在茎叶中。对磷的吸收随生育进展而增加，但吸收量变化的幅度较小。对钾的吸收在生育初期较少，从果实采收初期开始，吸收量明显增加，一直持续到结束。钙的吸收也随生育期的进展而增加。镁的吸收峰值出现在采果盛期，生育初期吸收较少。甜椒根系不发达，根量少，入土浅，根际不易发生不定根。

一、基肥

每公顷施优质农家肥 60000～75000kg，过磷酸钙 450～750kg，硫酸钾 375～450kg 作基肥。60%的基肥在整地前撒施在土表，然后耕翻耙平；40%的基肥在定植时按栽植行距开沟条施，将肥料与土混匀后定植。

二、苗期追肥

移栽苗定植后结合浇缓苗水追施稀薄人粪尿或每公顷随水追施尿素 30kg。直播苗出土后，待长出 3～4 片真叶时随水追施稀薄粪肥，或每公顷随水追施尿素 30kg。

三、追肥

甜椒盛果期前追肥，果实直径达到 2～3cm 时急需补充营养供应。应结合灌水追施腐熟人畜粪尿，每公顷施 30000～37500kg。此时单施氮素化肥易造成植株徒长。根据生长情况，可进行第二次追肥，施肥量为第一次的一半。甜椒盛果期追肥，甜椒进入盛果期需肥量大，在每次采果后每公顷结合培土追施腐熟人畜粪尿 22500～30000kg 或硫酸铵 300～375kg。为了保证植株在雨季时不致出现脱肥现象，在 7 月上、中旬要重施一次化肥，每公顷施硫酸铵 375～450kg。雨季后是甜椒第二次开花坐果高峰，为促进多抽新枝，多结果，增加后期产量，一般 7～8 天灌 1 次水，施 1 次肥，施肥灌水交替进行。每公顷施尿素 75～100kg。进入 9 月，每公顷施腐熟人畜粪尿 15000～22500kg，施肥后再灌一次清水，以保证植株生长和果实膨大的需要。此时植株枝脆果多，采收时须细心防止折枝伤果。

第十三节　芹菜测土配方施肥技术

每生产 1000kg 芹菜，需要纯氮 1.8～2.0kg，五氧化二磷 0.7～0.9kg，氧化钾 3.8～4kg。氮、磷、钾比例为 1∶0.4∶2。芹菜一般从播种出苗到定植需 50～60 天，从定植到收获需 60～100 天。根系吸肥能力较弱，要求土壤有机质含量高，无机营养丰富，对土壤中的水分和养分要求严格，耐旱性差，土壤水分充足时，品质好、产量高。

芹菜幼苗生长期长，苗床宜选肥沃而疏松的土壤，每 $10m^2$ 苗床施入 30～40kg 腐熟且细碎的有机肥。深翻细耙，土肥混匀，以免烧根烂种、出苗不齐。为防止蚯蚓危害，亦可在播前 10 天，每 $30m^2$ 随水冲施氨水 1kg，墒情适宜时再耙 1 次待播。为提高育苗质量，亦可用人工配制的营养土育苗，一般用肥沃无病害的壤土 6 份、腐熟有机厩肥 4 份配制；或 4 份草炭土、3 份壤质土、3 份厩肥配制。在培育西芹幼苗时，为避免移植时伤根需采用营养钵育苗。出苗 30 天左右，酌情追施低浓度氮肥 1 次，每畦 $10m^2$ 施氮肥 40g，促进幼苗健壮。定植前施基肥，结合整地每公顷施入腐熟有机肥 45000～60000kg，五氧化二磷 120～180kg。缓苗期间不追肥，缓苗后为促进新根和叶片的生长可施提苗肥 1 次，每公顷随水追施氮 30～45kg 或腐熟人粪尿 7500～9000kg。当新叶大部分长出，植株进入叶丛生长盛期时，叶面积迅速扩大，叶柄迅速伸长，这时要多次追肥，当株高 30cm 左右时，每公顷追施氮 45～60kg，10～15 天后可再追施氮肥 1 次。高温多雨季节，追肥用无机肥，并分次施用，每次用量不宜过多，不用人粪尿，以免烂根。秋冬季节种植芹菜，追肥次数应减少，而每次的施用量可适当增多。芹菜的施肥技术要注意与水分管理相结合，在生长中期以后要保持土壤湿润，直至收获，这样才能更好地发挥施肥效果。高温及土壤干旱，不利于硼的吸收，可用 0.2%～0.5%的硼酸做叶面追肥，防止叶柄粗糙和龟裂。

第十四节　胡萝卜测土配方施肥技术

氮能促进胡萝卜枝叶生长，合成更多养分；磷有利于养分运转，增进品质，对胡萝卜的初期生长发育影响很大，但对以后肉质膨大作用较小，故一般在基肥中施入；钾能促进根部形成层的分生活动，增产效果明显。在中后期适当追肥，并注意磷肥、钾肥的配合使用。基肥中施用钙镁磷肥，可增加土壤中的钙镁含量。胡萝卜生长还需要钼和硼，缺钼植株生长不良，植株矮小，缺硼根系不发达，生长点死亡，外部变黑。生产 1000kg 胡萝卜需纯氮 2.4～3.1kg，五氧化二磷 0.8～1.0kg，氧化钾 5～5.7kg。

临清市中等肥力水平下，胡萝卜全生育期每公顷施肥量为农家肥 30000～37500kg，氮肥 120～150kg，磷肥 75～90kg，钾肥 150～180kg，氮、钾肥分基肥和二次追肥，磷肥全部作基肥，化肥和农家肥混合施用。

一、基肥

每公顷施用农家肥 30000～37500kg 或商品有机肥 4500～5200kg，尿素 45～60kg，磷酸二铵 150～180kg，硫酸钾 100～140kg。

二、追肥

肉质根膨大前期每公顷施尿素 90～120kg，硫酸钾 75～100kg，肉质根膨大中期每公顷施尿素 75～100kg，硫酸钾 75～100kg。

三、叶面施肥

缺硼可叶面喷施 0.10%～0.25%的硼酸溶液或硼砂溶液 1～2 次，缺钼可叶面喷施 0.05%～0.1%的钼酸铵溶液 1～2 次。

第十五节　山药测土配方施肥技术

山药每生产 1000kg 块茎，需纯氮 4.32kg，五氧化二磷 1.07kg，氧化钾 5.38kg，所需氮、磷、钾的比例为 4∶1∶5。山药吸肥特性是养分的吸收动态与植株鲜重的增长动态相一致。发芽期，植株生长量小，对氮、磷、钾的吸收量亦少。甩蔓发棵期，随着植株生长速度的加快，生长量增加，对养分特别是氮的吸收量增加较多。进入块茎生长盛期，茎叶的生长达到了高峰，块茎迅速生长和膨大，对氮、磷、钾的吸收也达到了高峰。山药生长前期供给适量的速效氮肥，有利于藤蔓的生长。进入块茎生长盛期，要重视氮、磷、钾的配合施用，特别要重视钾肥的施用，以促进块茎的膨大和物质积累。生长后期要控制氮肥的施用量，防止藤蔓陡长。山药是忌氯作物，土壤中氯离子过量会影响山药生长，表现为藤蔓生长旺盛，块茎产量降低、品质下降、易碎易断，不耐储藏和运输。因此，在生产中不宜施用含氯肥料。山药的生育期较长，需肥量很大，特别喜肥效较长的有机肥。由于块茎的形成伴随着淀粉等物质的积累，故磷、钾的需求量相对较大。山药在生长前期，由于气温低，有机养分释放慢，宜供给适量的速效氮肥，促进茎叶生长；生长中后期块茎的生长量急增，需要吸收大量的养分特别是磷、钾肥，要特别注意防止缺肥早衰。

一、基肥

山药吸收根入土较浅而块茎入土较深，因此，一定选择土层深厚、疏松，且 3 年内未连作的沙壤土或壤土，在头年冬季深翻 35cm 以上，开春后作高畦或沟垄栽植。由于山药的主要吸收根系分布在上层土壤中，故基肥浅施于表土层，采取先栽植种块，随后翻土施肥的方法。基肥宜选用干粪、草木灰或土杂肥与土拌匀。粪肥应先腐熟，一般施 45000～60000kg/hm^2，施尿素 300～375kg/hm^2，过磷酸钙 225kg/hm^2，硫酸钾 375～500kg/hm^2。

二、巧施追肥

前期山药主要以地上茎叶生长为主，地下茎增长较缓慢，需肥量也较少。故从播种或移栽直至发棵都可大量施腐熟的粪肥，一般从齐苗时或移植成活后施 1 次稀粪尿 15000kg/hm^2。以后每隔 20～30 天施 1 次，每次沟施腐熟的粪尿肥 15000～22500kg/hm^{2}或三元复合肥 225～300kg/hm^2。植株现蕾后，地下块茎在迅速伸长的同时，也逐渐进入膨大增粗增重时期，需肥剧增，此时应重施较浓的人粪尿和饼肥混合液 30000～45000kg/hm^2 或三要素复合肥 600～800kg/hm^2。此次追肥是对块茎产量影响最大的一次关键性肥料。以后在茎蔓满架时，如发现有脱肥现象，可再追一次肥，用量比前一次要少。最后一次则在收获前 40 天时看植株长势，补肥一次，以提高块茎产量和品质。在霜降后，地上茎叶枯黄后，应及时收获。

第十六节 菜豆测土配方施肥技术

每生产 1000kg 菜豆需要纯氮 10.2kg，五氧化二磷 4.4kg，氧化钾 9.7kg。菜豆生长期间吸收氮钾较多，对磷肥的需求虽不多，但缺磷会使开花结荚减少，荚内籽粒少，产量低。钾能明显影响菜豆的生育和产量。微量元素硼和钼对菜豆的生育和根瘤菌的活动有良好的作用，适量施用钼酸铵可以提高菜豆的产量和品质。矮生菜豆生育期短，从开花盛期起就进入旺盛生长期，所以宜早期追肥，促早发育，开花结果多。蔓生菜豆生长发育比较缓慢，大量吸收养分的时间开始也迟，从嫩荚伸长起才旺盛吸收，生育后期仍需吸收多量的氮肥，所以更应后期追肥，防止早衰，延长结果期，增加产量。

临清市大部分土壤属中等肥力水平，在此肥力水平下菜豆全生育期每公顷施肥量为纯氮 120～150kg，五氧化二磷 75～90kg，氧化钾 120～160kg，氮肥、钾肥分基肥和二次追肥，磷肥全部作基肥。

一、基肥

基肥以有机肥混施磷、钾肥最好，基肥用量一般每公顷施用腐熟厩肥 7500～15000kg 或土杂肥 22500～30000kg，并混入过磷酸钙 225～300kg，氯化钾 150kg，基肥要深施，采用穴施或条施均可。

二、追肥

追肥应分别在苗期、开花期和结荚期进行，肥沃的土壤可不追肥。如幼苗生长矮小、叶小色暗，可适量追施氮肥，促进幼苗生长；花芽分化期需肥较多，追施少量氮肥可促进腋芽分化和分枝生长；开花结荚期，采取根外喷施磷肥，有利于籽粒饱满并增加含油量，每公顷用 30～60kg 过磷酸钙兑水 1500kg 喷施。无论在生长前期或后期，施氮肥均不宜过多，以免引起倒伏和影响根瘤生长。

三、叶面施肥

微量元素肥料多在开花期根外喷施，每公顷用硼砂或硫酸铜、硫酸锌、硫酸锰 1.5～3.0kg兑水 225kg 喷施；钼肥可用作拌种，每公顷用 300g 钼酸铵水溶液拌种子，拌匀晾干后播种。

第十七节 西葫芦测土配方施肥技术

西葫芦根系强大，耐低温和弱光的能力强，它具有较强的吸水力和抗旱能力，同时对土壤的要求也不太严格，在沙土、壤土或黏土上均可很好地生长，而且产量高，病害相对较轻、采瓜期长，效益高。西葫芦每生产15000kg商品瓜，需肥折合纯氮60～80kg，五氧化二磷33～36kg，氧化钾60～100kg。

临清市一般年份每公顷产西葫芦75000kg以上，75000kg西葫芦需纯氮360kg，五氧化二磷165kg，氧化钾360kg。西葫芦的施肥应以有机肥为主，肥料配合上必须注意磷钾肥的供给，特别是结瓜期必须有足够的磷钾肥。

一、重施基肥

栽培西葫芦，为防止低温追肥不及时发生脱肥，应施足底肥，在没有前茬作物占地的情况下，整地前浇透水。当土壤适耕时每公顷撒施优质腐熟有机肥75000～100000kg，磷酸二铵450～600kg，尿素450kg，硫酸钾或硝酸钾300～450kg，深翻30cm，施肥后闭棚，升温烤地5～7天后再定植，也可用硫磺或百菌清烟雾熏剂熏蒸灭菌，效果也很好。

二、巧施追肥

缓苗后及时浇一水，结合浇水可随水每公顷冲施尿素150kg，后控水蹲苗。进入结瓜期，此期营养生长和生殖生长同时进行，协调好二者关系，平衡施肥是关键，当根瓜开始膨大时，结合浇水进行第2次追肥，每公顷追施磷酸二铵225～300kg或氮磷钾复合肥150～225kg。追肥时将肥料先溶于水再随水灌于地膜下的暗沟中。灌水后封严地膜。进入盛果期，肥水管理非常重要。西葫芦采收频率高，每株可采收7～9个果实。15天左右追肥1次，每次每公顷随水冲施尿素或硫酸铵300～450kg，或氮磷钾复合肥500kg，或饼肥沤制肥液、充分腐熟的人粪尿10倍稀释液400～500kg。化肥和有机肥交替施用最好。

三、叶面施肥

叶面交替喷施0.1%尿素加0.2%磷酸二氢钾加100倍糖水或爱多收、叶面宝等叶面肥以弥补根系吸收养分的不足。结瓜后期，植株衰老，适当减少肥料用量。除以上施肥外，棚栽西葫芦应特别注重施用CO_2气肥。一般择晴天上午日出后半小时左右，温度升到15℃时，开始施CO_2气肥，浓度为1000～1300mg/L，3～5天一次，每次2h，可提高坐果率，延长结果期。

第十八节 大蒜测土配方施肥技术

大蒜是一种喜钾喜硫作物。大蒜在生长过程中对氮、磷、钾养分的需求中以钾最多，氮次之，磷较少。一般每公顷产鲜蒜22500～30000kg，试验证明，每生产15000kg大蒜，大约需吸收纯氮67kg、五氧化二磷21kg、氧化钾70kg、氧化硫12kg、氧化镁6kg；大蒜生长周期中，蒜薹伸长期到蒜头膨大期是其需肥高峰期。

临清市大蒜栽培过程中的存在的问题：一是大蒜的肥料供应问题，主要有：①重视底肥，轻视追肥，化肥使用量过大；②临清市以沙型土壤为主，透气透水，大量使用速效肥料，造成化肥流失淋失严重；③氮过多，磷多，钾不足；④中量、微量元素严重缺乏。这四大问题导致土壤中各种营养元素比例失调，盐化现象日趋严重，严重影响了大蒜的产量。二是大蒜的营养吸收问题。因长年连作，导致土壤地力不断下降和土壤传染病害日趋严重，大蒜的根系生长受到严重抑制，导致大蒜的营养吸收能力大幅度下降。

一、基肥

每公顷使用腐熟的农家肥 60000kg，加饼肥或生物有机肥 750kg，硫酸钾型长效高钾复合肥 1500kg。

二、追肥

催薹肥，春季返青后，蒜薹伸长期前，随水冲施高氮肥(21-8-11 全营养复合肥)，每公顷一次 180kg，间隔 10 天左右 1 次，共 2 次。催头肥，蒜薹伸长期后，随水冲施高钾肥(12-12-17 全营养复合肥)，每公顷一次 180kg，间隔 10 天左右 1 次，共 2 次。

三、叶面追肥

苗后 15 天，喷施 1～2 次果王，稀释 900 倍和复合型微量元素肥料靓果素，稀释 6000 倍，可有效供应锌铁铜锰硼钼等多种微量元素，能提高大蒜的抗病抗寒能力。返青后，喷施 1～2 次全营养叶面肥叶翠，稀释 900 倍和复合型微量元素肥靓果素，稀释 6000 倍，能大幅度促进大蒜的茎叶生长，能提高大蒜的抗病抗寒能力。蒜薹生长期前后，喷施 1～2 次全营养叶面肥花宝，稀释 900 倍和复合型微量元素肥靓果素，稀释 6000 倍，能大幅度促进大蒜的蒜薹生长，促进营养生长向生殖生长的转化，防止缺素症的出现。蒜头膨大期前后，喷施 1～2 次全营养叶面肥果王，稀释 900 倍和复合型微量元素肥靓果素，稀释 6000 倍，能有效防止缺素症的出现，大幅度促进大蒜的蒜头的膨大，提高大蒜的产量和商品等级。

四、使用大蒜凯普克

使用大蒜凯普克能大幅度促进根系生长，提高肥料吸收的能力，从而解决肥料的营养吸收问题。同时，增强抵抗根结线虫等不利环境的能力。播种前浸种，大蒜凯普克每公顷用 1500mL，稀释 100 倍，浸种 6h，捞出即可。出苗后 2～3 周，用大蒜凯普克 250 倍液叶面喷雾一次。间隔两周后，再用大蒜凯普克 400 倍液叶面喷雾一次。

第十九节　茄子测土配方施肥技术

生产 1000kg 茄子需纯氮 3.2kg，五氧化二磷 0.94kg，氧化钾 4.5kg。每公顷产茄子 60000～75000kg，需纯氮 192～240kg，五氧化二磷 57～70.5kg，氧化钾 270～335kg。茄子是喜肥作物，土壤状况和施肥水平对茄子的坐果率影响较大。在营养条件好时，落花少，营养不良会使花器发育不良，不易坐果。此外营养状况还影响开花的位置，营养充足时，开花部位的枝条可展开4～5片叶，营养不良时，展开的叶片很少，落花增多。

茄子对氮、磷、钾的吸收量，随着生育期的延长而增加。苗期氮、磷、钾三要素的吸收仅为其总量的0.05%、0.07%、0.09%。开花初期吸收量逐渐增加，到盛果期至末果期养分的吸收量约占全期的90%以上，其中盛果期占2/3左右。各生育期对养分的要求不同，生育初期的肥料主要是促进植株的营养生长，随着生育期的进展，养分向花和果实的输送量增加。在盛花期，氮和钾的吸收量显著增加，这个时期如果氮素不足，花发育不良，短柱花增多，产量降低。

一、育苗肥

茄子苗期对营养土的质量要求较高，只有在质量高的营养土上才能培养出节间短、茎粗壮和根系发达的壮苗。一般要求在10m^{2}的育苗床上，施入腐熟过筛有机肥200kg，过磷酸钙5kg，硫酸钾1.5kg，将床土与有机肥和化肥混匀。如果用营养土育苗，可在菜园土中等量地加入由4/5腐熟马粪与1/5腐熟人粪干混合而成的有机肥，也可参考番茄育苗营养土的配制方法。如果遇到低温或土壤供肥不足，可喷施0.3%～0.5%的尿素水溶液。为了有效地防治猝倒病，可覆盖药土。药土是用按50%的多菌灵或甲基托布津8～10g与12kg营养土比例混合而成。药土可以在幼苗出土前一次性撒在床面上，也可在播种前用2/3撒在床面上，播种时用1/3撒在种子上。有时药土对幼苗根系生长有抑制作用，一旦出现抑制作用，大量多次浇水可以缓解毒害。

二、基肥

茄子容易感染黄萎病，保护地栽培茄子应避免重茬。如果隔茬时间较短，一定要进行保护地消毒。按保护地内空间计算，每公顷用硫磺4.0g，80%敌敌畏0.1g，锯末8.0g混合均匀后点燃，封闭24h后再放风。消毒后的保护地按每公顷施腐熟的有机肥75000～90000kg，再加375～525kg的过磷酸钙和225～300kg硫酸钾，均匀地撒在土壤表面，并结合翻地均匀地耙入耕层土壤。定植前每公顷施有机肥75000kg，磷肥375～525kg。

三、追肥

当"门茄"达到"瞪眼期"时，果实开始迅速生长，此时进行第1次追肥。每公顷施尿素140～165kg或硫酸铵300～375kg，当"对茄"果实膨大时进行第2次追肥，"四面斗"开始发育时，是茄子需肥的高峰，进行第3次追肥。前三次的追肥量相同，以后的追肥量可减半，也可不施钾肥。

第二十节　韭菜测土配方施肥技术

韭菜的商品菜主要是嫩绿肥厚的叶片。每生产1000kg韭菜对三要素的需要量为纯氮6～7kg，五氧化二磷1.8～2.5kg，氧化钾6.2～7.5kg，其比例约为1∶0.4∶1.2。在不同生长发育期，需肥量有显著差异。一年生的幼苗，由于幼根发育不完全，幼苗生长量小，吸肥和耐肥的能力都较差；二年以上的韭菜能分化花芽，营养生长和生殖生长交替进行，需肥量较多。五年以上的韭菜，营养生长的高峰期已过，逐渐进入衰老阶段，需肥量减少。进入生长盛期的韭菜，随根系和分蘖的迅速生长，需肥量急剧增加，直到收获。收获后韭菜又进入吸肥和需肥量较少的阶段，之后又随新分蘖的产生，需肥量又增加，养分吸收量呈周期性变化，韭菜一年有2～3次分蘖。

一、基肥

每公顷可用厩肥52500～60000kg和当年应施用的全部磷肥、钾肥作基肥，全层施用。因为韭菜为多年生。而且有"跳根"，每年秋冬或春季返青前都要施用有机肥和磷钾肥，或用河泥加厚土层，培土护根。为新根生长和分蘖的形成创造良好的环境。

二、追肥

定植后，基肥供应的养分就足够前期吸收，一般不追肥，待入秋后，韭菜生长旺盛季节，施氮肥2～4次。第二年春季随着气温的升高，随水冲施人粪尿，每公顷施入15000～22500kg。韭菜返青而进入收获季节，这时追肥要以速效氮肥为主，做到"刀刀追肥"，这对于恢复韭菜长势，促进分蘖，延长植株寿命，提高下茬产量均有重要作用。第1次追肥的时间应掌握在收割的伤口愈合后，新叶长出时施入，切忌收割立即追肥，以免造成肥害。追肥时可以随水或开沟每公顷施入氮肥52.5～60kg，夏季气温高于24℃时不宜韭菜生长，一般不进行收割。为了弥补春季收割后的营养不足和开花结果对养分的消耗，除留种田外，需要剪除幼嫩花苔以利养根，同时要适量追施氮肥或人粪尿水1～2次。在秋季一般根据韭菜长势，收割一次，追肥一次，停止收割以后不再追肥。

第二十一节　菠菜测土配方施肥技术

生产1000kg菠菜需纯氮2.0～3.6kg，五氧化二磷1.8～2.5kg，氧化钾4.5～5.5kg。菠菜根系十分发达，分布范围可达1m^2，喜欢富含有机质的沙壤土。临清市常年种植菠菜面积为1467hm^2，根据不同的生产季节划分为冬菠菜、春菠菜、秋菠菜。菠菜播种前要充分浇水，确保苗齐、苗旺，至出苗不再浇水，发芽至3～4叶期，为防止立枯病的发生，要尽量控制浇水。生育中后期需水量增大，一般需浇水3～5次，保持土壤湿润，越冬菠菜在冬前浇足"冻水"。冬菠菜头年秋末播种，翌年春天收获，冬季需进行长时间的休眠。所以尤其需要注意冬菠菜的施肥。

一、施足基肥

秋菠菜每公顷施有机肥 60000～75000kg，过磷酸钙 375～450kg，深翻地 30 ～35cm，做高畦或平畦。越冬菠菜选择土层深厚、土质肥沃、腐殖质含量高、保肥蓄水性能好的土壤，还应比其他季节多施有机肥，每公顷可撒施腐熟有机肥 75000kg，过磷酸钙 375～450kg，深翻地 20～25cm，使土肥充分混匀，疏松土壤，促进幼苗出土和根系发育，基肥充足，幼苗生长健壮，是蔬菜安全越冬的关键。春菠菜播种早，可于上年整地施肥，每公顷施腐熟有机肥 60000～75000kg，深翻 20～25cm，耙平做畦，当早春土壤化冻7～10cm深时即可播种。以选择中性黏质土壤为宜，可用堆肥和化肥混合物撒施做底肥。每公顷施堆肥 45000～60000kg，过磷酸钙 450～525kg，硫酸铵 300～375kg，硫酸钾 150～165kg，深翻地 20～25cm，耙平做畦。

二、适时追肥

秋菠菜幼苗出土后，长到 4～5 片真叶时，应分期追施 2～3 次速效性氮肥。每公顷顺水追施硫酸铵 300～375kg 或尿素 150～180kg，促进叶片加厚生长，增加产量，提高品质。越冬菠菜在冬季需进行长时间的休眠，所以要注意施肥。越冬之前，菠菜幼苗高 10cm 左右，需根据生长情况，追施 1 次越冬肥，应每公顷施氮肥 150～180kg，磷肥 150 ～180kg。越冬之前一定要浇一次封冻水，以防冬季死苗。翌年春天，应及时追肥，可每公顷施氮肥 300～375kg，磷钾肥 180～300kg，也可用 0.3%的叶面肥进行叶面喷施。早春生长期 30～40 天，当菠菜叶片发绿，心叶开始生长，可浇一次小水。菠菜进入旺盛生长期后，应及时追肥，结合浇水每 $1hm^2$ 施硫酸铵 150～180kg。此期供给充足的肥水，能延迟抽薹，提高产量，改善品质。春菠菜在生育初期，一般不需施肥、浇水，以利于吸收土壤中的营养物质。到生育中后期，吸收肥水量加大，每公顷可顺水追施硫酸铵 225～300kg。由于春菠菜生长期短，氮肥充足可使叶片生长旺盛，延迟抽薹期。夏菠菜正处高温季节播种，出现 2～3 片真叶后，追 1～2 次速效氮肥，每公顷可施硫酸铵 150～180kg。菠菜追肥切忌把化肥撒在心叶里，以免造成烧苗，每次追肥应结合浇水，使化肥能尽快发挥作用，以实现高产高效。

第二十二节　大葱测土配方施肥技术

生产 1000kg 大葱产品，需吸收纯氮 3.4kg，五氧化二磷 1.8kg，氧化钾 4～6.0kg，三者比例为 1.9 ∶ 1.0 ∶ 3.3。临清市大葱产量为 $75000kg/hm^2$ 以上，目标产量 $75000kg/hm^2$ 则需吸收纯氮 255kg，五氧化二磷 135kg，氧化钾 450kg。

一、重施基肥

生产实践证明，精细整地，早栽大葱，是获得高产的基础。无论是秋播苗还是春播苗，都要早整地，平移栽，在雨季和高温前使定植苗返青，根系发育好。要选择三年内未种过葱蒜类的地块，整地时要清除前茬作物遗留残体，然后深耕晒垡。在深耕时可将腐熟有机肥撒于地面，随深翻后与土壤充分混匀。一般基肥施有机肥 35000～50000kg/hm^2，草木灰 1500kg/hm^2，过磷酸钙 375 kg/hm^2。施基肥再浅翻，耙平做成平畦或南北向种植沟。地下害虫严重时，最好用生物农药杀虫。葱苗定植时的标准是单株平均重 40g 左右，高 50cm 左右，葱白长 25cm 左右，葱白粗 1cm 左右，叶色浓绿，每株不少于 5～6 片，具有本品种的典型性状。

二、适时追肥

定植后，越夏缓苗期不浇水、不追肥，只浅中耕，多松土，及时拔草，改善土壤的通气性。葱的生长期较长，需肥较多，适时追肥是高产优质的重要措施。葱白生长初期，炎夏刚过，天气转凉，植株生长逐渐加快，应追 1 次攻叶肥，施复合肥 225～300kg/hm^2 或尿素、硫酸钾各 225kg/hm^2，或腐熟有机肥 15000～22500kg/hm^2，肥料施沟脊，中耕混匀，锄于沟内，然后浇水，能及时满足叶片增产和增多的需求。9 月上旬是大葱生育的适温期，葱白进入生长盛期，是产量形成最快的时期。此时葱需肥最多，应施攻棵肥。此次追肥量应相等或稍多于第一次追肥量。追肥后培土于葱两侧，使原有的垄背变成垄沟，并及时浇水以满足葱迅速生长的需要。在 9 月下旬至 10 月上旬，是葱光合产物加快运转储存、葱白产量显著增加的时期，也是产品形成前需肥的高峰期。一般施腐熟的有机肥 60000～75000kg/hm^2，补加复合肥 375kg/hm^2 或外加尿素、过磷酸钙、硫酸钾各 100～150kg/hm^2。进入 10 月后，由于肥料充足，叶片数及叶面积已增至顶峰，故不需追肥。

第二十三节　西瓜测土配方施肥技术

每生产 1000kg 西瓜果实需要纯氮 2.5～3.3kg，五氧化二磷 0.8～1.3kg，氧化钾 2.9～3.7kg。西瓜对氮、磷、钾三要素的吸收，以发芽期吸肥量少，幼苗期吸收量仅占全生育期总量的 0.54%；抽蔓期茎叶干重迅速增长，矿质营养吸收相应增加，占全生育期总吸收量的 14.66%；坐果期、果实生长期吸收量大，占全生育期总吸收量的 84.78%，日平均吸收量最高。西瓜对氮、磷、钾三要素的吸收，以钾最多，氮次之，磷最少，三者的比例大致为 3∶1∶4。氮的吸收较早，伸蔓期迅速增加，果实膨大期达吸收高峰。西瓜适于肥沃的沙壤土上生长，喜腐熟的农家肥。一般来说，足量的氮肥是西瓜高产的基础，充足的磷肥有利于发根，可以促进植株的生长发育，促进花芽分化，使其早开花、早坐瓜、早成熟；而钾是植物体中多种酶的催化剂，能促进光合作用、蛋白质的合成、糖分的增加，提高西瓜的质量等。

通过对临清市近年来进行的有关西瓜肥料试验汇总分析，每 1hm^2 产 37500～45000kg 的西瓜田块，其化肥施用量一般为纯氮 300～375kg，五氧化二磷 90～140kg，氧化钾 180～300kg。

一、施足基肥

西瓜田块基肥一般每公顷施有机肥 15000～22500kg，钙镁磷肥 600～750kg，尿素 75kg，硫酸钾 120～150kg。以沟施为宜，也可施于瓜畦上，后翻入土中。

二、巧施苗肥

西瓜幼苗期,土壤中需有足够的速效肥料,以保证幼苗正常生长的需要。一般来说,在基肥中已经施入了部分化肥的地块,只要苗期不出现缺肥症状,可不追肥。若基肥中施入的化肥较少,或未配有化肥的地块,应适量巧追苗肥,以促进幼苗的正常生长发育。施肥时间以幼苗长到 2～3 片真叶时为宜,或在浇催苗水之前,每公顷追施 60～75kg 尿素。苗期追肥切忌过多,距根部过近,以免烧根造成僵苗。

三、追足伸蔓肥

西瓜瓜蔓伸长以后,应在浇催蔓水之前施促蔓肥,由于伸蔓后不久瓜蔓即爬满畦面。不宜再进行中耕施肥,因此大部分肥料要在此时施下。一般每公顷追施三元复合肥 300～375kg,尿素 300～375kg,硫酸钾 150 ～180kg。伸蔓肥以沟施为宜,但开沟不宜太近瓜株,以免伤根,施肥后盖土。

四、酌施坐瓜肥

西瓜开花前后,是坐瓜的关键时期,为了确保西瓜植株能够正常坐瓜,一般来说不要追肥。但在幼瓜长到鸭蛋大小时,西瓜进入吸肥高峰期。此期若缺肥不仅影响瓜的膨大而且会造成后期脱肥,使植株早衰,既降低西瓜产量,又影响瓜的品质。所以要酌施坐瓜肥,一般可每公顷追施高浓度复合肥 75～150kg。

五、后期适当喷施叶面肥

西瓜膨瓜后进入后期成熟阶段,根系的吸肥能力已明显减弱,为弥补根系吸肥不足而确保西瓜的正常成熟与品质的提高,可进行叶面喷肥。如喷 0.2%～0.3%的尿素溶液,或 0.2%尿素加磷酸二氢钾混合液。

第二十四节　甜瓜测土配方施肥技术

每生产 1000kg 甜瓜,约需吸收纯氮 3.5kg,五氧化二磷 1.72kg,氧化钾 6.88kg。按肥料利用率折算,实际施肥中三要素比例 1∶1∶1 为好。甜瓜需肥量大,对养分吸收以幼苗期吸肥最少,开花后氮、磷、钾吸收量逐渐增加,氮、钾吸收高峰在坐果后 16～17 天,坐果后 26～27 天就急剧下降。磷、钙吸收高峰在坐果后 26～27 天,并延续至果实成熟。开花到果实膨大末期的 1 个月左右时间内,是甜瓜吸收矿质养分最多的时期,也是肥料的最大效率期。钙和硼不仅影响果实糖分含量,而且影响果实外观,钙不足时,果实表面网纹粗糙,泛白;缺硼时果肉易出现褐色斑点。甜瓜为忌氯作物,不宜施用氯化铵、氯化钾等肥料。

临清市中等肥力水平下,甜瓜全生育周期每公顷施肥量为有机肥 45000～52500kg,氮肥 270～315kg,磷肥 90～120kg,钾肥 90～150kg。有机肥做基肥,氮肥、钾肥分为基肥和追肥施用,磷肥全部基施,化肥和农家肥(或商品有机肥)混合施用。

一、基肥

基肥以有机肥为主，配合适量化肥。一般每公顷施农家肥 45000～52500kg，尿素 75～90kg，磷酸二铵 195～255kg，硫酸钾 75～90kg。

二、追肥

伸蔓期每公顷追施尿素 135～150kg，硫酸钾 45～60kg。果实膨大初期，每公顷施尿素 180～210kg，硫酸钾 60～75kg。果实膨大中期，每公顷施尿素 135～150kg、硫酸钾 45～60kg。

三、叶面喷肥

坐果后每隔 7 天左右喷 1 次 0.3%磷酸二氢钾溶液，连喷 2～3 次。

附录一

表 1　　主要有机肥的养分含量表

代码	名称	风干基			鲜基		
		氮（%）	五氧化二磷（%）	氧化钾（%）	氧化钾（%）	氮（%）	五氧化二磷（%）
A	粪尿类	4.689	0.802	3.011	0.605	0.175	0.411
A01	人粪尿	9.973	1.421	2.794	0.643	0.106	0.187
A02	人粪	6.357	1.239	1.482	1.159	0.261	0.304
A03	人尿	24.591	1.609	5.819	0.526	0.038	0.136
A04	猪粪	2.090	0.817	1.082	0.547	0.245	0.294
A05	猪尿	12.126	1.522	10.679	0.166	0.022	0.157
A06	猪粪尿	3.773	1.095	2.495	0.238	0.074	0.171
A07	马粪	1.347	0.434	1.247	0.437	0.134	0.381
A09	马粪尿	2.552	0.419	2.815	0.378	0.077	0.573
A10	牛粪	1.560	0.382	0.898	0.383	0.095	0.231
A11	牛尿	10.300	0.640	18.871	0.501	0.017	0.906
A12	牛粪尿	2.462	0.563	2.888	0.351	0.082	0.421
A19	羊粪	2.317	0.457	1.284	1.014	0.216	0.532
A22	兔粪	2.115	0.675	1.710	0.874	0.297	0.653
A24	鸡粪	2.137	0.879	1.525	1.032	0.413	0.717
A25	鸭粪	1.642	0.787	1.259	0.714	0.364	0.547
A26	鹅粪	1.599	0.609	1.651	0.536	0.215	0.517
A28	蚕沙	2.331	0.302	1.894	1.184	0.154	0.974
B	堆沤肥类	0.925	0.316	1.278	0.429	0.137	0.487
B01	堆肥	0.636	0.216	1.048	0.347	0.111	0.399
B02	沤肥	0.635	0.250	1.466	0.296	0.121	0.191
B04	凼肥	0.386	0.186	2.007	0.230	0.098	0.772
B05	猪圈粪	0.958	0.443	0.950	0.376	0.155	0.298
B06	马厩肥	1.070	0.321	1.163	0.454	0.137	0.505
B07	牛栏粪	1.299	0.325	1.820	0.500	0.131	0.720
B10	羊圈粪	1.262	0.270	1.333	0.782	0.154	0.740
B16	土粪	0.375	0.201	1.339	0.146	0.120	0.083

续表

代码	名称	风干基			鲜基		
		氮（%）	五氧化二磷（%）	氧化钾（%）	氧化钾（%）	氮（%）	五氧化二磷（%）
C	秸秆类	1.051	0.141	1.482	0.347	0.046	0.539
C01	小麦秸秆	0.617	0.071	1.017	0.314	0.040	0.653
C02	大麦秸秆	0.509	0.076	1.268	0.157	0.038	0.546
C03	玉米秸秆	0.869	0.133	1.112	0.298	0.043	0.384
C04	大豆秸秆	1.633	0.170	1.056	0.577	0.063	0.368
C05	花生秸秆	1.658	0.149	0.990	0.572	0.056	0.357
C06	马铃薯藤	2.403	0.247	3.581	0.310	0.032	0.461
C07	甘薯滕	2.131	0.256	2.750	0.350	0.045	0.484
D	绿肥类	2.417	0.274	2.083	0.524	0.057	0.434
D01	紫云英	3.085	0.301	2.065	0.391	0.042	0.269
D02	苕子	3.047	0.289	2.141	0.632	0.061	0.438
D03	草木樨	1.375	0.144	1.134	0.260	0.036	0.440
D04	萝卜菜	2.233	0.347	2.463	0.366	0.055	0.414
D05	紫穗槐	2.706	0.269	1.271	0.903	0.090	0.457
D06	三叶草	2.836	0.293	2.544	0.643	0.059	0.589
E	杂肥类	0.761	0.540	3.737	0.253	0.433	2.427
E01	泥肥	0.239	0.247	1.620	0.183	0.102	1.530
E02	肥土	0.555	0.142	1.433	0.207	0.099	0.836
F	饼肥	0.428	0.519	0.828	2.946	0.459	0.677
F01	豆饼	6.684	0.440	1.186	4.838	0.521	1.338
F02	菜籽饼	5.250	0.799	1.042	5.195	0.853	1.116
F03	花生饼	6.915	0.547	0.962	4.123	0.367	0.801
F04	芝麻饼	5.079	0.731	0.564	4.969	1.043	0.778
F05	棉籽饼	4.293	0.541	0.760	5.514	0.967	1.243
F06	酒渣	2.867	0.330	0.350	0.714	0.090	0.104
G	农用废渣液	0.882	0.348	1.135	0.317	0.173	0.788
G01	城市垃圾	0.319	0.175	1.344	0.275	0.117	1.072
H	沼气肥	6.231	1.167	4.455	0.283	0.113	0.136
H01	沼渣	12.924	1.828	9.886	0.109	0.019	0.088
H02	沼液	1.866	0.755	0.835	0.499	0.216	0.203

表 2　　常用化肥养分含量表

肥料品种	氮 (%)	五氧化二磷 (%)	氧化钾 (%)	硫 (%)	氧化镁 (%)	氧化锌 (%)
尿素	46	—	—	—	—	—
碳酸氢铵	14～17	—	—	—	—	—
硫酸铵	20～21	—	—	—	—	—
氯化铵	24～25	—	—	—	—	—
过磷酸钙	—	10～18	—	24	—	—
钙镁磷肥	—	17～19	—	—	10～15	—
磷酸二铵	12～18	46～48	—	—	—	—
磷酸一铵	10～12	41～46	—	—	—	—
氯化钾	—	—	50～60	—	—	—
硫酸钾	—	—	48～50	—	—	—
磷酸二氢钾	—	49～52	31～34	—	—	—
农用硫酸锌	—	—	—	—	—	21.8

表3　　主要作物单位产量养分吸收量

作物	收获物	形成100kg经济产量吸收的养分量		
		氮 (%)	五氧化二磷 (%)	氧化钾 (%)
小麦	籽粒	3.00	1.25	2.50
玉米	籽粒	2.57	0.86	2.14
谷子	籽粒	2.50	1.25	1.75
高粱	籽粒	2.60	1.30	1.30
甘薯	鲜块根	0.35	0.18	0.55
马铃薯	鲜块根	0.50	0.20	1.06
大豆	豆粒	7.20	1.80	4.00
豌豆	豆粒	3.09	0.86	2.86
花生	荚果	6.80	1.30	3.80
棉花	籽棉	5.00	1.80	4.00
芝麻	籽粒	8.23	2.07	4.41
黄瓜	果实	0.40	0.35	0.55
架芸豆	果实	0.81	0.23	0.68
茄子	果实	0.30	0.10	0.40
番茄	果实	0.45	0.50	0.50
胡萝卜	块根	0.31	0.10	0.50
白萝卜	块根	0.60	0.31	0.50
结球甘蓝	叶球	0.41	0.05	0.38
圆葱	葱头	0.27	0.12	0.23
芹菜	全株	0.16	0.08	0.42
菠菜	全株	0.36	0.18	0.52
大葱	全株	0.30	0.12	0.40
苹果	果实	0.30	0.08	0.32
梨	果实	0.47	0.23	0.48
葡萄	果实	0.60	0.30	0.72
桃	果实	0.48	0.20	0.76

附录二

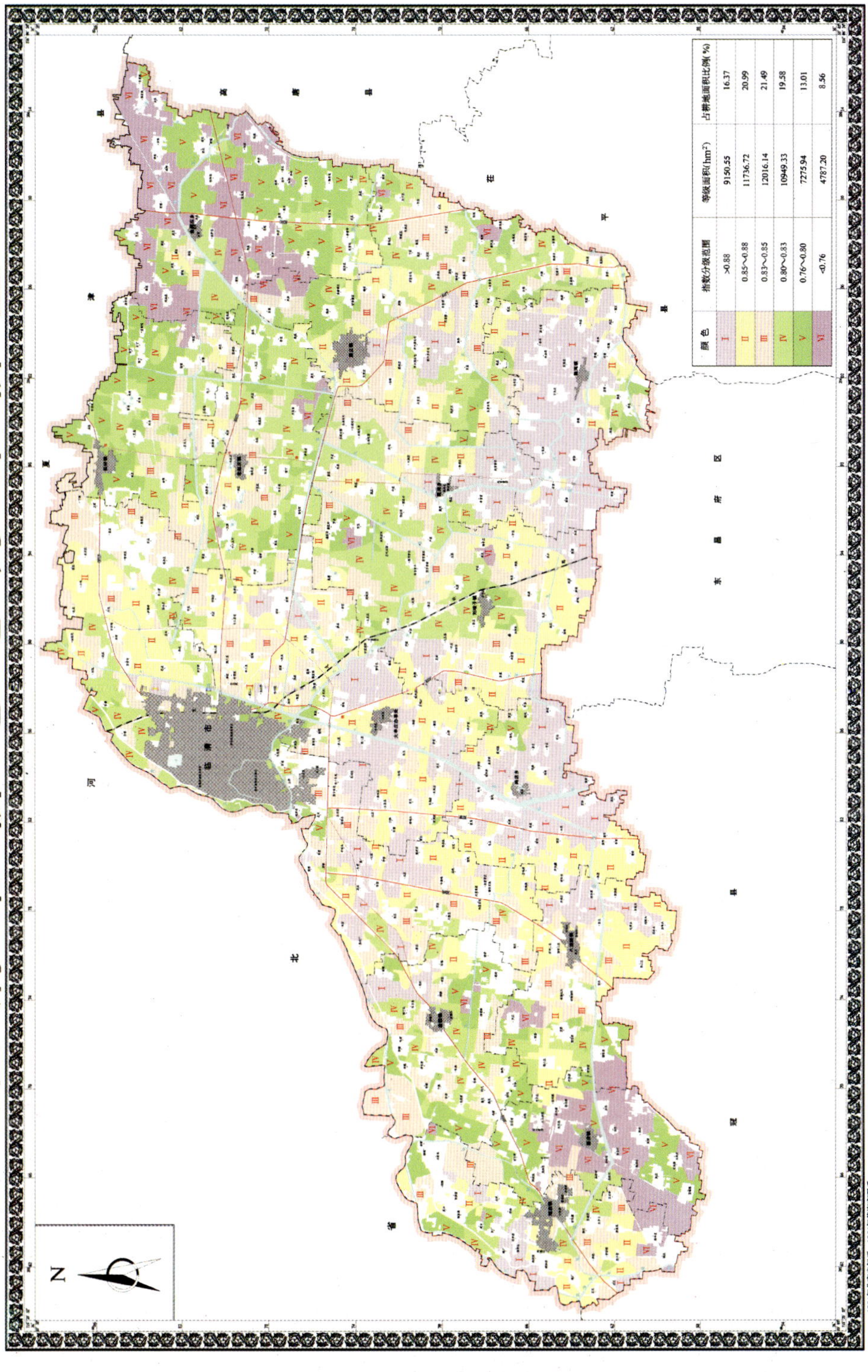

临清市耕地地力评价图

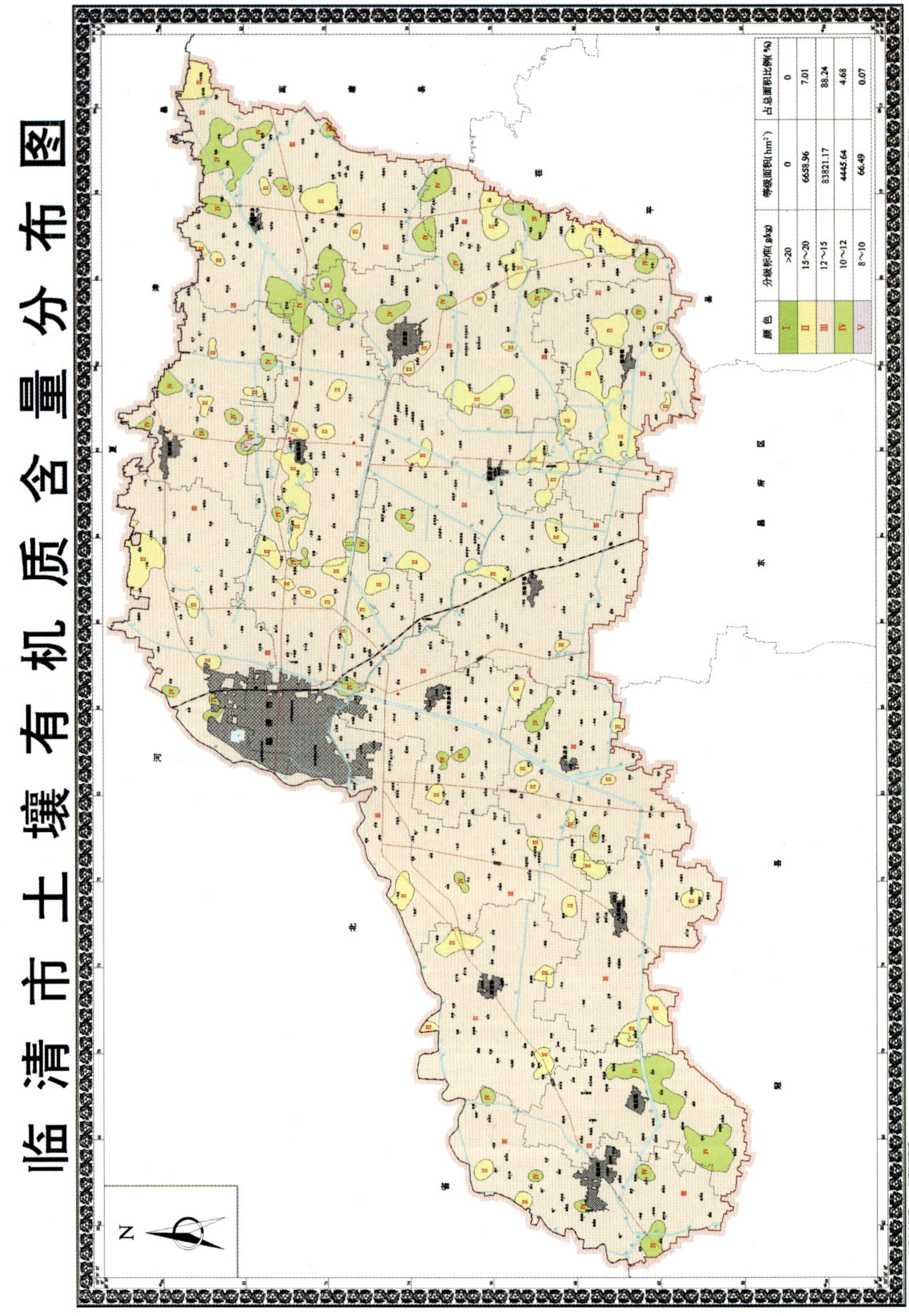
临清市土壤有机质含量分布图
颜色
I
II
III
IV
V
分级标准(g/kg)
>20
15～20
12～15
10～12
8～10
等级面积(hm²)
0
6658.96
83821.17
4445.64
66.49
占总面积比例(%)
0
7.01
88.24
4.68
0.07
山东农业大学资源与环境学院
山东天地亚太国土遥感有限公司
二〇〇九年十月
1954年北京坐标系 1956年黄海高程系
N

临清市土壤速效钾含量分布图

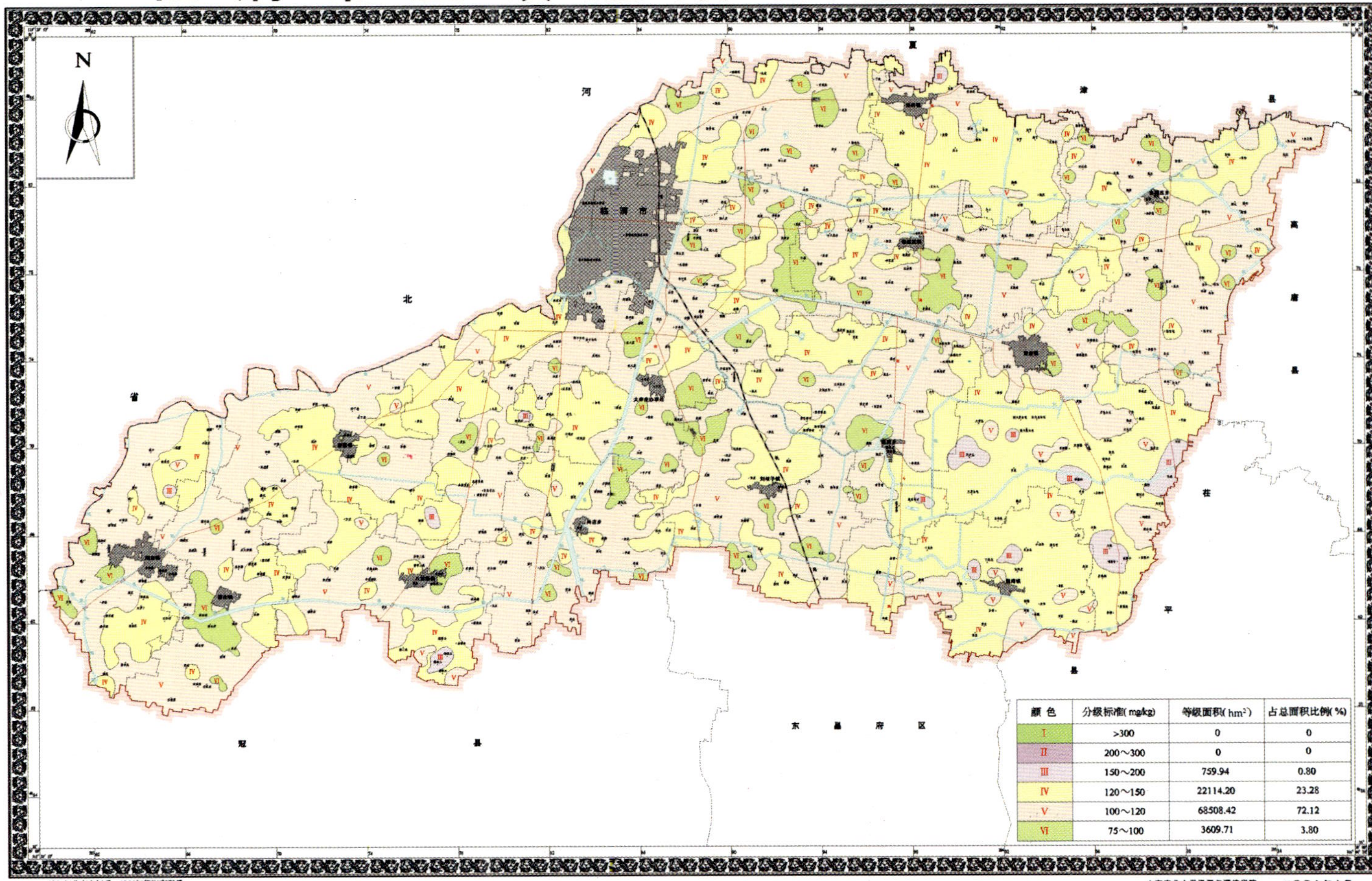

颜色	分级标准(mg/kg)	等级面积(hm^2)	占总面积比例(%)
Ⅰ	>300	0	0
Ⅱ	200～300	0	0
Ⅲ	150～200	759.94	0.80
Ⅳ	120～150	22114.20	23.28
Ⅴ	100～120	68508.42	72.12
Ⅵ	75～100	3609.71	3.80

1954年北京坐标系 1956年黄海高程系

山东农业大学资源与环境学院
山东天地亚太国土遥感有限公司
二〇〇九年十月

临清市土壤有效磷含量分布图

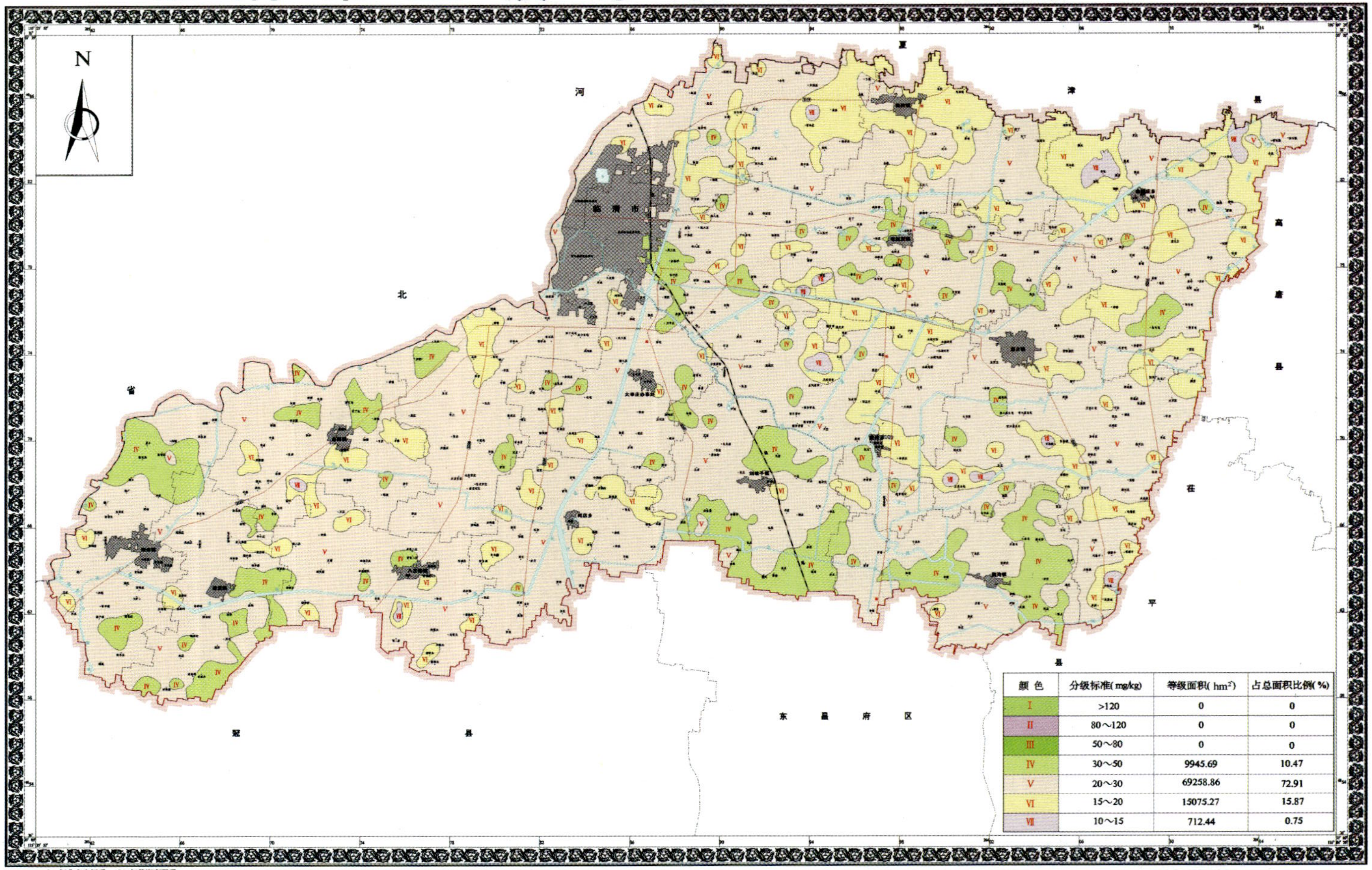

颜色	分级标准(mg/kg)	等级面积(hm²)	占总面积比例(%)
Ⅰ	>120	0	0
Ⅱ	80～120	0	0
Ⅲ	50～80	0	0
Ⅳ	30～50	9945.69	10.47
Ⅴ	20～30	69258.86	72.91
Ⅵ	15～20	15075.27	15.87
Ⅶ	10～15	712.44	0.75

1954年北京坐标系　1956年黄海高程系

山东农业大学资源与环境学院
山东天地亚太国土遥感有限公司
二〇〇九年十月

临清市土壤碱解氮含量分布图

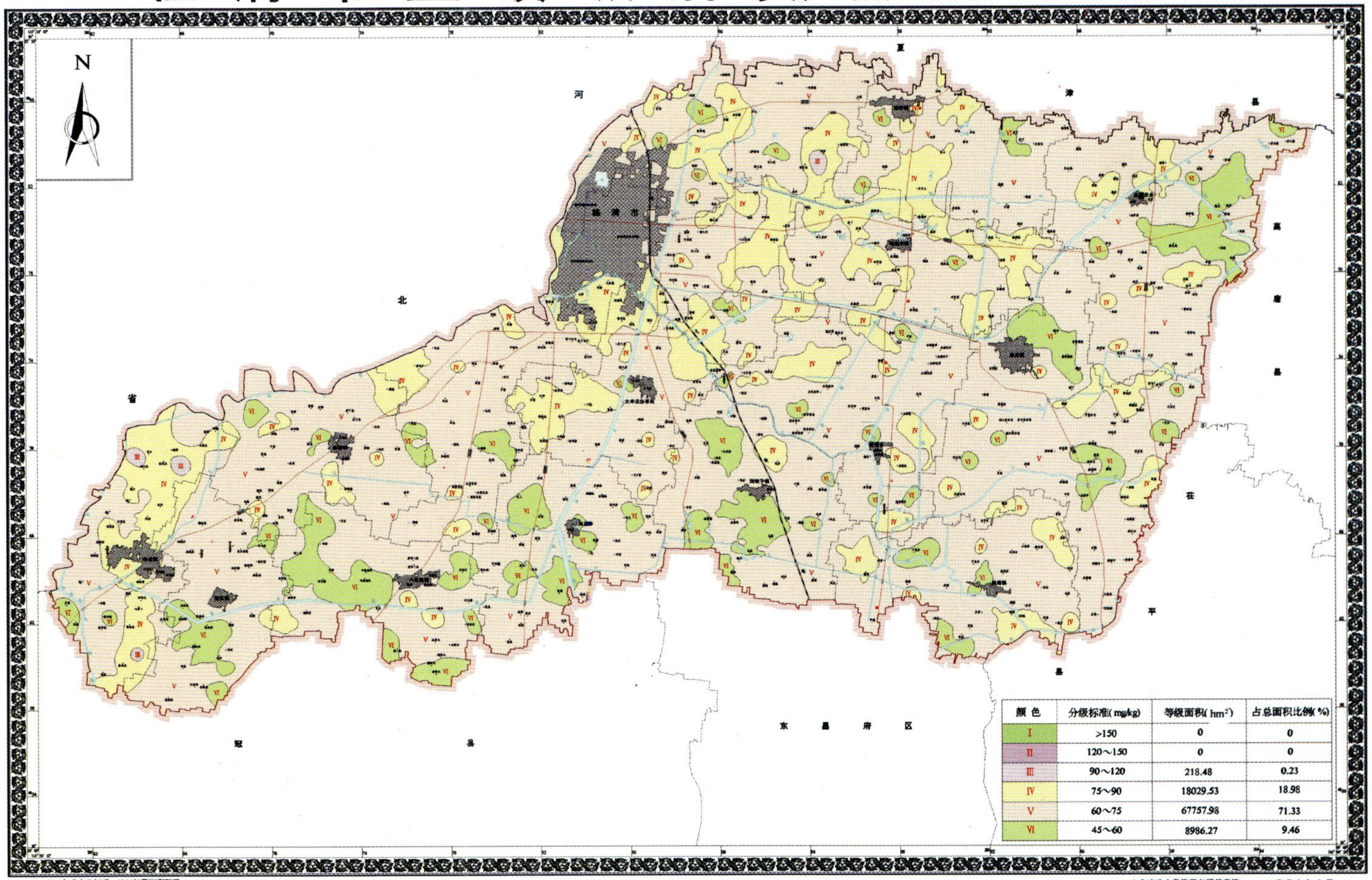

颜色	分级标准(mg/kg)	等级面积(hm²)	占总面积比例(%)
Ⅰ	>150	0	0
Ⅱ	120～150	0	0
Ⅲ	90～120	218.48	0.23
Ⅳ	75～90	18029.53	18.98
Ⅴ	60～75	67757.98	71.33
Ⅵ	45～60	8986.27	9.46

1954年北京坐标系 1956年黄海高程系

山东农业大学资源与环境学院
山东天地亚太国土遥感有限公司

二〇〇九年十月

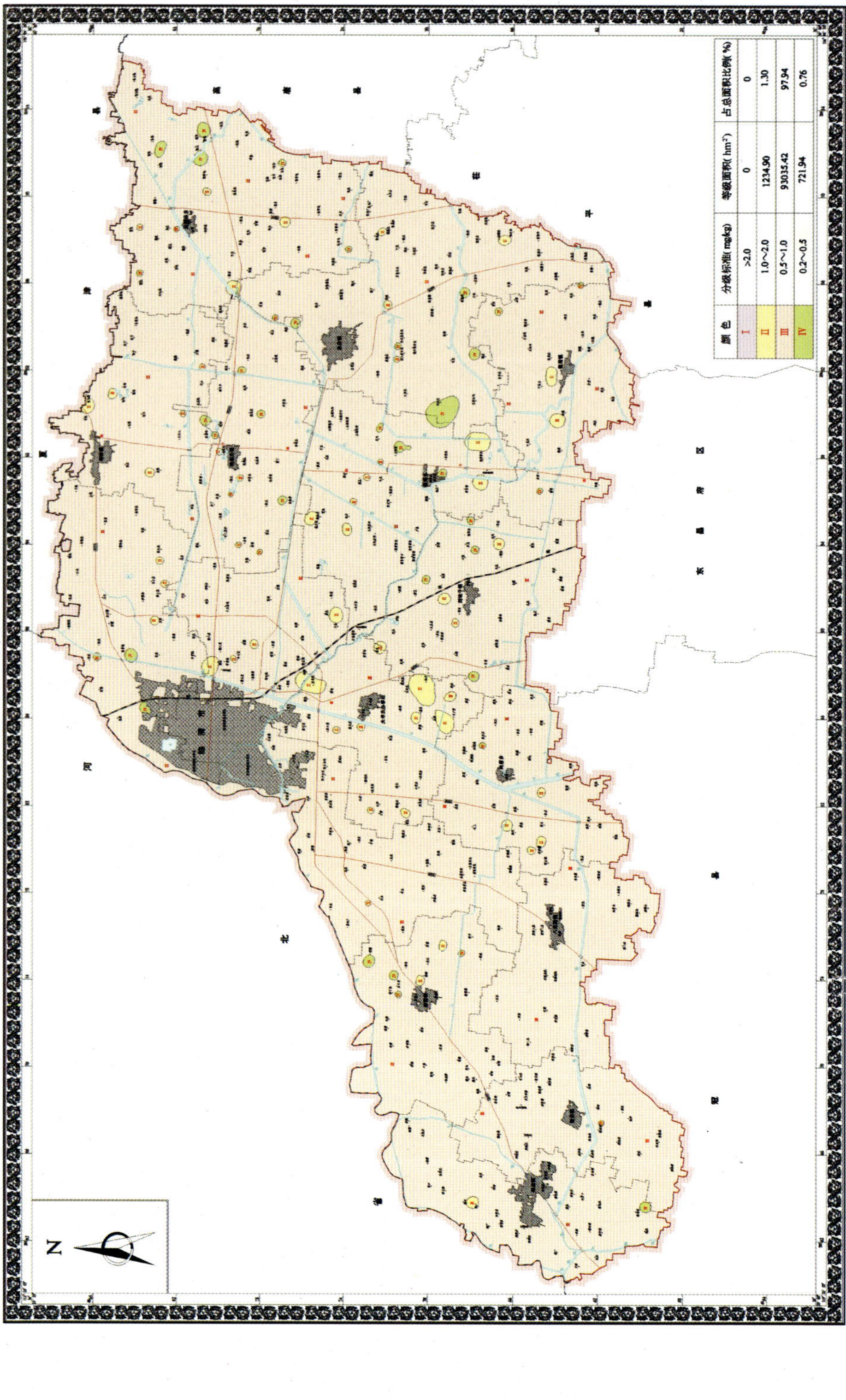
临清市土壤有效硼含量分布图
颜色 | 分级标准(mg/kg) | 等级面积(hm²) | 占总面积比例(%)
I | >2.0 | 0 | 0
II | 1.0～2.0 | 1234.90 | 1.30
III | 0.5～1.0 | 93035.42 | 97.94
IV | 0.2～0.5 | 721.94 | 0.76
N
山东农业大学资源与环境学院
山东天地亚太国土遥感有限公司
二〇〇九年十月

临清市土壤有效锌含量分布图

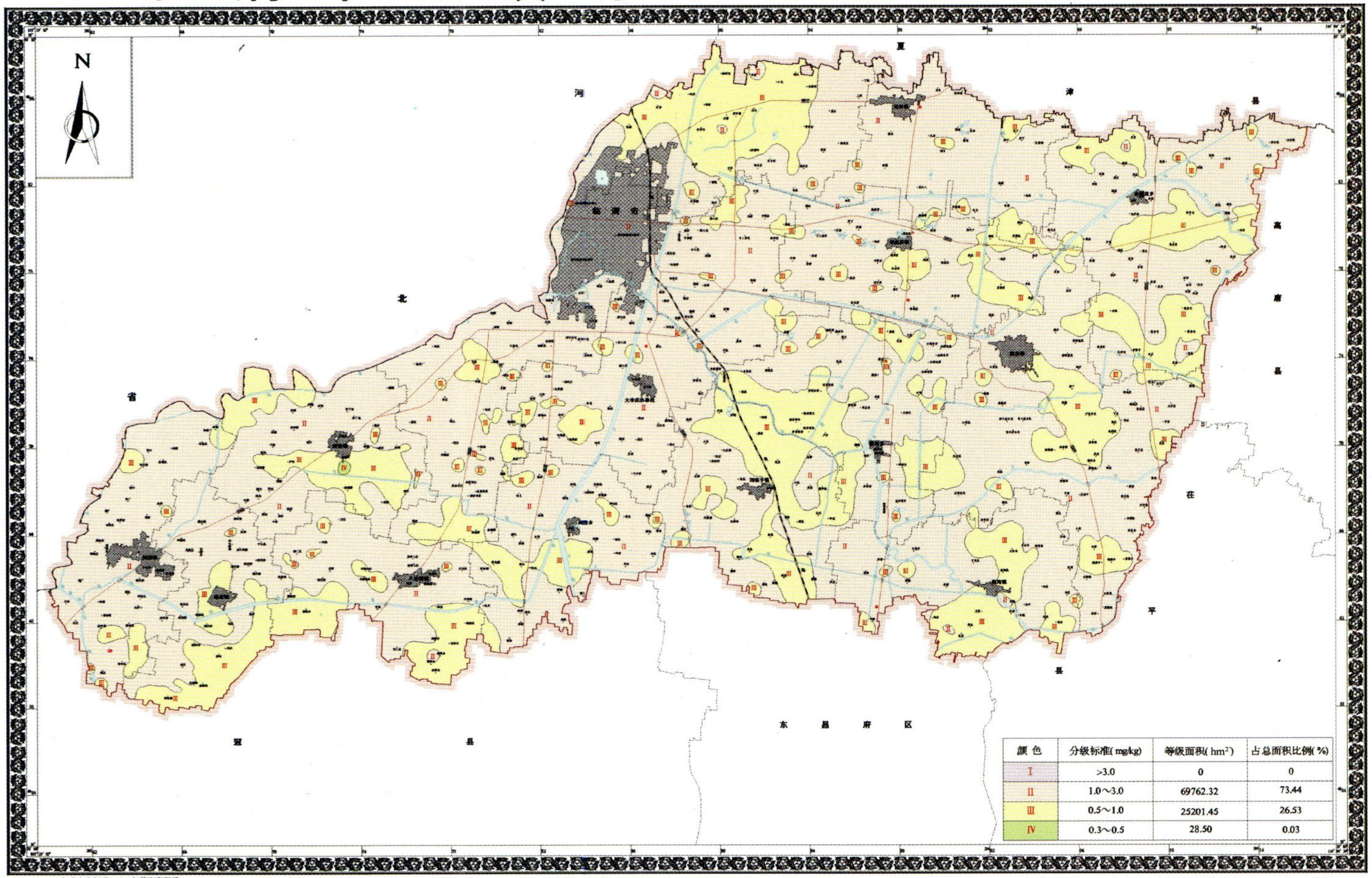

颜色	分级标准(mg/kg)	等级面积(hm²)	占总面积比例(%)
Ⅰ	>3.0	0	0
Ⅱ	1.0～3.0	69762.32	73.44
Ⅲ	0.5～1.0	25201.45	26.53
Ⅳ	0.3～0.5	28.50	0.03

1954年北京坐标系　1956年黄海高程系

山东农业大学资源与环境学院
山东天地亚太国土遥感有限公司

二〇〇九年十月

图书在版编目(CIP)数据

临清耕地/刘和吉，魏立君主编．—济南:山东大学出版社,2011.7
ISBN 978-7-5607-4387-5

Ⅰ．①临...
Ⅱ．①刘...
②魏...
Ⅲ．①耕作土壤—土壤肥力—土壤调查—临清市
②耕作土壤—评价—临清市
Ⅳ．①S159.252.3
②S158

中国版本图书馆 CIP 数据核字(2011)第 156375 号

山东大学出版社出版发行
(山东省济南市山大南路 20 号　邮政编码:250100)
山东省新华书店经销
济南景升印业有限公司印刷
787×1092 毫米　1/16　11.75 印张　8 插页　271 千字
2011 年 7 月第 1 版　2011 年 7 月第 1 次印刷
定价:29.00 元